高等职业教育机电类专业"互联网+"创新教材

通用机械设备
第3版

主　编　国树东　郑祖斌

副主编　彭　伟　邝吉贵　冯晓蕾　姜　丽

参　编　韩　洁　李　嫄　刘会清　刘　江　程和新

主　审　刘剑锋

机　械　工　业　出　版　社

本书共八章，主要内容包括起重机械、输送机械、泵、风机、空气压缩机、内燃机、锅炉、自动供料装置和工业机器人，每章后均附思考题。本书采用双色印刷，突出了重点内容，书中部分知识点配有二维码资源链接，读者扫码即可观看相关资源，能够更直观地理解相关概念。

本书可作为高等职业院校、职业本科院校和成人高等学校机电类专业教材，也可作为中等职业学校机械类专业的教学用书，还可供相关工程技术人员参考。

本书配有电子课件，凡使用本书作为授课教材的教师可登录机械工业出版社教育服务网 www. cmpedu. com，注册后免费下载。咨询电话：010-88379375。

图书在版编目（CIP）数据

通用机械设备／国树东，郑祖斌主编. --3 版 .
北京：机械工业出版社，2024. 10. --（高等职业教育
机电类专业"互联网+"创新教材）. -- ISBN 978-7-111-
76675-9

Ⅰ . TH

中国国家版本馆 CIP 数据核字第 2024XH7280 号

机械工业出版社（北京市百万庄大街 22 号　邮政编码 100037）
策划编辑：刘良超　　　　　　责任编辑：刘良超
责任校对：龚思文　李　杉　封面设计：王　旭
责任印制：张　博
天津市光明印务有限公司印刷
2024 年 10 月第 3 版第 1 次印刷
184mm×260mm · 17.75 印张 · 434 千字
标准书号：ISBN 978-7-111-76675-9
定价：56.80 元

电话服务　　　　　　　　　网络服务
客服电话：010-88361066　机　工　官　网：www.cmpbook.com
　　　　　010-88379833　机　工　官　博：weibo. com/cmp1952
　　　　　010-68326294　金　书　网：www.golden-book.com
封底无防伪标均为盗版　机工教育服务网：www.cmpedu.com

前　言

　　机械设备能减轻人类体力劳动强度，提高作业效率，完成工程任务，在实现工业机械化和自动化过程中必不可少，广泛应用于国民经济各部门。为推进中国式现代化，积极响应机械装备产业领域强国战略，满足机械设备快速发展的需求，编者结合教育部颁布的智能工程机械运用技术、机械设计与制造、工业机器人技术等专业现行教学标准以及相关行业的现行国家标准，以多年生产科研实践经验为基础编写了本书。本书以"着重职业技术技能训练，基础理论以够用为度"为原则，目的是帮助读者掌握通用机械设备的工作原理、结构组成、技术性能，了解其常见故障及排除方法，能够正确选用、调试和维修设备。

　　本书共八章，主要内容包括起重机械、输送机械、泵、风机、空气压缩机、内燃机、锅炉、自动供料装置和工业机器人，每章后均附思考题。

　　党的二十大报告提出："推进教育数字化，建设全民终身学习的学习型社会、学习型大国。"为贯彻党的二十大精神，本书制作了动画、视频等数字资源，以二维码形式放置于相应知识点处，学生手机扫码即可观看相应资源，丰富了教学手段，有利于信息化教学。

　　本书由国树东［泰安市质量技术检验检测研究院（泰安市特种设备检验研究院）］、郑祖斌担任主编，彭伟（北京科正平工程技术检测研究院有限公司）、邝吉贵（山东省特种设备检验研究院集团有限公司）、冯晓蕾（广东省特种设备检测研究院东莞检测院）、姜丽［泰安市质量技术检验检测研究院（泰安市特种设备检验研究院）］担任副主编，韩洁（泰安市消费者投诉中心）、李嫄［泰安市质量技术检验检测研究院（泰安市特种设备检验研究院）］、刘会清、刘江（重庆工程职业技术学院）、程和新［泰安市质量技术检验检测研究院（泰安市特种设备检验研究院）］参与了本书编写。

　　泰安市质量技术检验检测研究院（泰安市特种设备检验研究院）刘剑锋审阅了本书并提出了宝贵意见，在此表示衷心感谢！

　　由于编者水平有限，书中错漏之处在所难免，恳请广大读者批评指正。

编　者

目　录

第一章

起重机械

第一节 概 述

一、起重机械的作用及组成

起重机械是实现企业生产过程机械化和自动化、提高劳动生产率、减轻繁重体力劳动的重要工具和设备。它在工厂、矿山、车站、码头、仓库、水电站和建筑工地等，都有着广泛的应用。随着机械化、自动化程度的不断提高，在生产过程中，原来作为辅助设备的起重机械，有的已成为连续生产流程中不可缺少的专用工艺设备。图 1-1 所示为几种不同类型的起重机。

起重机械的作用是把它所工作的空间内的物品，从一个地点运送到另一个地点。起重机械一般由一个能完成上下运动的起升机构、一个或几个能完成水平运动的机构（如运行机构）、变幅机构和绕垂直轴旋转的旋转机构组成。

变幅机构是用于改变旋转起重机的旋转轴线到取物装置（如吊钩）中心线水平距离的机构。常见的变幅机构有两种：一种是使承载小车沿水平臂架运动来实现的，如图 1-1b 所示，称为运动小车式变幅机构；另一种是用改变动臂的俯仰倾角而使动臂末端取物装置改变位置的，如图 1-1c 所示，称为摆动臂架式变幅机构。

起重机械通常由卷绕装置、取物装置、制动装置、运行支承装置、驱动装置和金属构架等装置中的几种组成。

二、起重机械的分类

根据起重机械所具有的运动机构，可以把起重机械分为单动作起重机械和复杂动作起重机械两大类。单动作起重机械只有一个升降机构，复杂动作起重机械除了升降机构外，还有一个或几个水平移动机构。起重机械的分类见表 1-1。

三、起重机的主要参数

起重机的主要参数是设计和选用起重机的主要依据，包括如下几项：

（1）额定起重量 G_n 额定起重量是指起重机允许吊起的物品连同抓斗和电磁吸盘等取物装置的最大质量（单位为 kg、t），吊钩起重机的额定起重量不包括吊钩和动滑轮组的自重。

（2）跨度 s 和幅度 R 跨度是桥式类型起重机的一个重要参数，它指起重机主梁两端支承中心线或轨道中心线之间的水平距离（单位为 m）。幅度是臂架类型或旋转类型起重机的一个重要参数，它是指起重机的旋转轴线至取物装置中心线的水平距离（单位为 m）。

（3）起升范围 D 和起升高度 H 起升范围是指取物装置上下极限位置间的垂直距

离（单位为 m）。起升高度是指地面至吊具允许最高位置的垂直距离（单位为 m）。

（4）工作速度 工作速度包括起重机的运行速度（m/min）、起升速度（m/min）、变幅速度（m/min）、旋转速度（r/min）。

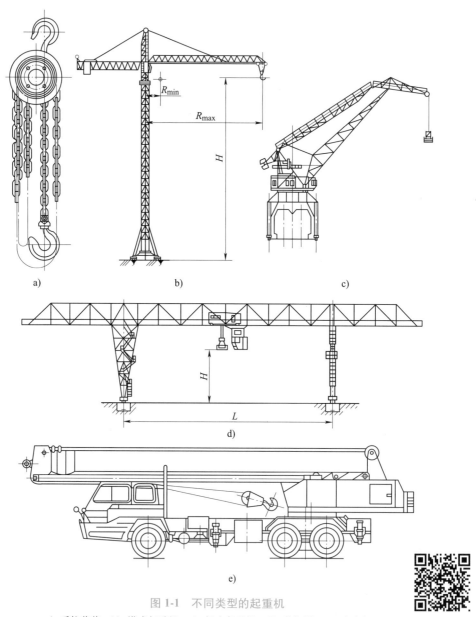

图 1-1 不同类型的起重机

a）手拉葫芦 b）塔式起重机 c）门座起重机 d）装卸桥 e）汽车起重机

（5）生产率 起重机单位时间内吊运物品的总质量，即生产率（单位为 t/h）。

（6）质量和外形尺寸 起重机本身的质量（单位为 t）和长、宽、高尺寸（单位为 m）。

表 1-1　起重机械的分类

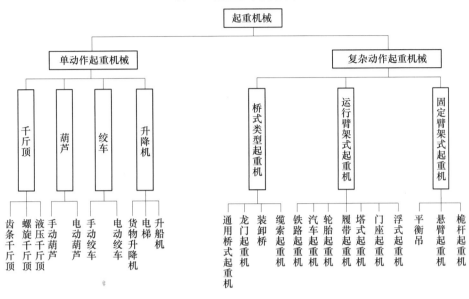

四、起重机工作级别

对于同样起重量的起重机，在不同场合下使用，它们的工况往往会有很大的差别。为区别起重机的工况，把起重机分为若干个工作级别。工作级别是考虑起重量和时间的利用程度以及工作循环次数的工作特性。起重机工作级别的划分与起重机的利用等级和载荷有关。

1. 起重机的利用等级

起重机利用等级按起重机设计寿命期内总的工作循环次数 N 分为 10 个级别，见表 1-2。

表 1-2　起重机的利用等级

利用等级	总的工作循环次数 N	说明	利用等级	总的工作循环次数 N	说明
U0	$1.6×10^4$	不经常使用	U5	$5×10^5$	经常断续地使用
U1	$3.2×10^4$		U6	$1×10^6$	不经常繁忙地使用
U2	$6.3×10^4$		U7	$2×10^6$	繁忙地使用
U3	$1.25×10^5$		U8	$4×10^6$	
U4	$2.5×10^5$	经常轻闲地使用	U9	$>4×10^6$	

2. 起重机的载荷状态

载荷状态表明起重机受载的轻重程度。起重机的载荷状态分为 4 个级别，见表 1-3。

表 1-3　起重机的载荷状态

载荷状态	说　明	载荷状态	说　明
Q1-轻	很少起升额定载荷，一般起升轻微载荷	Q3-重	经常起升额定载荷，一般起升较重载荷
Q2-中	有时起升额定载荷，一般起升中等载荷	Q4-特重	频繁起升额定载荷

3. 起重机工作级别的划分

按起重机的利用等级和载荷状态，工作级别分为 A1～A8 共 8 个级别，见表 1-4。

表 1-4 起重机工作级别的划分

载荷状态	利 用 等 级									
	U0	U1	U2	U3	U4	U5	U6	U7	U8	U9
Q1-轻	A1	A1	A1	A2	A3	A4	A5	A6	A7	A8
Q2-中	A1	A1	A2	A3	A4	A5	A6	A7	A8	A8
Q3-重	A1	A2	A3	A4	A5	A6	A7	A8	A8	A8
Q4-特重	A2	A3	A4	A5	A6	A7	A8	A8	A8	A8

桥式起重机工作级别举例见表 1-5。

表 1-5 桥式起重机工作级别举例

取物装置	使用场地	使用程度	起重机工作级别
吊钩	电站、动力房、泵房、仓库、修理车间、装配车间	极少使用	A1
		很少使用	A2
		轻度使用	A3
	企业的生产车间、货场	中等使用	A4
		较重使用	A5
		繁重使用	A6
抓斗电磁吸盘	仓库、料场、车间	较重使用	A5
		繁重使用	A6
		极重使用	A7

五、起重机机构工作级别

同一起重机中不同机构在工作时的情况各不相同，因此，把各机构的工作也划分成若干个工作级别，称为机构工作级别，这与起重机工作级别类似。它是按机构的利用等级和载荷状态进行划分的。

1. 机构利用等级

机构利用等级按机构总设计寿命分为 10 个级别，见表 1-6。

表 1-6 机构利用等级

机构利用等级	总设计寿命/h	说明	机构利用等级	总设计寿命/h	说明
T0	200	不经常使用	T5	6300	经常中等地使用
T1	400		T6	12500	不经常繁忙地使用
T2	800		T7	25000	繁忙地使用
T3	1600		T8	50000	
T4	3200	经常轻闲地使用	T9	100000	

2. 机构载荷状态

机构的载荷状态表明机构受载的轻重程度，分为 4 个级别，见表 1-7。

表 1-7　机构载荷状态分级

载荷状态	说　明	载荷状态	说　明
L1-轻	机构经常承受轻的载荷，偶尔承受最大的载荷	L3-重	机构经常承受较重的载荷，也常承受最大的载荷
L2-中	机构经常承受中等的载荷，较少承受最大的载荷	L4-特重	机构经常承受最大的载荷

3. 机构工作级别的划分

按机构的利用等级和载荷状态，机构工作级别分为 M1~M8 共 8 个级别，见表 1-8。电动葫芦往往是作为桥式起重机的起升机构和小车运行机构使用的，所以它的工作级别是按起重机机构工作级别划分的。

表 1-8　机构工作级别

载荷状态	机构利用等级									
	T0	T1	T2	T3	T4	T5	T6	T7	T8	T9
L1-轻	M1	M1	M1	M2	M3	M4	M5	M6	M7	M8
L2-中	M1	M1	M2	M3	M4	M5	M6	M7	M8	M8
L3-重	M1	M2	M3	M4	M5	M6	M7	M8	M8	M8
L4-特重	M2	M3	M4	M5	M6	M7	M8	M8	M8	M8

除上面提到的起重机工作级别、起重机机构工作级别外，《起重机设计规范》（GB/T 3811—2008）中还规定了起重机结构工作级别，按结构件中的应力状态和应力循环次数分为 A1~A8 共 8 个级别，以上这几种"工作级别"的划分方式都是相似的。

某一起重机的工作级别与其结构工作级别，特别是与主起升机构的工作级别有关。

划分起重机工作级别，有利于制造厂进行系列生产，降低生产成本，保证起重机的寿命。对用户来说，除根据起重量、跨度、起升高度、工作速度等主要性能参数选用起重机械外，还要从实际需求出发提出对起重机械工作级别的要求。

第二节　卷绕装置

卷绕装置在起重机械中的应用很广泛。图 1-2 所示为桥式起重机起升机构简图，卷绕装置是其中的一个组成部分。起升物品时，卷筒 1 旋转，通过钢丝绳 2 经动滑轮 3 和定滑轮 5，使吊钩 4 竖直上升或下降。由此可知，卷绕装置是由起重用挠性件（钢丝绳或焊接链）、起重滑轮组、卷筒等构成的。

一、绳索滑轮组

1. 绳索滑轮组种类

绳索滑轮组是一种用于改变力和速度的滑轮、绳索系统，通常被简称为滑轮组。它由若干个动滑轮、定滑轮和绳索组成。滑轮组有省力滑轮组和增速滑轮组两种。省力滑轮组在起重机中应用很广泛，也称为起重滑轮组。

起重机起吊的物品，可以直接悬挂于卷筒末端的钢丝绳上，也可以通过滑轮组、钢丝绳与卷筒联系。动滑轮与定滑轮、卷筒间的每一段钢丝绳称为一个绳索分支。使用这种起重滑轮组的优点是各分支可以用较小的绳索拉力提升较大的载荷，但载荷的升降速度要比不用滑轮组的低。

实际使用的起重滑轮组有单一滑轮组和双联滑轮组两种。桥式起重机中使用的单一滑轮组如图 1-3 所示，这种滑轮组在钢丝绳绕上或退出卷筒即吊钩在升降的同时，吊钩的悬挂点还产生水平方向的位移。这对用于安装或浇注等工作的起重机来说是不允许的。此外，它还使起重载荷在桥式起重机两根主梁上的分配不等。因此，起重机上常成对地使用滑轮组，形成如图 1-4 所示的双联滑轮组。

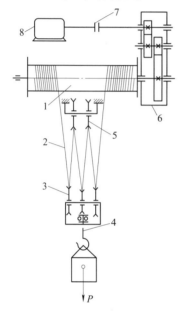

图 1-2　桥式起重机起升机构简图

1—卷筒　2—钢丝绳　3—动滑轮　4—吊钩
5—定滑轮　6—减速器　7—联轴器　8—电动机

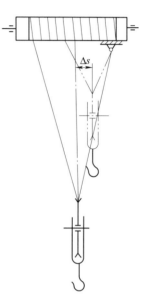

图 1-3　单一滑轮组起升
时的水平位移

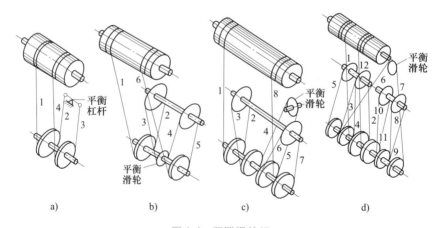

图 1-4　双联滑轮组

a) 平衡杠杆式　b) 6分支　c) 8分支　d) 12分支

在双联滑轮组中，为了使绳索由一个滑轮组过渡到另一个滑轮组，中间应用了平衡滑轮，它可以调整两个滑轮组钢丝绳的拉力和长度；也有用平衡杠杆代替平衡滑轮来起作用的。

2. 滑轮组的倍率

在不考虑其他阻力的情况下，单一滑轮组中绕入卷筒的绳索分支上拉力与其他各分支拉力相同，都等于 F_0，即

$$F_0 = \frac{P}{m} \tag{1-1}$$

式中，P 为吊钩的起升载荷（即起升质量的重力）；m 为滑轮组的倍率，数值上等于单一滑轮组的承载绳索分支数（图 1-2 中滑轮组 $m = 3$），它是起重滑轮组省力的倍数，也是载荷升降被减速的倍数。

对于双联滑轮组，载荷 P 的承载绳索分支数为 $2m$。钢丝绳每一分支拉力为

$$F_0 = \frac{P}{2m} \tag{1-2}$$

3. 滑轮组的效率

式（1-1）、式（1-2）中的拉力 F_0，是指滑轮组停止运动或虽在运动但忽略了各种阻力的理想状况下的拉力。实际上，滑轮组中的每一动滑轮和定滑轮的轴承处都存在着摩擦阻力，并且钢丝绳在绕入、绕出各个滑轮时，由直变弯或由弯变直都存在着附加阻力，这个阻力就是钢丝绳的僵性阻力。

由于有着上述的两种阻力，绕入卷筒的绳索分支上的实际拉力 F 必定比理想拉力 F_0 大，若以 η_z 表示滑轮组的效率，则

$$\eta_z = \frac{F_0}{F} < 1$$

在滑轮组效率 η_z 已知的情况下，单一滑轮组中绕入卷筒的那个绳索分支的实际拉力 F 可用下式求出

$$F = \frac{F_0}{\eta_z} = \frac{P}{m\eta_z}$$

当采用双联滑轮组时，绕入卷筒的一根绳索分支的实际拉力为

$$F = \frac{F_0}{\eta_z} = \frac{P}{2m\eta_z}$$

滑轮组的效率 η_z 的高低取决于滑轮数目的多少，也即取决于滑轮组绳索的分支数。表 1-9、表 1-10 列出了不同绳索分支数滑轮组的效率。

表 1-9　钢丝绳滑轮组的效率（绕入卷筒的牵引绳由动滑轮引出）

滑轮轴承形式	滑轮组总效率 η_z						
	$m = 2$	$m = 3$	$m = 4$	$m = 5$	$m = 6$	$m = 8$	$m = 10$
滑动	0.975	0.95	0.925	0.90	0.88	0.84	0.80
滚动	0.99	0.985	0.975	0.97	0.96	0.945	0.915

表 1-10 钢丝绳滑轮组的效率（绕入卷筒的牵引绳由定滑轮引出）

滑轮轴承形式	滑轮组总效率 η_z						
	$m=2$	$m=3$	$m=4$	$m=5$	$m=6$	$m=8$	$m=10$
滑动	0.93	0.905	0.88	0.856	0.84	0.80	0.76
滚动	0.97	0.965	0.955	0.95	0.94	0.925	0.905

对于单一滑轮组，绕入卷筒绳索分支的实际拉力 F 就是作用在卷筒上的圆周力。若为双联滑轮组，卷筒上的圆周力则为 $2F$。根据实际拉力 F，就可以求出卷筒所需的驱动力矩和选择所需要的钢丝绳。

二、滑轮

滑轮用于支承钢丝绳，并引导钢丝绳改变方向。滑轮的结构和绳槽断面形状分别如图1-5、图1-6所示。钢丝绳绕进或绕出滑轮时偏斜的最大角度应不大于4°。绳槽的表面粗糙度分为两级：1级表面粗糙度 Ra 为 6.3μm；2级表面粗糙度 Ra 为 12.5μm。滑轮直径的大小直接影响到钢丝绳的寿命。增大滑轮的直径将减小钢丝绳的弯曲应力和钢丝绳与滑轮间的挤压应力。为保证钢丝绳的寿命，滑轮的最小缠绕直径应满足以下条件

$$D_{0min} = hd$$

式中，D_{0min} 为按钢丝绳中心计算的滑轮的最小缠绕直径（mm）；h 为与机构工作级别和钢丝绳结构有关的系数，按表1-11选取；d 为钢丝绳外接圆直径（mm）。

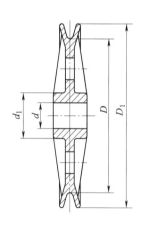

图 1-5 滑轮的结构

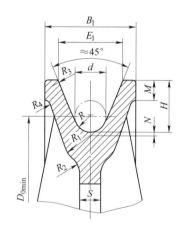

图 1-6 滑轮绳槽断面

双联滑轮组所用平衡滑轮的直径，对于桥式起重机也取 D_{0min}。

滑轮应用强度不低于 HT200、ZG230-450 或 QT400-18 的材料铸成，直径较小的滑轮可铸成实心的圆盘，直径较大时，圆盘上应带有刚性肋和减重孔。对于大尺寸滑轮，为减轻自重，采用焊接性好的 Q235 钢，以焊接轮代替铸造轮。

表 1-11 系数 h

机构工作级别	卷筒 h	滑轮 h	机构工作级别	卷筒 h	滑轮 h
M1~M3	14	16	M6	20	22.4
M4	16	18	M7	22.4	25
M5	18	20	M8	25	28

三、卷筒

在起升机构中，卷筒是用来驱动和卷绕钢丝绳的，用它的旋转运动使钢丝绳带动载荷升降，其结构如图 1-7 所示。

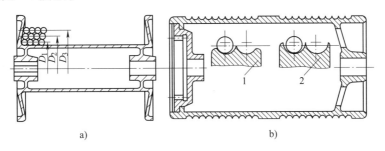

图 1-7 绳索卷筒
a) 光面卷筒 b) 螺旋槽卷筒
1—标准槽 2—深螺旋槽

钢丝绳在卷筒上的卷绕方式有单层卷绕和多层卷绕两种。桥式起重机上常用单层卷绕方式，但在起升高度很大时采用多层卷绕。多层卷绕使用的是光面卷筒。工作时，钢丝绳一层绕满后，再绕第二层。各层钢丝绳互相交叉，内层钢丝绳受到外层的挤压，而且各圈钢丝绳互相摩擦，这就使多层卷绕的钢丝绳寿命降低。多层卷绕卷筒的两侧壁有的制成略向内倾斜（图 1-7a），这有助于各层钢丝绳之间有一定错位，以免绳圈叠高。

单层卷绕的卷筒，表面都加工有卷绕钢丝绳用的螺旋槽（图 1-7b），这种槽形增大了钢丝绳与卷筒的接触面积，并能防止相邻钢丝绳的相互摩擦，从而延长了钢丝绳的使用寿命。螺旋槽有标准槽和深槽两种形式。一般情况下使用标准槽，它的槽距比深槽的短些，因而卷筒的工作长度比深槽的要短，结构紧凑。当绳索绕入卷筒的偏角较大时，为防止绳索脱槽乱绕，可采用引导作用好的深槽卷筒。

对于单一滑轮组使用的卷筒，只在上面加工一条右旋的螺旋槽；而对于和双联滑轮组一起使用的卷筒，则应有螺旋方向相反的两条螺旋槽，两螺旋槽之间的一段卷筒应加工成光面。当起升机构工作把载荷提升到最高位置，双联滑轮组的绳索绕满两螺旋槽时，由动滑轮出来的两段绳索应靠向卷筒中部，这样可使绳索在载荷位于高位和低位时的偏角都不致太大。

卷筒的最小卷绕直径为

$$D_{0min} = hd \qquad (1-3)$$

式中，D_{0min} 为按钢丝绳中心计算的卷筒最小卷绕直径（mm）；h 为与机构工作级别和钢丝绳结构有关的系数，按表 1-11 选取；d 为钢丝绳外接圆直径（mm）。

卷筒长度的确定与提升高度、所采用滑轮组形式及卷筒直径有关。

卷筒一般应用强度不低于 HT200 或 ZG230-450 的材料铸造。铸造卷筒的结构形式分为

A、B、C、D四型。大型卷筒多用 Q235 钢板卷成筒形焊接而成。

四、钢丝绳

起重机上所用的钢丝绳是一种挠性件。所谓挠性就是易于弯曲的特性。起重机上可用的挠性件还有焊接链、片式关节链等，与钢丝绳相比，这两种链条都可以在直径很小的链轮上工作，而钢丝绳工作的滑轮或卷筒的直径则比链轮要大得多。但钢丝绳在起重机上仍广泛应用，它的主要优点是：① 可以向任意方向弯曲，适用于多分支的滑轮组，提高了起重能力；② 可以多层卷绕，在起升高度很大时尤为重要；③ 钢丝绳承受骤加载荷和过载能力强，极少有骤然破断的现象；④ 钢丝绳强度高、弹性好、自重小、工作平稳、噪声小。

1. 钢丝绳的种类、构造和标记

1）按钢丝绳的捻绕次数，分为单捻绳、双捻绳和三捻绳三种。起重机用的钢丝绳多为双捻绳，即先由钢丝捻成股，再由股围绕着绳芯捻成绳。单捻绳实际只有一股，经一次捻制而成，三捻绳是把双捻绳作为股，再由几股捻绕成绳。

2）按钢丝捻成股和股捻成绳的相互方向，分为同向捻、交互捻两种，如图 1-8 所示。钢丝在股中的捻向与股在绳中的捻向相同的称为同向捻，捻向相反的称为交互捻。同向捻的钢丝绳挠性好、寿命长，但易松散和产生扭转，用于经常保持张紧状态的场合，在起升机构中不宜采用。交互捻的钢丝绳挠性与使用寿命比同向捻的差，但这种钢丝绳不易松散和扭转，所以在起重机中应用广泛。

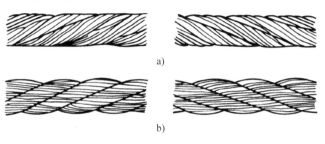

图 1-8 钢丝绳捻绕方向

a）同向捻钢丝绳 b）交互捻钢丝绳

钢丝绳的捻制方向用两个字母表示，第一个字母表示钢丝绳的捻向，第二个字母表示股的捻向。字母"Z"表示右向捻（与右旋螺纹或"Z"字形同向），字母"S"表示左向捻。"ZZ"或"SS"表示右同向捻或左同向捻。"ZS"或"SZ"表示右交互捻或左交互捻。

在捻制钢丝绳时，捻角和捻距是重要的工艺参数。捻角指捻制时钢丝（或股）中心线与股（或绳）中心线的夹角。捻距指钢丝绳围绕股芯或股围绕绳芯旋转一周对应两点间的距离。

3）按钢丝绳中股的捻制类型划分，常用的主要有点接触绳和线接触绳两种。点接触绳绳股中相邻两层钢丝捻距不同，它们之间呈点接触状态，如图 1-9 所示。由于接触应力较大，在反复弯曲时，绳内钢丝易于磨损折断，使寿命降低。为使各层钢丝绳受力均匀，各层捻角应大致相等。点接触的钢丝绳，其截面结构形式如图 1-10 所示。在起重机中常用线接触绳替代点接触绳。线接触绳股中的所有钢丝具有相同的捻距，外层钢丝位于里层各钢丝之间的沟缝里，内外层钢丝互相接触在一条螺旋线上，形成了线接触，如图 1-11 所示。为了形成这种构造，需要采用不同直径的钢丝。这种构造有利于钢丝之间的滑动，使钢丝绳的挠性得以改善。当承载能力相同时，选用线接触绳可以取较小的绳径，从而可以选用较小直径的卷筒、滑轮和较小输出转矩的减速器，使整个起升机构尺寸、质量都得以减小。所以线接触绳被广泛地应用于起重机中。

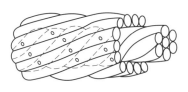

图 1-9 点接触钢丝绳的股

图 1-10 点接触钢丝绳

4）线接触绳根据绳股结构的不同，又分为西鲁式（外粗式，代号 S）、瓦林吞式（粗细式，代号 W）、填充式（代号 Fi）。这些线接触钢丝绳的构成如图 1-12 所示。

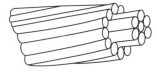

图 1-11 线接触钢丝绳的股

图 1-12a 中西鲁式钢丝绳的结构标记为 6×19S，它由 6 股组成，每股又由 19 丝构成，这种绳股记为（9+9+1），表示最外层布置 9 根钢丝（粗），第二层又布置 9 根钢丝（细），股中心只有 1 根钢丝（粗）。西鲁式绳股的优点是外层钢丝较粗，所以又称为外粗式，它适用于磨损较严重的地方。

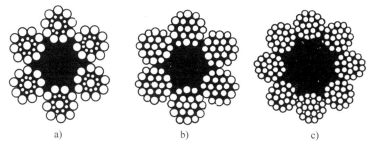

图 1-12 线接触钢丝绳
a）西鲁式（外粗式，代号 S）　b）瓦林吞式
（粗细式，代号 W）　c）填充式（代号 Fi）

图 1-12b 中瓦林吞式钢丝绳的结构标记为 6×19W，它也由 6 股组成，每股由 19 丝构成，这种绳股记为（6/6+6+1）。它分为三层，6/6 表示最外层由 6 根细的和 6 根粗的钢丝组成。根据这个特征，瓦林吞式又称为粗细式。

图 1-12c 中的填充式钢丝绳，其结构标记为 8×19Fi。它的每股在外层布置 12 根相同直径的钢丝，在外层钢丝与里层钢丝所形成的空隙中，填充 6 根称为填充丝的细钢丝，这样做提高了钢丝绳截面的金属充满率，增加了破断拉力。它的绳股记为（12+6F+6+1）。6F 表示第二层有 6 根填充钢丝。

5）钢丝绳的股芯或绳芯。第一种是常见的用剑麻或棉芯做成的有机物芯，采用这种芯的钢丝绳具有较大的挠性和弹性，润滑性也好，但不能承受横向压力且不耐高温；第二种是石棉芯，性能与有机物芯相似，但能在高温条件下工作，这两种都属于天然纤维芯，代号为 NF；第三种是用高分子材料制成的合成纤维芯，如聚乙烯、聚丙烯纤维，代号为 SF；第四种是用软钢钢丝的绳股做成的金属丝股芯或绳芯，代号分别为 IWS 或 IWR，其强度高，能承受高温和横向压力，但润滑性较差。有时泛指钢丝绳为纤维芯（天然或合成的），代号则为FC。一般情况下常选用有机物芯的钢丝绳，高温工作时用石棉芯或金属芯钢丝绳，在卷筒上多层卷绕时宜用金属芯钢丝绳。

6）钢丝的表面状态。钢丝绳所用的钢丝表面状态，一种为光面钢丝，代号为NAT，用于一般场合。在有腐蚀性的场所应用镀锌钢丝，它分为三种级别：A级镀锌钢丝，代号为ZAA；AB级镀锌钢丝，代号为ZAB；B级镀锌钢丝，代号为ZBB。

7）钢丝绳的全称标记和简化标记。全称标记的写法举例如下：

例1

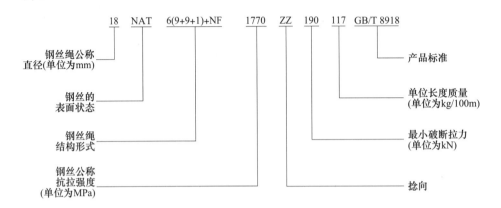

例2　18ZAA6（9+9+1）+SF1770ZS GB/T 8918

简化标记与全称标记的不同之处是将全称标记中的结构形式这一段简化为：股的总数×每股的钢丝总数、结构简称代号+芯的代号。例如：18NAT6×19S+NF1770ZZ190、18ZBB6×19W+NF1770ZZ、18NAT6×19Fi+IWR1770、18ZAA6×19S+NF。

2. 钢丝绳的选择与计算

钢丝绳在起重机中属于易损件，时常要进行更换，了解选用钢丝绳的计算方法很有必要。选用时，首先按钢丝绳的使用情况，从表1-12中确定钢丝绳的类型，然后根据受力情况决定钢丝绳的直径，最后再进行验算。

表1-12　起重机械常用的钢丝绳类型

钢丝绳的用途			钢丝绳类型
起重及曳引用	单层绕到卷筒上	$\dfrac{D}{d} \geqslant 25$	6×19W+NF
			6×19+NF
		$\dfrac{D}{d} < 20$	6×37S+NF
			6×37+NF
	多层绕到卷筒上	$\dfrac{D}{d} > 25$	6×19S+NF
拉索	不绕过滑轮的		1×37+NF
	绕过滑轮的		与起重用单层卷绕的相同

注：D为卷筒、滑轮绳槽槽底直径；d为钢丝绳直径。表中钢丝绳类型6×19、6×37和1×37为点接触钢丝绳。

钢丝绳在工作中受拉、压、弯、扭复合应力作用，除了静载荷外还有冲击载荷的影响，受力情况复杂，难以精确计算。为简化起见，只根据拉伸载荷进行实用计算，计算方法有如下两种，可任选一种。

1）钢丝绳最小直径按下式计算确定

$$d = c\sqrt{F} \tag{1-4}$$

式中，d 为钢丝绳最小直径（mm）；c 为选择系数（$mm/\sqrt{N}$），按表 1-13 选取；F 为钢丝绳最大工作静拉力（N）。

表 1-13　c 和 n 值

机构工作级别	选择系数 c 值			安全系数 n
	钢丝公称抗拉强度 R_m/MPa			
	1550	1700	1850	
M1~M3	0.093	0.089	0.085	4
M4	0.099	0.095	0.091	4.5
M5	0.104	0.100	0.096	5
M6	0.114	0.109	0.106	6
M7	0.123	0.118	0.113	7
M8	0.140	0.134	0.128	9

注：对于搬运危险物品的起重用钢丝绳，一般应按比设计工作级别高一级的工作级别选择其中的 c 或 n 值；对起升机构工作级别为 M7、M8 的某些冶金起重机，在保证一定寿命的前提下允许按低的工作级别选择，但最低安全系数不得小于 6。

2）按与工作级别有关的安全系数选择钢丝绳直径，所选钢丝绳的破断拉力应满足

$$F_0 \geqslant Fn \tag{1-5}$$

式中，F_0 为所选钢丝绳的破断拉力（N）；F 为钢丝绳最大工作静拉力（N）；n 为钢丝绳最小安全系数，按表 1-13 选取。

所选的钢丝绳直径还应满足与卷筒（滑轮）直径的比例要求，才能保证钢丝绳的使用寿命，为此，可参照式（1-3）进行验算。

第三节　取物装置

取物装置是起重机械的一个重要部件，利用它才能对物品进行正常的起重工作。不同物理性质和形状的物品，应使用不同的取物装置。通用取物装置中最常见的是吊钩，专用的取物装置有抓斗、夹钳和电磁吸盘、真空吸盘、吊环、料夹、盛桶、承重梁和集装箱吊具等。

一、吊钩和吊钩组

吊钩是一种使用得最多的取物装置，一般情况下，吊钩并不与钢丝绳直接连接，通常是与动滑轮合成吊钩组进行工作。

1. 吊钩

吊钩的形状如图 1-13 所示。图中 1-13a 所示为锻造单钩，上面部分称钩颈，因其为直圆柱形，所以这种吊钩又称为直柄单钩；圆柱尾部螺纹是装配时安装螺母用的。下面弯曲部分

称为钩体，它的断面为梯形。梯形的宽边向内，窄边朝外，这样可以使内、外侧应力接近，充分利用材料，使吊钩的质量得以减小。现在，这种吊钩的生产已经标准化，可根据吊钩材料的强度等级、机构工作级别和额定起重量选定钩号，不必自行设计与验算。这种吊钩按 R10 优先数系编钩号，钩号从 006~250，包括了额定起重量 0.1~250t 的 30 种规格可供选用。图 1-13b 所示为锻造双钩。用于大起重量的起重机上，它的优点是当双钩平均挂重时，中间的钩颈部分不存在弯曲应力，因而可以取较小断面，吊钩自重得以减轻。图 1-13c 和 d 所示为叠板单钩和双钩，它们是用多块钢板冲剪成的钩片叠合铆接而成的。为了使载荷平均地分配在每一钩片上，在钩体处装有可拆换的垫板，同时在钩颈的圆孔中装有轴套，用销轴与其他部件连接。

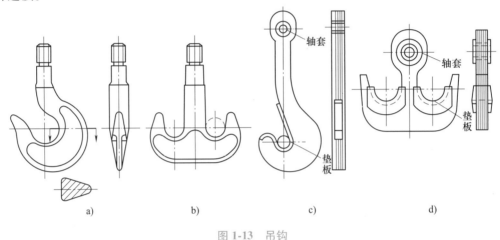

图 1-13　吊钩

a）锻造单钩　b）锻造双钩　c）叠板单钩　d）叠板双钩

吊钩对于起重机的安全可靠工作是至关重要的。为此，对吊钩的材料及加工都有严格的要求。由于高强度钢对裂纹和缺陷很敏感，因而制造吊钩的材料都采用专用的优质低碳镇静钢或低碳合金钢，钢材牌号为 DG20、DG20Mn、DG34CrMo4、DG34CrNiMo、DG34Cr2Ni2Mo。

2. 吊钩组

吊钩组又称吊钩装置或吊钩夹套，有长型吊钩组和短型吊钩组两种形式。

（1）长型吊钩组　图 1-14 中，滑轮 1 的两边安装着拉板 3。拉板的上部有滑轮轴 2，下部有吊钩横梁 4，它们平行地装在拉板上。滑轮组滑轮数目单、双均可，横梁中部垂直孔内装着吊钩 5，吊钩尾部有固定螺母。为方便物品的装卸，吊钩应能绕垂直轴线和水平轴线旋转。因此，在吊钩螺母与吊钩横梁间装有推力轴承，这样吊钩就支承在吊钩横梁上，并能绕吊钩钩颈轴线旋转。同时，吊钩横梁支承在两边拉板的孔中（间隙配合），使横梁和吊钩能绕水平轴线旋转。横梁两端各加工一环形槽并用定轴挡板固定在拉板上，以防止横梁的轴向移动。滑轮轴两端也支承在拉板上，但由于滑轮轴两端加工成扁缺口，定轴挡板卡在其中，所以滑轮轴既不能转动也不能移动。此外，滑轮轴承上还有润滑装置；吊钩螺母处有可靠的防松装置；吊钩横梁上的推力轴承附有防尘装置。

（2）短型吊钩组　如图 1-15 所示，它与长型吊钩组不同，是将吊钩横梁加长，在横梁两端对称地安装滑轮，而不另设滑轮轴，这样就使吊钩组整体高度减小，故称其为"短型"。但为使吊钩转动而又不碰两边滑轮，它采用了长吊钩。很显然，短型吊钩组只能用于双倍率滑轮组。因为单倍率滑轮组的平衡滑轮在下方，只有使用长型吊钩组才能安装这个滑轮。另外，短型吊钩组只能用于小倍率的滑轮组，即用于起重量较小的起重机上。否则，因滑轮数目过多，吊钩横梁过长，将使吊钩组自重过大。

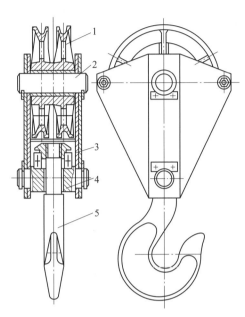

图 1-14　长型吊钩组

1—滑轮　2—滑轮轴　3—拉板
4—吊钩横梁　5—吊钩

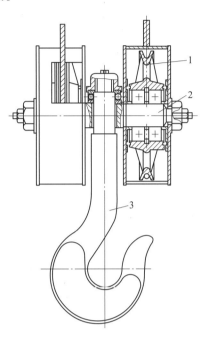

图 1-15　短型吊钩组

1—滑轮　2—滑轮轴　3—吊钩

二、抓斗

抓斗是一种装运散状物料的自动取物装置。抓斗按开闭方式不同有单绳抓斗、双绳抓斗和马达抓斗等，最常用的是双绳抓斗，如图 1-16 所示。根据颚板数目的不同又有双颚板抓斗和多颚板抓斗（多爪抓斗）之分，多颚板抓斗常为六颚板。图 1-17 所示为双绳抓斗的工作过程。

三、夹钳

夹钳是一种吊运成件物品的取物装置。利用它可以缩短装卸工作时间，减轻体力劳动强度。夹钳的具体形状和尺寸依物品而不同，但都是靠夹钳钳口与物品的摩擦力来夹持物品。按夹紧力产生的方式分杠杆夹钳和偏心夹钳两种。

1. 杠杆夹钳

图 1-18 所示为一简单杠杆夹钳。它能夹持住

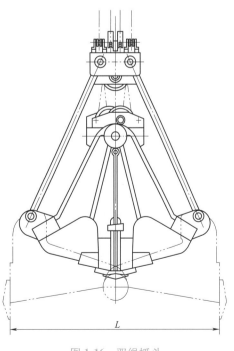

图 1-16　双绳抓斗

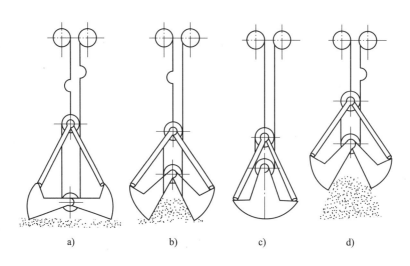

图 1-17 双绳抓斗工作过程

a）下降在物料上 b）抓取物料 c）起升 d）卸料

物品，有赖于夹钳法向压力所产生的摩擦力。物品能被夹持的条件是起重载荷应小于钳口的摩擦力。这种夹钳夹持物品必要的几何尺寸关系为

$$c \leqslant \left(\frac{a}{\cos\alpha}+b\right)\mu$$

式中，μ 为钳口对物品材料的摩擦因数；a、b、c、α 为图 1-18 中所示各几何尺寸。

这种杠杆夹钳结构简单，应用时把它悬挂在起重机吊钩上，但还需要辅助人员把夹钳张开，放到要吊运的物品上才能工作。

2. 偏心夹钳

如图 1-19 所示，偏心夹钳主要用于吊运钢板类物品。它的夹紧力是由物品的重力通过偏心块和物件之间的自锁作用而产生的，为能夹持不同厚度的物件，偏心块的曲线应采用对数螺旋线。

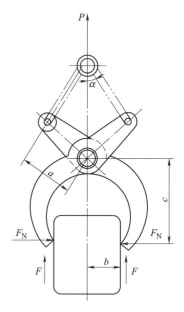

图 1-18 杠杆夹钳

四、电磁吸盘

电磁吸盘又称为起重电磁铁，用于搬运具有导磁性的金属材料物品。它不需要辅助人员帮助，通电时靠磁力自动吸住物品，断电时磁力消失，自动放下物品。

电磁吸盘的供电为 110~600V 直流电，我国常用 220V。由于供电电缆要随电磁吸盘一起升降，所以在起重机起升机构上，常设有专门的电缆卷筒。

根据用途的不同，电磁吸盘的底面通常制成圆形或矩形，如图 1-20 所示。圆形的用于常温条件下搬运钢铁材料，长方形的用于冶金车间搬运热态长形钢材。不同直径电磁吸盘的起重量不同，从表 1-14 中还可以看出物品形状对起重量有很大影响。

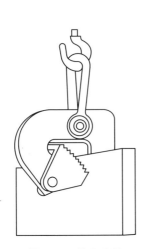

图 1-19 偏心夹钳

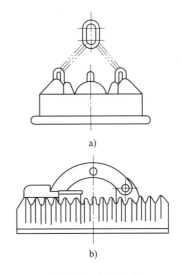

图 1-20 电磁吸盘
a) 圆形底面 b) 矩形底面

表 1-14 电磁吸盘的起重量 （单位：kg）

物件名称	电磁吸盘直径		
	785mm	1000mm	1170mm
钢锭及钢板	6000	9000	16000
大型碎料	250	350	650
生铁块	200	350	600
小型碎料	180	300	500
钢屑	80	110	200

搬运高温物品时，电磁吸盘是一种很方便的取物装置，但电磁吸盘的起重量受被搬运物品温度高低的影响，物品温度升高，电磁吸盘吸力随之降低。图 1-21 所示为黑色金属磁通密度与温度的关系。当温度达 730℃ 时，磁性接近于零，完全不能吸起物品，一般的电磁吸盘用于起吊 200℃ 以下的物品，有特殊散热装置的电磁吸盘方可用于起吊高温物品。

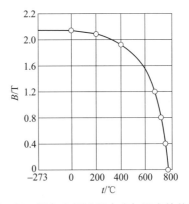

图 1-21 黑色金属磁通密度与温度的关系

第四节 制 动 装 置

起重机是一种间歇动作的机械，要经常地起动或制动。为保证起重机安全准确地吊运物品，无论在起升机构中或是在运行机构、旋转机构中都应设有制动装置。

一、制动器的作用和种类

根据作用原理不同，制动装置分为停止器和制动器两类。停止器是一种实现单方向运动防止机构逆转的装置，在起升机构中用它来使物品停留在所需要的任意高度上。停止器有棘轮停止器、摩擦停止器和滚柱停止器三种。制动器与停止器不同，它不仅可以使运动着的机构停下来，而且可以控制机构在适当的时间内停止下来，也就是使机构逐渐地减速直至停止。另外，不论机构是正向还是反向运动，它都能起制动作用。制动器按构造分为块式制动器、带式制动器、盘式制动器和圆锥式制动器等。圆锥式制动器将在电动葫芦一节中介绍，本节只介绍桥式起重机上常用的块式制动器。图 1-22 所示的块式制动器由制动轮、瓦

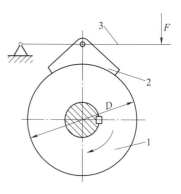

图 1-22　块式制动器
1—制动轮　2—瓦块　3—制动杠杆

块、杠杆系统及松闸装置等组成，它是利用制动轮和瓦块间的摩擦力来进行制动的。

二、块式制动器的制动轮、瓦块及摩擦材料

起升机构用制动轮，其材质强度应不低于 45 钢或 ZG340-640。为使制动轮耐磨，可进行表面热处理，硬度应为 45~55HRC。表面深度 2mm 处的硬度不低于 40HRC。运行机构制动轮可采用球墨铸铁，材质强度应不低于 QT500-7。在起重机中并不单独加工和安装制动轮于轴上，往往是将联轴器的一个半体或称半联轴器同时作为制动轮使用的。

制动瓦块用钢或铸铁制造，为提高与制动轮之间的摩擦因数，在制动瓦块工作面上常覆盖摩擦衬料。摩擦衬料主要有棉织制品、石棉织制品、石棉压制带及粉末冶金摩擦材料这几种。棉织制品的工作温度在 100℃ 以下，允许单位压力低，故用得很少。石棉织制品由石棉纤维和棉花编织并浸以能增加强度的沥青或亚麻仁油，这是一种常用的衬料，它的摩擦因数 $\mu = 0.35 \sim 0.4$，最高工作温度为 175~200℃，允许单位压力较大，为 0.05~0.6MPa。石棉压制带又称为石棉橡胶辊压带，它是用短纤维石棉与橡胶及少量硫磺混合压制而成的。它的性能更好，摩擦因数 $\mu = 0.42 \sim 0.53$，最高工作温度为 220℃，允许单位压力也达 0.05~0.6MPa，它的应用较多。还有一种石棉钢丝制动带应用也较为广泛。

块式制动器按结构可分为单块式和双块式两类。

三、单块制动器

图 1-22 所示为单块制动器的简图，这种制动器主要由制动轮 1、瓦块 2 和制动杠杆 3 组成。制动轮通常都用键与机构上做旋转运动的轴固接在一起。制动轮轮缘外侧安装着瓦块，瓦块固定在杠杆上。在制动杠杆端部合闸力的作用下，瓦块压紧在制动轮上，靠摩擦力进行制动。

单块制动器在制动时对制动轮轴会产生很大的径向作用力，使轴弯曲，所以单块制动器只用于小起重量的手动起重机械上。

四、双块制动器

在制动轮轮缘外侧对称地安装两个制动瓦块，并用杠杆系统把它们联系起来，使两个制动瓦块根据机构合闸或松闸的要求，同时压紧或脱开制动轮，这种制动器就是双块制动器。

它适用于需要正、反转的机构，如起重机的起升机构或运行机构。在驱动机构的电动机通电工作时，制动器上的松闸装置同时通电推动制动杆松闸，使瓦块脱开制动轮，机构运转。而在电动机断电不工作时，松闸装置不通电，依靠弹簧、重锤或元件自重产生的作用力合闸制动，使机构速度降低直至停止。这种能实现机构断电制动、通电运转的制动器称为常闭式制动器。在起重机械突然断电的情况下，常闭式制动器使机构合闸制动停止运动，对保证人身设备安全有着特别重要的意义。

双块制动器所用的松闸装置（又称松闸器）有制动电磁铁和电动推杆两类。制动电磁铁又有交流、直流，长行程、短行程，液压、电磁铁之分；而电动推杆则有电动液压推杆和电动离心推杆之分。图1-23所示为ZWZ系列A型直流（短行程）电磁铁块式制动器。

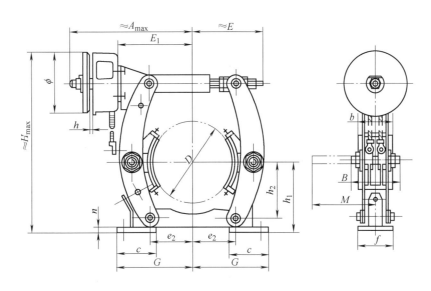

图1-23　ZWZ系列A型直流（短行程）电磁铁块式制动器

图1-24a、b所示分别为交流（短行程）电磁铁块式制动器的构造及原理图。它的制动件为分别装在两制动杆2上的瓦块3，瓦块的工作面一般都衬上片状的石棉橡胶辊压带或石棉钢丝制动带。工作时，合闸靠主弹簧9的张力，松闸是靠直接装于右制动杆上的短行程电磁铁来实现的。

当电磁铁断电时，主弹簧9左端推动框形拉板8，使右制动杆压向制动轮；右端推动中心拉杆10上的螺母11，使左制动杆也压向制动轮，机构处于制动状态。此时主弹簧9张开，辅助弹簧7压缩。当机构运转时，电磁铁通电，吸引衔铁12，使它绕上部铰链顺时针方向转动，将中心拉杆10向左推移，同时将框形拉板8向右拉，使两个制动杆往外摆动，两制动瓦3与制动轮脱开。此时主弹簧被压缩，辅助弹簧张开。

这种块式制动器所用的松闸装置是电磁铁，它的行程通常在5mm以内，称为短行程电磁铁。它的优点是动作迅速，但制动时冲击大，不平稳，松闸力也小，只能用于制动力矩比较小的制动轮（直径300mm以下）机构中。此外还有一种长行程电磁铁，行程通常大于20mm，通过杠杆系统可以产生很大的松闸力，适用于大型制动器。

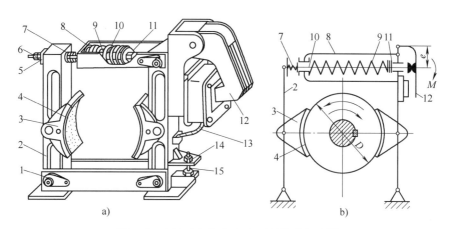

图 1-24 交流（短行程）电磁铁块式制动器

a）构造图 b）原理图

1—底座 2—制动杆 3—瓦块 4—制动片 5—夹板 6—小螺母 7—辅助弹簧 8—框形拉板 9—主弹簧

10—中心拉杆 11—螺母（共 3 个，紧贴主弹簧的是调整主弹簧长度用的，称为调整螺母；

中间的是防止调整弹簧螺母松动的，称为背螺母；第 3 个是卸闸瓦时使制动杆张开的，称为张开螺母）

12—衔铁 13—导电卡子 14—背螺母 15—调整螺栓

五、短行程电磁铁双块制动器的调整

1. 调整电磁铁行程

如图 1-25 所示，为获得制动瓦块合适的张开量，应调整电磁铁的行程，即衔铁与电磁铁的距离。调整的方法是用一把扳手把住调整螺母 1，用另一把扳手转动中心拉杆方头 2，这样中心拉杆就可以左右移动，使电磁铁行程得以调节，电磁铁行程应调整为 3~4.4mm。

2. 调整主弹簧工作长度

如图 1-26 所示，有时制动瓦块与制动轮虽然间隙合适，但溜钩（溜车）距离还是较大，说明主弹簧偏松，所产生制动力矩不足。这时为获得合适的制动力矩，应调整主弹簧。调整

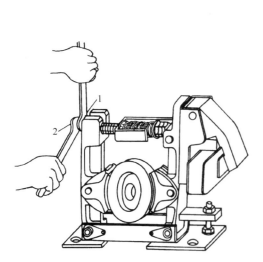

图 1-25 调整电磁铁行程

1—调整螺母 2—中心拉杆方头

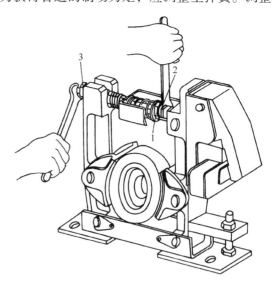

图 1-26 调整主弹簧

1—调整螺母 2—背螺母 3—中心拉杆方头

的方法是：用一把扳手把住中心拉杆方头3，用另一把扳手转动主弹簧调整螺母1，来调整主弹簧长度，然后拧紧背螺母2，防止调整螺母1松动。

3. 调整制动瓦块与制动轮的间隙

如图1-27所示，起重机在工作中，有的制动器松闸时会出现一个瓦块脱离，而另一个瓦块还在制动的现象，这不仅影响机构的运动，还使瓦块加速磨损。此时应进行调整，先将衔铁推在铁心上，制动瓦块即松开，然后转动螺母。调整制动瓦块与制动轮之间的单侧间隙为0.6~1mm，并要求两侧间隙均等。

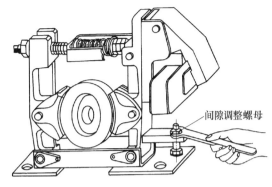

间隙调整螺母

图1-27 调整制动瓦块与制动轮间隙

第五节 运行支承装置

为使起重机或载重小车做水平运动，起重机上都有运行机构。运行机构分有轨的和无轨的（如汽车起重机）两种。运行机构由运行支承装置和运行驱动装置组成。起重机用的有轨运行支承装置常采用钢制车轮，运行在钢制轨道上。

一、车轮

1. 车轮的类型

车轮按轮缘分为无轮缘、单轮缘和双轮缘三种，如图1-28所示。为防止车轮脱轨，大轨距情况下应采用双轮缘车轮，如桥式起重机大车车轮。轨距不超过4m的情况下，允许采用单轮缘车轮，如桥式起重机的起重小车车轮。但对于有轮缘的车轮，当起重机走斜时，常会发生轮缘与轨道的强烈摩擦和严重磨损，这种现象称为啃轨或啃道。有时为避免啃轨磨损、减少运行阻力而采用无轮缘车轮，但这种车轮只在保证不脱轨的情况使用，例如在转盘式起重机的支承轮装置中，在有水平导向滚轮或中心轴旋转时才采用。

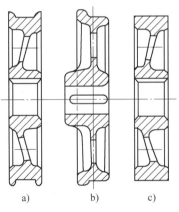

a) b) c)

图1-28 车轮的类型
a）双轮缘 b）单轮缘 c）无轮缘

车轮与轨道接触的滚动面，又称为车轮踏面，可加工成圆柱面或圆锥面，如图1-29所示。在直线轨道上行走的起重机中，大都采用具有圆柱形踏面的车轮。但有的桥式起重机中带动桥架运行的主动车轮采用圆锥形踏面（锥度为1∶10），这是因为它能自动矫正桥架运行中产生的偏斜现象。圆锥形踏面的车轮还用于在工字钢梁下翼缘运行的小车，例如电动葫芦的运行小车，这时车轮大端与小端的圆周速度不同，会产生附加摩擦阻力与磨损，如图1-30a所示。所以，常常制成带圆弧状踏面的车轮或制成倾斜放置的圆柱面车轮，如图1-30b、c所示。

2. 车轮的材料

起重机车轮所用材料：轧制车轮材料强度应不低于 60 钢；锻造车轮材料强度应不低于 45 钢；铸造车轮材料强度应不低于 ZG340-640。车轮轮坯应优先采用轧制或模锻轮坯。为了提高车轮表面的耐磨性能和使用寿命，钢制车轮一般应经热处理，踏面和轮缘内侧面硬度应达到 300~380HBW。对于人力驱动或机械驱动但速度较小的起重机，也可用铸铁车轮，其表面硬度为180~240HBW。近年来，随着工程塑料的发展，有的已开始采用耐磨塑料车轮。

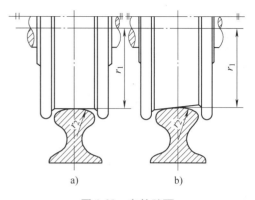

图 1-29 车轮踏面

a）圆柱面 b）圆锥面

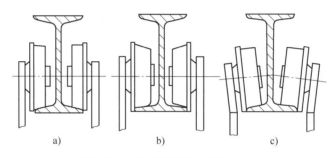

图 1-30 工字钢下翼缘上运行的车轮

3. 车轮的支承和安装

车轮有定轴式和转轴式两种支承和安装方式。

定轴式是把车轮安装在固定机架的心轴上，如图 1-31 所示。轮毂与心轴之间可以装滑动轴承，也可以装滚动轴承，车轮绕心轴能够自由转动。驱动转矩是靠与车轮固定在一起的齿圈传递给车轮的。由于是开式齿轮传动，齿轮磨损严重，并且检修更换车轮或齿圈时要抽出心轴，很不方便。

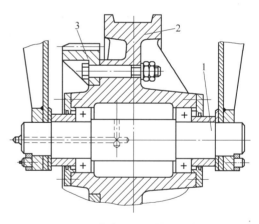

图 1-31 装在固定心轴上的车轮

1—固定心轴 2—车轮 3—齿圈

转轴式是把车轮安装在转动轴上。通过转轴来传递转矩的车轮是主动车轮，如图 1-32 所示，不传递转矩的是从动车轮，它没有图中所示的轴伸。轴承是装在特制的角型轴承箱内的。角型轴承箱和车轮形成一个组件，组件整体通过专用螺栓固定在起重机机架上，因而检修更换方便。角型轴承箱内一般采用自动调心的滚子轴承，它容许一定程度的安装误差和机架变形，降低了对安装、检修的要求。

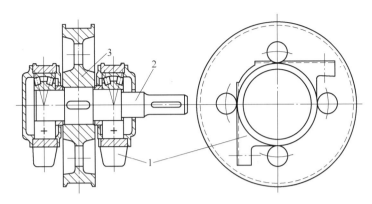

图 1-32　装在转轴上的车轮

1—角型轴承箱　2—转轴　3—车轮

4. 均衡车架装置

车轮直径的大小主要根据轮压来确定，轮压大的轮径也应大。但受厂房和轨道承载能力的限制，轮压又不宜过大。这时可用增加车轮数并使各车轮轮压相等的办法来降低轮压，具体地说就是采用均衡车架装置，图1-33 所示为均衡车架装置简图。它实际上是一个杠杆系统，把安装车轮的车架铰接在起重机机体上，铰接保证了各车轮轮压相等。

二、轨道

起重机车轮运行的轨道，常采用铁路钢轨；当轮压较大时，采用起重机专用钢轨，如图 1-34 所示。有时也使用方钢作为代用的钢轨。

钢轨的轨顶有凸顶和平顶两种。圆柱形车轮踏面与平顶钢轨的接触成直线，称为线接触；而圆柱形或圆锥形踏面的车轮与凸顶钢轨接触在点上，称为点接触。从理论上看，线接触比点接触要好，承载能力大。但实际上，由于制造安装及起重机在不同载荷时的不同变形，造成车轮不同程度的偏斜，使圆柱形的车轮与平顶钢轨在接触线的压力分布不均，有时甚至只在轨道边缘的一个点上接触，产生很大的挤压应力；而点接触的凸顶钢轨对这不可避免的车轮倾斜的适应性却很好。实践证明，采用凸顶钢轨时车轮的寿命比采用平顶钢轨的长。所以，起重机大

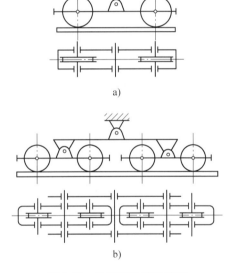

图 1-33　均衡车架装置简图

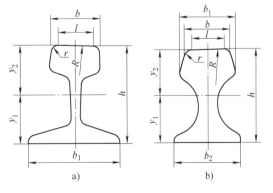

图 1-34　起重机专用钢轨

a) 铁路钢轨　b) 起重机专用钢轨

多采用凸顶钢轨。钢轨通常用碳、锰的质量分数较高的钢材（$w_C = 0.5\% \sim 0.8\%$，$w_{Mn} = 0.6\% \sim 1.0\%$）制成，同时要进行热处理，使其有较高的强度和韧性，顶面又有足够的硬度。

钢轨的选用见表 1-15。钢轨型号中的数字表示这种钢轨单位长度的质量（kg/m）。方钢的型号则是以边长来表示的。

表 1-15　钢轨的选用

车轮直径/mm	200	300	400	500	600	700	800	900
起重机专用钢轨						QU70	QU70	QU80
铁路钢轨	P15	P18	P24	P38	P38	P43	P43	P50
方钢/mm	40	50	60	80	80	90	90	100

轨道在金属梁和钢筋混凝土上的固定方法，如图 1-35 所示。

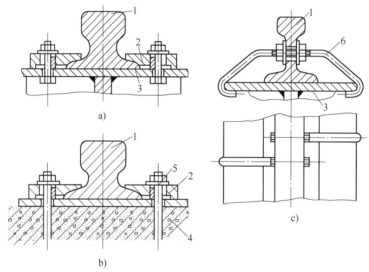

图 1-35　轨道的固定方法

a）用螺栓压板固定在金属梁上的轨道

b）用压板固定在钢筋混凝土梁上的轨道　c）用钩条固定在金属梁上的轨道

1—轨道　2—压板　3—金属梁　4—钢筋混凝土梁　5—螺栓　6—钩条

第六节　电动葫芦

一、概述

电动葫芦是一种常见的用电力驱动的小型起重机械，可用于固定作业场所，加上运行小车也可沿着工字钢梁的直线轨道或弯曲轨道进行起升和运送物品的作业，因此电动葫芦常被用作单梁桥式起重机、龙门起重机和悬臂起重机的配套提升装置。图 1-36 所示为电动葫芦布置在工字钢主梁下方的单梁桥式起重机简图。

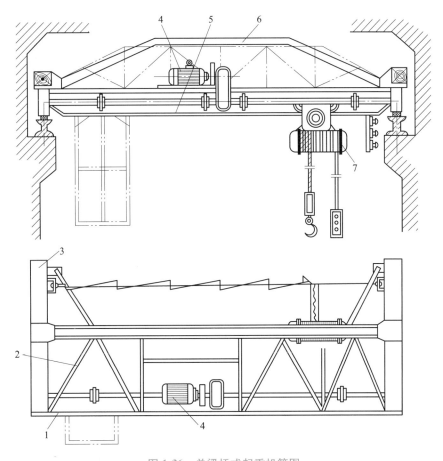

图 1-36 单梁桥式起重机简图
1—走台栏杆（主视图中用细双点画线表示） 2—水平辅助桁架 3—端梁
4—大车运行机构 5—工字形主梁 6—垂直辅助桁架 7—电动葫芦

电动葫芦的品种很多，按所用挠性件的不同，有钢丝绳式、环链式和板链式三类；按提升速度不同，有常速和常慢速之分；按工作处所不同，分通用、重型、防爆、防腐等型。使用最广泛的是 CD 型常速钢丝绳电动葫芦和 MD 型常慢速钢丝绳电动葫芦。CD 型电动葫芦只有一种起升速度，而 MD 型有常速和慢速两种起升速度，当它以慢速（或微速）工作时，可满足安装、定位等精细作业的要求，使用范围更为广泛。

二、电动葫芦的结构类型

一般用途的常速钢丝绳电动葫芦，由起升机构、运行机构、电控设备三部分组成。

电动葫芦除运行机构外的主体部分由电动机、制动器、减速器、卷筒等几个主要部件组成，它们依相对位置不同分为三种结构类型，如图 1-37 所示。

图 1-37c 中电动机布置在卷筒内，使

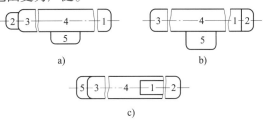

图 1-37 电动葫芦结构类型图
1—电动机 2—制动器 3—减速器
4—卷筒 5—控制电器

电动葫芦整体长度得以缩短，但电动机散热条件差，并且在要求起升高度大时需加大卷筒直径，这样的结构给制造和维修都带来不便。图 1-37a 和 b 中电动机放在卷筒外侧，卷筒直径较小，因而减速器的速比较小，但外形尺寸长。现在大部分电动葫芦都将电动机放在卷筒外，如 CD 型和 MD 型都采用这样的布置。

下面以常用的 CD 型、MD 型电动葫芦为例介绍其结构和工作情况。

三、电动葫芦的结构和工作原理

CD 型电动葫芦外形如图 1-38 所示。它是由减速器 1、卷筒 2、排绳器 3、起重电动机 4（单速或双速电动机组）、吊钩 5、电动小车 6、电器架 7、控制箱 8、软缆引入器 9 等组成。图中所示的电动葫芦起升高度在 12m 以上。由于卷筒加长，所以采用两组运行机构，比起升高度在 12m 以下的，增加了一套双轮小车 10 及连接架 11。对于起重量为 10t 的电动葫芦，由于重载而用两套电动小车。

图 1-39 所示为 CD 型电动葫芦工作原理示意图。图中电动机转子的上半部分、下半部分位置不同，分别表示不通电、通电时的情况。它的传动路线为电动机 1→联轴器 2→三级齿轮减速器的输入轴 3→减速器的输出轴（空心轴）4→卷筒 5。制动轮 8 的位置在电动机的右侧。

各部件构造如下所述。

1. 制动器

电动葫芦中的制动器比较特殊，它由锥形转子电动机的轴向磁拉力来控制。当电动机通电开始工作时，转子上作用着一个电磁力 F，如图 1-40 所示。F 力的作用方向垂直于锥形转子表面，其轴向分力为 $F\cos\alpha$，电动机在轴向分力的作用下，使转子沿电动机轴线往右移动，由图 1-39 可知，电动机转子右移，弹簧 6 被压缩，此时，与锥形转子同轴的风扇制动轮 8 也同时右移，使制动轮 8 和后端盖上的制动器座 7 脱开，制动器松闸，电动机运转。断电时，磁拉力 F 消失，锥形转子在弹簧力作用下左移，使风扇制动轮压紧制动器座上的制动片，将电动机制动。电动机转子的轴向移动量在出厂时调整到 1.5mm 左右，使用过程中随着制动环的磨损，一般到 3~5mm 时就要重新进行调整。

2. 减速器

减速器采用三级斜齿轮传动机构，如图 1-39 所示，自成一个部件，装拆方便。齿轮和齿轮轴用合金钢制成，并经热处理，配用的轴承全部为滚动轴承。

3. 卷筒

卷筒实际上是一个套筒（图 1-39），由优质铸铁或钢管制成。套筒两端为左右端盖，左端盖与减速器的空心输出轴用花键联接，右端盖支承在起重电动机端盖的滚动轴承上。

卷筒外部有一钢板卷成的护壳，它的两端各有一个支承环，分别和减速器、起重电动机壳体相连。

小车式电动葫芦的起升机构靠焊接在卷筒外壳上的吊板直接或通过连接架悬挂在电动小车下面。

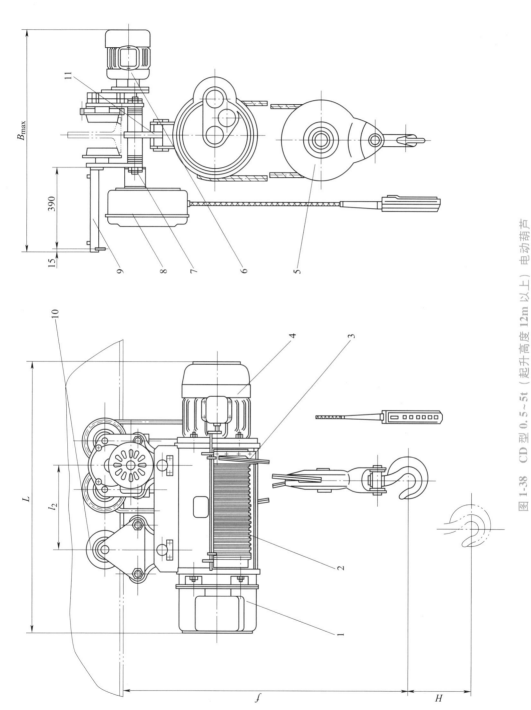

图 1-38 CD 型 0.5～5t（起升高度 12m 以上）电动葫芦

1—减速器 2—卷筒 3—排绳器 4—起重电动机 5—吊钩 6—电动小车 7—电器架 8—控制箱 9—软缆引入器 10—双轮小车 11—连接架

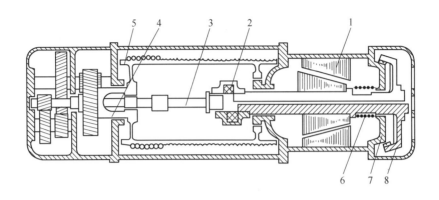

图 1-39 CD 型电动葫芦工作原理示意图

1—锥形转子电动机 2—弹性联轴器 3—减速器的输入轴
4—减速器的输出轴（空心轴） 5—卷筒 6—弹簧 7—制动器座 8—制动轮

4. 排绳器

它安装在有绳槽的卷筒上，并随着卷筒转动而做轴向移动，可使钢丝绳在卷筒上整齐排列。同时，通过排绳器上的卡板与限位杆上的停止块碰撞，使吊钩在升降时自动限位。

5. 起重电动机

CD 型常速钢丝绳电动葫芦，只有一台起重电动机，所以它只有一种起升速度 8m/min。而 MD 型常慢速钢丝绳电动葫芦比 CD 型电动葫芦多了一台起重辅电动机及慢速驱动装置，形成一个双速电动机组，如图 1-41 所示，使这种电动葫芦有两种起升速度，常速为 8m/min，慢速为 0.8m/min。

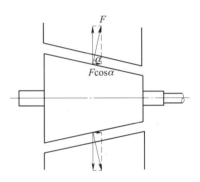

图 1-40 锥形转子受力分析图

起重电动机（主电动机）3 和起重辅电动机（微升电动机）1 均为带锥形或平面制动器的锥形转子电动机。当双速电动机组中的起重辅电动机通电时，主电动机 3 不通电，辅电动机 1 动力经二级齿轮减速传到主电动机的带齿圈的制动轮 2 上，再通过风扇制动轮 4 的摩擦片传到主轴，此时主轴带动卷筒慢速旋转。

6. 电动小车

电动小车的驱动方式如图 1-42 所示。电动小车包括主动轮部件和从动轮部件。

主动轮部件包括带制动器的运行电动机和二级直齿轮传动机构，第一级是由电动机齿轮和大齿轮组成的闭式齿轮传动。第二级是由齿轮轴同时传动两只车轮（带有齿轮）的开式齿轮传动。两只车轮通过滚动轴承支承在与主动轮墙板紧配的轴上。

从动轮部件中的两只车轮也是通过滚动轴承支承在与从动轮墙板紧配的轴上。

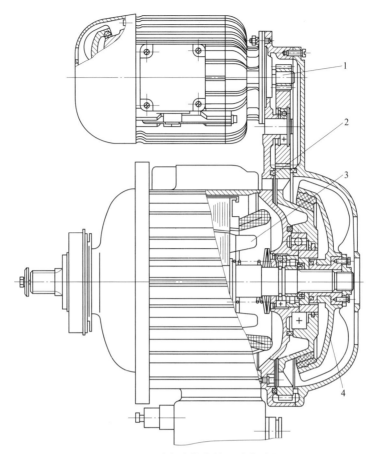

图 1-41　MD 型电动葫芦的双速电动机组

1—起重辅电动机　2—带齿圈的制动轮　3—起重电动机　4—风扇制动轮

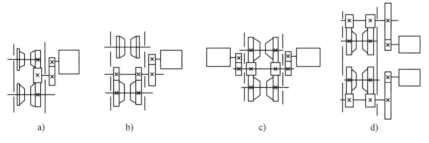

a) 　　　　　　b) 　　　　　　c) 　　　　　　d)

图 1-42　电动小车驱动方式

第七节　桥式起重机分类、组成和参数

桥式起重机是厂矿企业实现机械化生产、减轻繁重体力劳动的重要设备。在一些连续性生产流程中它又是不可缺少的工艺设备。它可以在厂房、仓库内使用，也可以在露天料场中使用，是应用最为广泛的一种起重机械。

一、桥式起重机的分类

按驱动方式和桥架结构的不同，桥式起重机分为手动单梁和双梁、电动单梁和双梁等几种形式。从图 1-43 和图 1-44 的主、俯两视图可看出电动双梁桥式起重机的概貌及各部分的布置。

按用途和取物装置形式的不同，桥式起重机分为吊钩式、电磁式（取物装置是电磁吸盘）和抓斗式以及二用或三用桥式起重机等。

一般情况下，桥式起重机的取物装置采用吊钩。人们把普通用途的具有吊钩的电动双梁桥式起重机称为通用桥式起重机，以下主要介绍通用桥式起重机。

二、桥式起重机的组成

桥式起重机的组成如图 1-44 所示。

1. 金属结构部分

桥架由主梁和端梁组成，主要用于安装机械和电气设备、承受吊重、自重、风力和大小车制动停止时产生的惯性力等。桥架和安装在它上面的桥架运行机构一起组成"大车"。

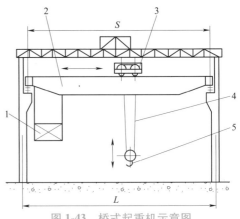

图 1-43　桥式起重机示意图
1—驾驶室　2—大车　3—起重小车
4—钢丝绳　5—吊钩组

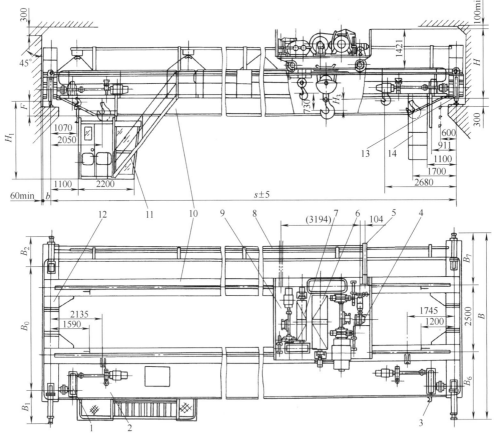

图 1-44　电动双梁桥式起重机

1—大车运行机构　2—走台　3—大车导电架　4—小车运行机构　5—小车导电架　6—主起升机构

7—副起升机构　8—电缆　9—起重小车　10—主梁　11—驾驶室　12—端梁　13—大车车轮　14—大车导电维修平台

2. 机械（工作机构）部分

（1）起升机构　它的作用是提升和下降物品。

（2）小车运行机构　它的任务是使被起升的物品沿主梁方向做水平往返运动。小车运行机构与安装在小车架上的起升机构一起，组成起重小车。

（3）桥架运行机构　它的任务是使被提升的物品在大车轨道方向做水平往返运动。这个运动是沿着厂房或料场长度方向的运动，所以称为纵向移动。而小车的运动则是沿厂房或料场宽度方向的运动，所以称为横向运动。

3. 电气设备

它包括大车和小车集电器、控制器、电阻器、电动机、照明、线路及各种安全保护装置（如大车和小车行程开关、"舱口"开关、起升高度限制器、地线和室外起重机用的避雷器等）。

三、通用桥式起重机基本参数

通用桥式起重机早已系列化和标准化。为方便选用标准产品，对通用桥式起重机的基本参数等作一简要介绍。

1. 起重量和工作级别

通用桥式起重机起重量和工作级别见表1-16。

表1-16　桥式起重机起重量和工作级别的划分

取物装置		起重量系列/t	工作级别
吊钩	单小车	3.2；4；5；6.3；8；10；12.5；16；20；25；32；40；50；63；80；100；125；160；200；250	A1～A6
	双小车	2.5+2.5，3.2+3.2，4+4；5+5；6.3+6.3；8+8；10+10；12.5+12.5；16+16；20+20；25+25；32+32；40+40；50+50；63+63；80+80；100+100；125+125	A4～A6
抓斗		3.2；4；5；6.3；8；10；12.5；16；20；25；32；40；50	A5～A7
电磁吸盘		5；6.3；8；10；12.5；16；20；25；32；40；50	

注：1. 当设有主、副钩时，其匹配关系为3∶1～5∶1，并用分子分母形式表示，如80/20、50/10等。

2. 二用、三用的起重量根据用户需要进行匹配。

表1-16中16t以上的起重机有主副两套起升机构，副钩起重量一般为主钩起重量的1/5～1/3。起重量用分数形式表示，分子为主钩起重量，分母为副钩起重量。

2. 跨度

我国生产的桥式起重机标准跨度在10.5～31.5m之间（每3m一个间距），在选用时要注意，建筑物（厂房）跨度与起重机跨度应符合表1-17的要求。

表1-17　桥式起重机的标准跨度　　　　　　　　　　（单位：m）

起重量 G_n/t		建筑物跨度定位轴线 L（图1-43）									
		9	12	15	18	21	24	27	30	33	36
		跨度 S									
≤50	无通道	7.5	10.5	13.5	16.5	19.5	22.5	25.5	28.5	31.5	34.5
	有通道	7	10	13	16	19	22	25	28	31	34
63～125		—	—	—	16	19	22	25	28	31	34
160～250		—	—	—	15.5	18.5	21.5	24.5	27.5	30.5	33.5

注：有无通道，是指建筑物上沿着起重机运行线路是否留有人行安全通道。

3. 起升高度

小吨位起重机起升高度一般有 6m、8m、10m、12m、14m、16m 等规格供选择,大吨位起重机的起升高度一般在 24m 以下。

4. 工作速度

国产起重机系列的速度范围:

主钩起升速度	中小吨位	$1.6 \sim 16m/min$
	大吨位	$0.63 \sim 10m/min$
小车运行速度		$10 \sim 63m/min$
大车运行速度		$20 \sim 125m/min$

第八节 桥式起重机的桥架

桥架为金属结构件,是起重机最重要的部件之一。桥式起重机的桥架按主梁数量分为单梁和双梁桥架两种。

一、单梁桥架

单梁桥架是由一个主梁与固定在主梁端部的两个端梁组成的。主梁是起重载荷的主要承载件,起重小车运行轨道就设在主梁上。两个端梁上各装有两个车轮,在运行电动机的驱动下,桥架可以纵向移动。起重量不大的桥式起重机,多采用这种单梁桥架。这种桥式起重机又称为梁式起重机,其主梁可由工字钢或桁架组成。

当桥架跨度不大时,常用整段工字钢作主梁。工字钢断面的大小按刚度条件来选择。工字钢梁的两端与用槽钢组成的端梁刚性地连接在一起。为保证主梁在水平方向上的刚度,当梁的跨度超过 $6 \sim 7m$ 时,可以在梁的一侧或两侧焊上斜撑,如图 1-45a 所示。当梁的跨度大于 $8 \sim 10m$ 时,则在整个梁的一侧加上一片水平桁架,如图 1-45b 所示。

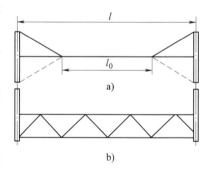

随着跨度、起重量的增加,工字钢主梁的截面相应地越选越大,自重也越来越大,这时可采用桁构式的单梁桥架,如图 1-46 所示。它是以工字钢梁 2 为主体,将型钢加强杆件焊接在钢梁腹板位置的上部,使工字钢梁的承载能力得到增强。为保证主梁在水平方向的刚度,

图 1-45 单梁桥架
a) 主梁一侧或两侧加斜撑
b) 主梁一侧加水平桁架

在工字钢主梁的一侧加了一片水平桁架。它的上方可放置桥架运行装置的电动机、减速器、轴承架、轴、联轴器等驱动和传动零部件。如铺上木板或钢板,则成为"走台",可方便维修人员在桥架上的作业。又为增强水平桁架在竖直方向的刚度,在水平桁架的外侧另加一片竖直放置的桁架 1,称为垂直辅助桁架。这片桁架实际上还起着走台栏杆的作用,保证了上桥作业人员的安全。

电动单梁桥式起重机一般都采用电动葫芦作为它的起升机构,电动葫芦所带的运行小车车轮可沿工字钢主梁的下翼缘行走,称这种小车的运动为"下行式"。运行小车的运动使被电动葫芦提升的物品在车间或料场能做横向移动。

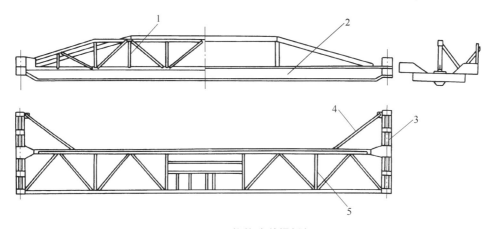

图 1-46 桁构式单梁桥架

1—垂直辅助桁架 2—工字钢梁 3—端梁 4—斜撑 5—水平桁架

二、双梁桥架

大中型桥式起重机一般采用双主梁桥架。它由两个平行的主梁和固定在两端的两个端梁组成。

端梁的作用是支承和连接两个主梁，以构成桥架。同时大车车轮通过角型轴承箱或均衡车架（超过四个轮子时用）与端梁连接。

双梁桥架的结构主要取决于主梁的形式。常见的双梁桥架有以下几种：

1. 桁构式桥架

如图 1-47 所示，桁构式桥架的两个主梁，都是空间四桁架结构。承受大部分垂直载荷的，是位于桥架中间的两片竖直放置的主桁架。为保证主桁架在水平方向上的刚度，在每一主桁架的旁侧，又各有上、下两个水平桁架，以及将上、下水平桁架联系在一起的垂直辅助桁架。水平桁架兼作走台，通常在一侧的水平桁架上放置桥架运行机构，在另一侧水平桁架上放置电气设备。辅助桁架平行于主桁架，兼作栏杆。在主桁架的上弦杆上铺设起重小车的轨道。

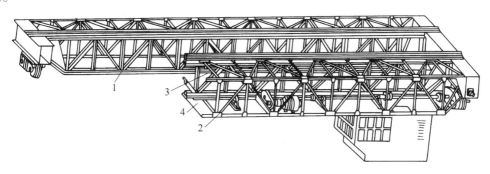

图 1-47 桁构式桥架

1—主桁架 2—垂直辅助桁架（副桁架） 3—上水平桁架 4—下水平桁架

每片桁架都由两根平行的弦杆和多根的腹杆（斜杆和竖杆）组成（图 1-48）。一般采用焊接把它们连接在一起。主桁架的上弦杆受压缩和弯曲，下弦杆受拉伸。为减少上弦杆受起重小车车轮集中载荷作用下的弯曲，可增加一些竖杆。常见的上、下弦杆由两根不等边角钢对拼在一起组成，腹杆多由两根等边角钢对拼组成。

各杆件的连接处是节点，为保证焊接强度，在节点处是用节点钢板与杆件焊在一起的。焊接时要求各杆件的重心线最好能交汇于节点。由对拼型钢组成的弦杆或腹杆，型钢应对称地焊在节点钢板的两侧。

2. 箱形桥架

箱形桥架的两个主梁和两个端梁都是箱形结构。这种结构的梁，其断面是一个封闭的箱形，由上、下盖板和左、右腹板构成，它们之间均为焊接。图 1-49 所示为箱形主梁结构图。在主梁上盖板中央铺设小车轨道的称为中轨主梁，而在箱形主梁的某一腹板上方铺设小车轨道的称为偏轨主梁。由于一般是在上盖板中央位置铺设小车轨道，为防止上盖板变形、保证上盖板和腹板的强度和稳定性，在箱形梁内每一定间隔位置处都焊上隔板和加强肋板并沿纵向焊上加肋角钢。

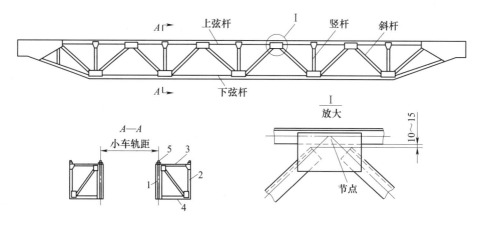

图 1-48　四桁架结构

1—主桁架　2—辅助桁架　3—上水平桁架　4—下水平桁架　5—钢轨

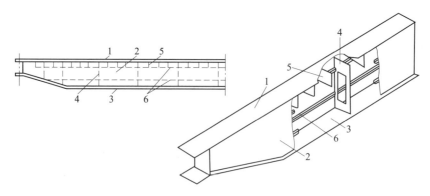

图 1-49　箱形主梁结构

1—上盖板　2—腹板　3—下盖板　4—隔板　5—加强肋板　6—纵向加肋角钢

箱形主梁腹板的下缘，从受力来考虑，应为抛物线形，但为加工方便，主梁腹板靠两端的下缘做成斜线段，中部与上缘平行。

箱形桥架两主梁的外侧各焊有一个走台，一边走台上安装大车运行机构，另一边的走台上安装电气设备。走台的高低位置取决于大车运行机构，一般要保证减速器的低速轴与端梁上的车轮轴线同轴。

端梁与主梁一样，断面也是箱形结构，由四片钢板组合焊接而成，如图1-50所示，端梁两头的下方用于安装角形轴承箱和大车车轮。端梁与主梁的连接，有图1-51a、b所示的两种形式。图1-51a是把箱形主梁的肩部放在端梁上，靠焊接的水平连接板2、3和垂直连接板4把主梁和端梁连接在一起。图1-51b是用箱形主梁上、下盖板的延伸段夹住端梁来连接的，并辅以垂直连接板4和角撑板5焊接而成。为便于桥架的运输，端梁通常都被分割成两半段，如图1-50所示的那样，每半段与一个主梁焊接在一起，运抵使用场所后，再用精制螺栓把它们拼装起来。

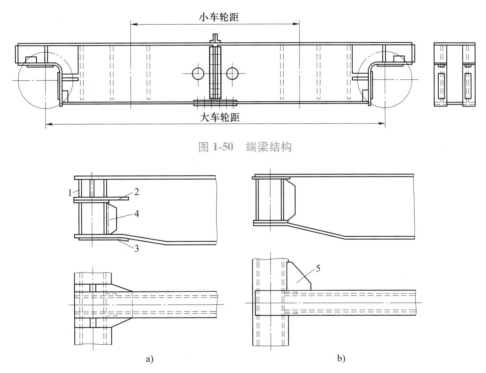

图1-50　端梁结构

图1-51　主梁与端梁的连接

1—箱形主梁支承端　2、3—水平连接板　4—垂直连接板　5—角撑板

3. 单腹板式桥架

单腹板式桥架与空间四桁架式的桥架类似（图1-52）。不同点在于它是用钢板焊接而成的工字钢主梁代替主桁架，而辅助桁架和上、下水平桁架则与四桁架式桥架相同。

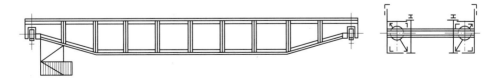

图1-52　单腹板式桥架

4. 空腹桁架桥架

空腹桁架桥架是一种无斜杆的金属结构（图1-53），它的主梁断面如 $B—B$ 所示，是钢板焊接组合而成的箱形。组成箱形主梁的四个面，每面都可看作是一片桁架。这种桁架是在钢板"腹板"上开了一排带圆角的矩形孔而形成的。与用型钢杆件焊制而成的普通桁架相比。一排矩形孔上下两边的材料形成了桁架的两个"弦杆"，两矩形孔之间的材料就是"竖杆"，矩形孔中间则空无"斜杆"，所以称它为无斜杆空腹桁架，不过，这每一片桁架的"弦杆"，应当认为是由本片和相邻片钢板上矩形孔边材料组成的"T形钢"构成的。

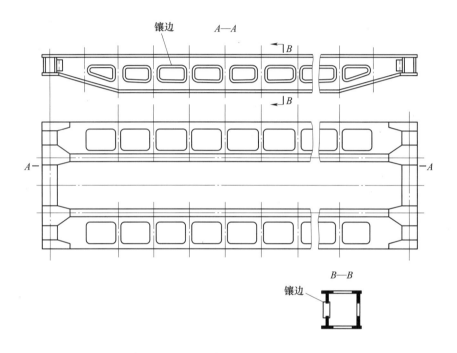

图1-53　空腹桁架桥架结构

为了增强刚性，在空腹桁架桥架的主桁架上，各矩形孔边都焊有板条制成的镶边，如图1-53中的 $B—B$ 剖面。在我国，还有一种由实腹工字形主梁、空腹桁架式辅助桁架以及上、下水平桁架所构成的桥架，应用也较为广泛。

以上介绍的双梁桥架中，桁架式桥架自重小，省钢材，迎风面积小（对室外起重机减小风阻力有利），但外形尺寸大，要求厂房建筑高度大。另外，制作桁架相当费工。而箱形桥架外形小，高度尺寸小，由钢板组合而成的箱形梁特别适合自动焊接，加工方便。在桥架运行机构的布置和车轮的装配方面，箱形结构也有着明显的优越性。尽管它自重较大，轮压比桁架式的约大20%，但它仍是我国生产的桥式起重机的主要结构类型。

单腹板式桥架的自重和高度介于桁架式和箱形结构之间。空腹桁架桥架的自重比一般箱形和桁架式桥架都轻，刚性也好，且外形美观，有的大起重量起重机上已采用这种结构，这是一种很有发展前途的桥架结构类型。

三、对桥架主梁上拱和静挠度的要求

起重机工作时，桥架受载必然会产生下挠度，这将对小车向桥架主梁两端的运动产生附加爬坡阻力。小车停止时又有向桥架主梁中央滑动之势。为解决这个问题，要求桥架主梁必须上拱。在起重机运行机构组装完成以后，跨中上拱应为 $(0.9 \sim 1.4)S/1000$，且最大上拱应控制在梁的跨中 $S/10$ 范围内（S 为起重机跨度）。还要求起升额定载荷时，在跨中主梁的垂直静挠度应满足下列要求：对 A1 ~ A3 级，不大于 $S/700$；对 A4 ~ A6 级，不大于 $S/800$；对 A7 级，不大于 $S/1000$。

第九节 桥式起重机桥架运行机构

桥架运行机构，又称大车运行机构，它是由电动机、减速器、制动器、车轮和其他传动零件组成的。按传动机构组合的形式，基本上可分为集中驱动和分别驱动两大类。下面分别予以介绍。

一、集中驱动的桥架运行机构

集中驱动是指在桥架走台中部只安装一台电动机。通过长传动轴同时驱动两边端梁上的主动车轮，以使桥架两侧车轮同时起动或停止且转速相等的驱动形式。集中驱动的桥架运行机构按长传动轴的转速高低又有三种不同的传动方式，如图 1-54 所示。

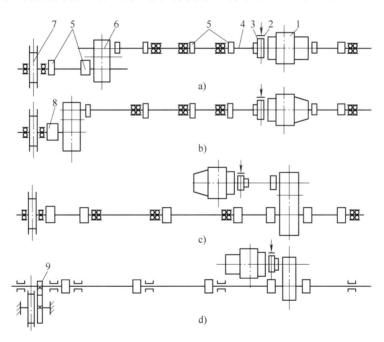

图 1-54 集中驱动的大车运行机构

a)、b) 高速轴传动方案 c) 低速轴传动方案 d) 中速轴传动方案

1—电动机 2—制动器 3、5—半齿联轴器 4—浮动轴
6—减速器 7—车轮 8—全齿联轴器 9—开式齿轮

这三种传动方式，都把长传动轴分成若干个短轴段，并因此增加了许多轴承支座（采

用调位轴承），某些轴段是没有任何外部支承的"浮动轴"如图1-54中4所示。这种轴允许径向和角度微量偏移及轴向的微量窜动，而联轴器则采用半齿联轴器或全齿联轴器，这样可降低对长轴传动系统的安装要求。

高速轴传动方式的特点是传动轴转速等于电动机转速。由于转速高、力矩小，所以传动轴轴径小，因而轴承、联轴器等有关零部件尺寸、质量也小，减轻了安装在走台上的大车运行机构对主梁的扭矩。但是必须用两台减速器，并且对传动零部件的加工精度和安装质量要求高，否则传动零部件的偏心质量在高转速下将产生强烈的振动，这种传动方式适合大跨度的桥架。

低速轴传动方式的特点是传动轴转速等于车轮转速，它只用一台减速器，并且振动小。但由于转速低，传动轴轴径及有关的零部件尺寸、质量都比高速轴传动方式大得多，同时由于传动轴与车轮基本上是同轴的，传动轴的位置远离主梁，使主梁承受较大的扭转载荷，所以它适用于跨度较小的起重机。

中速轴传动方式，传动轴转速介于电动机和车轮转速之间，它用于桁架式桥架上。这是由于桁架式桥架的运行机构中传动轴都装在上水平桁架上，比端梁上的车轮轴线要高，为驱动车轮采用一对开式齿轮传动的缘故。

上述三种传动方式共同的缺点：一是桥架运行机构的传动零部件不同程度地对主梁的受载产生不良影响；二是对传动零部件的安装要求高，并且维修困难。实际上由于传动轴装在主梁侧面的走台上，主梁的变形必然影响各段传动轴的同轴度，况且这种变形是随着载荷大小、载荷位置的变化而变化的，所以传动轴的安装很难得到满意的结果。

二、分别驱动的桥架运行机构

分别驱动是指桥架两端的主动车轮分别由两台电动机通过减速器来驱动的形式。图1-55a、b、c这三种传动方式基本相同。图1-55a所示为电动机与减速器、减速器与车轮间均采用浮动轴的传动方式；图1-55b所示为只保留了高速浮动轴的传动方式；而图1-55c所示为取消了浮动轴而采用全齿联轴器来补偿安装误差的传动方式。

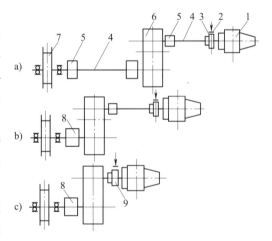

图 1-55　分别驱动的大车运行机构
1—电动机　2—制动器　3、5—半齿联轴器　4—浮动轴
6—减速器　7—车轮　8—全齿联轴器
9—全齿制动联轴器

分别驱动的桥架运行机构质量小、安装维护方便、安全可靠，甚至在只有一侧电动机运行的情况下，仍能短期维持起重机正常工作。图1-55a、b所示两种传动方式在我国生产的桥式起重机中已被广泛采用。

另有一种称为"三合一"的驱动装置，它是将带制动器的电动机和减速器组合在一起，成为一个模块化的单元，目前应用较多。还有的将车轮与这种"三合一"驱动装置再组合一起，形成一个驱动轮箱模块单元，如图1-56和图1-57所示。

三、实心转子制动电动机在运行机构中的应用

1. 笼型异步电动机的起动"冲击"问题

通常，各种起重机的大、小车运行机构和回转机构都采用绕线转子异步电动机或笼型异步电动机及锥形笼型异步电动机作为动力，运行机构如配用笼型异步电动机，在直接起动时就会出现较强的"冲击"现象，使起重机的工作质量受到影响。

为减小起动时的"冲击"，常采用以下措施：

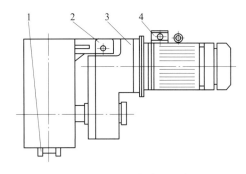

图 1-56　"三合一"驱动装置大车运行机构

1—车轮　2—连接架　3—减速器　4—带制动器的电动机

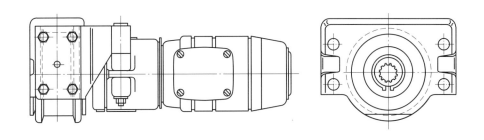

图 1-57　标准轮箱模块

1）在电动机定子串接起动电阻。当考虑机构重载时的大起动转矩的要求，这个起动电阻就不能过大，但一般起重机经常处于中载或轻载的工作状况，为减小"冲击"，又希望这个电阻大些，所以采用固定电阻是很难满足起重机在不同载荷时的要求的。如串接电阻并采用分级、分时起动，又使控制电路复杂且效果不明显。

2）加装调速系统，如变频调整器等。虽能很好地解决"冲击"问题，但价格昂贵且对使用环境要求高。

3）在一般的情况下，可用实心转子电动机，实现"缓起动"。

2. 实心转子电动机的结构和工作原理

这种电动机的定子与普通异步电动机相同，而转子则不同，它是一个铁磁性的实心圆住体，经整体切削加工而成。

转子中的磁场是定子磁势产生的主磁场和转子涡流产生的漏磁场的合成磁场。这是实心转子电动机与笼型异步电动机的根本不同之处。

3. 实心转子电动机和笼型异步电动机特性曲线的比较

图 1-58 所示为笼型转子电动机和实心转子电动机的机械特性曲线，图 1-59 所示为起重机运行机构的速度曲线。从这两图中可看出：

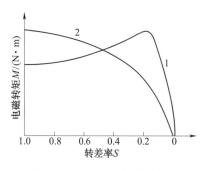

图 1-58 电动机机械特性曲线
1—笼型转子电动机 2—实心转子电动机

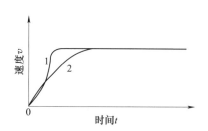

图 1-59 起重机运行机构速度曲线
1—笼型转子电动机驱动
2—实心转子电动机驱动

1）笼型转子电动机在直接起动过程中转矩随转速增加（转差率减小）而增加，起动时间短，加速度大，这时是第一次冲击，在达到额定转速时电磁转矩又减小过快，造成了二次冲击。而实心转子电动机则具有较软的机械特性，冲击小。

2）在同样负载下，实心转子电动机比笼型转子电动机的起动时间要长，这样起动时的"冲击"就减小了，达到了"缓起动"的目的。

4. 实心转子电动机的优缺点

实心转子电动机的优点是控制简单可靠，无需调速装置和定子、转子电阻；起动电流很小（4kV 以下电动机的启动电流为笼型的 1/5～1/2），过载能力很强，适于频繁起动；短时间的堵转和电源缺相不至于烧毁电动机；可用双速、多速实心转子电动机满足多种不同的运行速度要求，无论低速、高速均可直接通电起动。

实心转子电动机的最大缺点是功率因数较低，所以这种电动机在要求起动频繁短时工作制的场合运用较为适宜。

5. 在起重机运行机构中的运用

YSE 三相异步实心转子带制动器电动机和 YDSE 三相异步多速实心转子带制动器电动机的制动部分均采用三相交流电磁铁盘式制动器，平面制动效果平稳，调整范围宽。这两个系列电动机专业适应性较强，宜用于起重机大、小车的运行机构。

在要求平稳吊运金属液的铸造车间和有腐蚀气体的车间的使用证明，实心转子电动机成本低，运行可靠，故障率低。

第十节 桥式起重机的起重小车

桥式起重机的起重小车由起升机构、小车运行机构和小车架三部分以及安全防护装置组成，图 1-60 所示为起重小车的构造图。从图中可以看出，运行机构和起升机构都由独立的部件构成，机构的各部件间采用有补偿功能的联轴器（如齿轮联轴器等）联系起来，这样就使得转轴轴线的安装误差得到补偿，便于机构的安装维修。

一、起升机构

起升机构由电动机、传动装置、卷绕装置、取物装置和制动装置组成，这里主要介绍起升机构的传动方式及其在小车架上的布置。

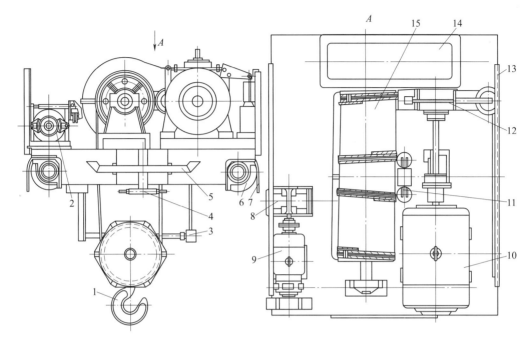

图 1-60　桥式起重机小车

1—吊钩　2、12—制动器　3—起升高度限位装置　4—缓冲器　5—撞尺　6—小车车轮　7—排障板　8—立式减速器
9—小车运行电动机　10—起升电动机　11—平衡滑轮　13—栏杆　14—减速器　15—卷筒

起升机构的传动方式分为闭式传动和开式传动两种。

1. 闭式传动

闭式传动是在电动机与卷筒之间只有"闭式"的减速器的传动（图 1-61）。该传动方式的传动齿轮完全密封于减速箱内，采用油浴润滑。由于润滑及防尘性能良好，齿轮寿命长，所以这种传动方式在桥式起重机中广泛使用。起升机构中常用的是卧式二级圆柱斜齿轮减速器。

在图 1-61a、b 中，电动机与减速器之间是用带制动轮的弹性柱销联轴器、梅花形弹性联轴器或全齿联轴器相联。在图 1-61c 中，电动机与减速器之间用了一段浮动轴，轴的一端装有半齿联轴器，另一端则装上带制动轮的半齿联轴器。浮动轴的长度不可太短，一般不小于 500mm，否则对安装误差的补偿作用不大。

从安全角度考虑，带制动轮的半齿联轴器不应装在靠近电动机的一头，而应装在靠减速器高速轴的一头。这样，即使浮动轴被扭断，制动器仍能制动住卷筒，保证了安全。有的起升机构把制动轮装在减速器高速轴的外侧，如图 1-61c 中细双点画线所示，效果是同样的。

减速器和卷筒的连接形式有多种。图 1-61a 中是用一个全齿联轴器来连接的，虽然结构简单，但由于在减速器、卷筒之间安装了联轴器和轴承座，使机构所占位置较长，自重也有所增加。另一种是在中小起重量桥式起重机中用得较多的结构，如图 1-62 所示。减速器低速轴伸出端做成扩大的阶梯轴，内部加工成喇叭孔形状，外部铣有外齿轮。喇叭口作为卷筒轴的支承，装有调心球轴承；外齿轮作为齿轮联轴器的一半，另一半联轴器是一个内齿圈，与卷筒的左轮毂做成一体。卷筒轴的右端由一个单独的装有调心球轴承的轴承座支承。这种连接形式结构紧凑，轴向尺寸小，并且减速器低速轴的转矩是通过齿轮联轴器直接传递给卷

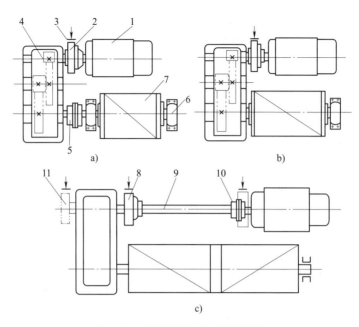

图 1-61 采用闭式传动的起升机构

1—电动机 2—带制动轮的弹性柱销联轴器或全齿联轴器 3—制动器 4—减速器 5—全齿联轴器
6—轴承座 7—卷筒 8—带制动轮的半齿联轴器 9—中间浮动轴 10—半齿联轴器 11—制动轮

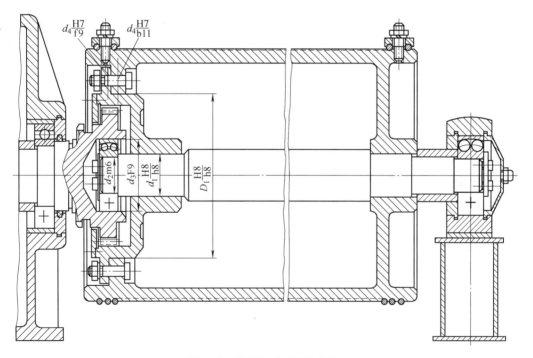

图 1-62 卷筒与减速器的连接

筒的，因而卷筒轴只是一个受弯不受扭的转动心轴，所以它的轴径较小，但这种连接形式结构复杂，制造费工费时。

2. 开式传动

在大起重量的起重机上，由于要求起升速度很小，减速器必须有较大的传动比，这就得用很笨重的多级减速器。为减轻起升机构自重，把靠近卷筒的最后一级减速齿轮从减速器中移出，形成了图 1-63 所示那样的既有减速器又有开式齿轮传动的起升机构。

不论是闭式传动或开式传动，起升机构所用的制动器应当是常闭式的，即断电时制动器合闸，通电时制动器松闸。制动器一般都装在减速器高速轴上，这是因为高速轴的转矩小，可选用尺寸和质量都较小的制动器。对于铸造、化工等行业吊运金属液或易燃易爆物品的起重机，为安全起见，应在起升机构上装两套制动装置。

通用桥式起重机的卷筒，一般采用双螺旋槽的，并相应地使用双联滑轮组。滑轮组的倍率与钢丝绳中的拉力、卷筒的直径与长度、减速器的传动比及起升机构的总体尺寸等都有关系。一般是大起重量用大倍率，这样可避免使用过粗的钢丝绳。

在起重量 16t 以上的桥式起重机上，常设有主、副两套起升机构。副起升机构的起重量小，但速度快，用来吊运较轻的物品或完成辅助性工作，有利于提高工作效率。

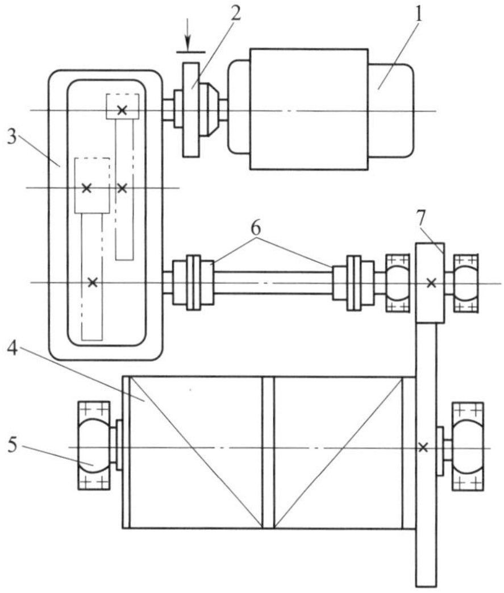

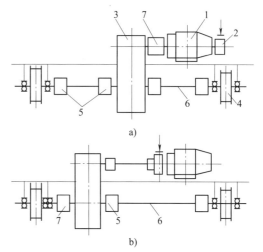

图 1-63 具有开式齿轮传动的起升机构
1—电动机 2—带制动轮的弹性柱销或全齿联轴器 3—减速器 4—卷筒 5—轴承 6—带中间浮动轴的半齿联轴器 7—开式齿轮

二、小车运行机构

起重小车有四个车轮，其中两个是主动车轮。车轮和角型轴承箱都装在小车架下面。图 1-64 所示的小车运行机构，制动器安装在小车架上面，减速器则采用立式的，通过它把小车架上面的动力传递给小车架下面的主动车轮。

常见的小车运行机构如图 1-64a、b 所示，它们都把立式减速器置于两主动车轮中间。减速器低速轴有两个轴伸，可以对称地通过半齿联轴器及浮动轴与车轮轴相连，如图 1-64a 所示，也可以不对称地用一个全齿联轴器与一边车轮轴连接。而另一边车轮轴则用一个半齿联轴器和一段浮动轴来连接，如图 1-64b 所示。图 1-64a、b 的另一不同之处是电动机与减速器的连接。图 1-64a 为直接连接，图 1-64b 则

图 1-64 减速器装在小车车轮中间的运行机构
1—电动机 2—制动器 3—立式减速器 4—车轮 5—半齿联轴器 6—浮动轴 7—全齿联轴器

在中间加了一段浮动轴，其对安装误差及小车架变形的补偿作用较大。另外，这段高速浮动轴在小车运行机构制动时还能起一定的缓冲作用，吸收部分能量。正因为它有这个作用，所

以小车运行机构的制动器多装于靠电动机输出轴端的半齿联轴器上。为补偿图 1-64a 这种连接形式的安装误差，电动机与减速器之间可采用带制动轮的全齿联轴器、弹性柱销联轴器或尼龙柱销联轴器。若联轴器不带制动轮，则可如图 1-64a 所示那样，把制动轮装在电动机的另一轴伸上。

小车运行机构中已广泛采用"三合一"驱动装置。这种"三合一"装置结构紧凑，成组性好，但维修不大方便。

至于小车的车轮，为防止脱轨，现在大多用的是单轮缘车轮，并且轮缘朝外安装，这种车轮安全可靠，还减少了加工量。

三、小车架

小车架用于支承和安装起升机构、小车运行机构。此外，它还要承载全部的起重量。小车架必须有足够的强度和刚度，但又要求它自重小，以降低小车轮压和桥架的受载。

小车架一般采用型钢和钢板的焊接结构。小车架由两根顺着小车轨道方向的纵梁和两根或多根与纵梁垂直的横梁及铺焊在它们之上的台面钢板组成，如图 1-65 所示。常见的纵梁、横梁多为箱形，通过焊接构成一个刚性的整体，纵梁的两端下部，留有安装角型轴承箱的直角形悬臂。

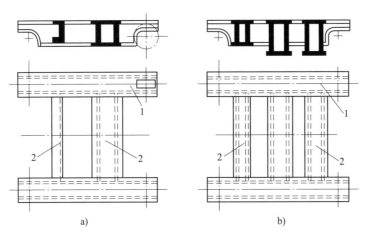

a)　　　　　　　　　　　　　　b)

图 1-65　小车架的主要构件
1—纵梁　2—横梁

小车台面上安装着电动机、减速器、卷筒、轴承座、制动器等。为方便安装对中，在台面焊上必要的垫板。台面上还留有让钢丝绳通过的矩形槽。

小车架上受集中力大的地方是安装定滑轮的部位，定滑轮支座可放在小车台面上，也可焊在小车架台面下边。

小车运行机构的立式减速器一般固定在焊于横梁侧边的垫板上，为保证其强度和刚度，通常还要焊上肋板。

四、安全装置

起重小车的安全装置主要有栏杆、限位开关、撞尺、缓冲器、排障板等。

1. 栏杆

桥式起重机起重小车运行的轨道中间为钢丝绳和吊钩工作的空间，考虑到维修人员在小车上工作的安全，小车架朝着这个空间的两边都焊有保护栏杆，如图 1-60 中的 13。小车架的另两边朝着走台，为方便维修人员上下小车，不设置栏杆。

2. 限位开关

当起升机构或运行机构运动到极端位置时，用限位开关来切断电源开关，以防止因操作失误发生的事故。

起升机构使用的起升高度限位开关，过去多为杠杆式限位开关，如图 1-66 所示。在图 1-66a 中，限位开关的短轴伸出壳外，而与短轴固定在一起的弯形杠杆 2 上，一头装着重锤 1，另一头用绳索吊着另一个重锤 4，重锤 4 上有一套环 3，起升机构的钢丝绳穿过这个套环。平时由于重锤 4 的力矩大于重锤 1 的力矩，限位开关的弯形杠杆处于如图中实线所示的位置，当吊钩提升物品至极限高度时，吊钩组上的撞板 5 托起了重锤 4，使弯形杠杆逆时针方向转了一个角度，如图中细双点画线所示，限位开关的短轴随之转动，有关触点分开，切断了起升电动机的电路，吊钩停止上升运动，这时即使再按上升按钮，起升机构也不能动作。图 1-66b 所示为另一种杠杆式限位开关装置，限位开关的动作与图 1-66a 相同，所不同的是由吊钩夹套 6 顶起杠杆 7 而将重锤 8 托起，从而使限位开关工作的。

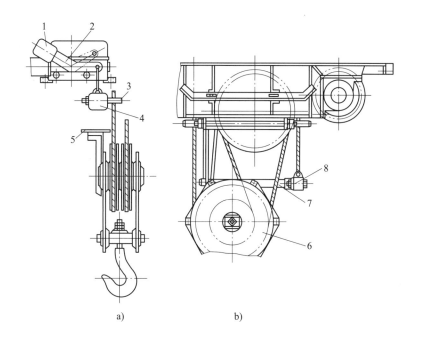

图 1-66 杠杆式限位开关

a）起升机构装有环套的重锤限位开关 b）起升机构装有带连杆的重锤限位开关
1、4、8—重锤 2—限位开关的弯形杠杆 3—套环 5—撞板 6—吊钩夹套 7—杠杆

另一种旋转螺杆式起升高度限位开关装置，如图 1-67 所示。螺杆 10 通过十字滑块联轴器 6 与卷筒轴相联，卷筒轴转动时，丝杠上的滑块 11 沿着导柱 9 左右滑动。当卷筒转动至吊钩处于上升极限位置时，滑块则向右移动至螺栓 13 顶压限位开关 14 的位置，使开关动作，断开起升电动机电路，限制了吊钩的继续上升。这种装置安装在小车架的卷筒端上，限程高度可以通过螺栓 13 来调节。它由于结构轻巧，装配、调整都很方便，已被

广泛使用。

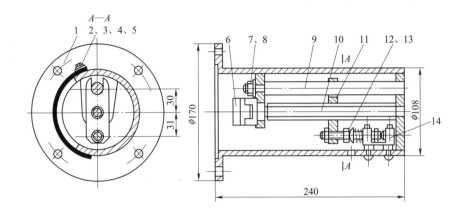

图 1-67　旋转螺杆式起升高度限位开关

1—壳体　2—弧形盖　3—螺钉　4—压板　5—纸垫　6—十字滑块联轴器

7、12—螺母　8—垫圈　9—导柱　10—螺杆　11—滑块　13—螺栓　14—限位开关

小车运行机构的行程限位是由装在小车上的撞尺（图 1-60 中的 5）和装在小车轨道两端旁侧位置的悬臂杠杆式限位开关共同完成的。小车运动至快到极端位置时，撞尺迫使限位开关的摇臂转动，切断电源，使小车及时得以制动。

3. 缓冲器

为防止运行机构行程限位开关失灵，小车架上安装了弹簧缓冲器。其结构如图 1-68 所示。在桥架小车轨道的极端位置处装上挡铁，用它来阻挡小车的运动并使缓冲器吸收碰撞时的能量。国家标准规定，容许的最大减速度为 $4m/s^2$。当小车速度不高时，也可用橡胶块和木块来进行缓冲。

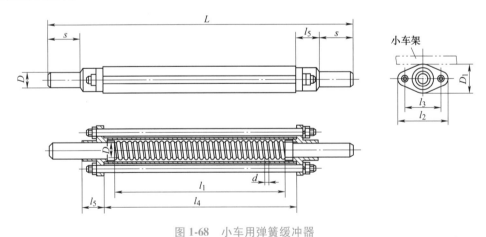

图 1-68　小车用弹簧缓冲器

4. 排障板

排障板（图 1-60 中的 7）是焊在小车架上位于车轮外边的钢板，它的作用是在小车运行时排除小车轨道上可能存在的障碍物，如维修时因遗忘而搁在轨道上的工具等。

第十一节　桥式起重机常见的机械故障及排除方法

为保证桥式起重机安全可靠地工作，除了要求按安全操作规程操作外，对起重机进行经常性的维护保养，及时检修排除故障，保证设备的完好状况是非常重要的一环。桥式起重机常见的设备故障有机械故障、电气故障和控制线路故障，现就常见的机械故障及排除方法作一简介（不包含一般零部件如轴、轴承、齿轮、联轴器等的故障），见表 1-18。

表 1-18　桥式起重机常见的机械故障及排除方法

零部件	故障或损坏情况	原因与后果	排除方法
锻制吊钩	1. 吊钩表面裂纹 2. 钩口（指吊重部位）磨损 3. 尾部螺纹、钩颈裂纹 4. 钩口永久变形	材料缺陷或超载使用 吊钩损坏 超载使用 超载使用产生疲劳	更换吊钩 磨损量超过危险断面高度 10% 时，更换吊钩；不及 10% 时应降低负荷使用 更换吊钩 更换吊钩
片式吊钩	吊钩变形，钩片有裂纹	吊钩损坏	停止使用，更换新片
钢丝绳	断股、断丝、打结、磨损	断绳	断股、打结应停止使用；断丝数在一捻节距内超过总丝数的 10%，应更换新绳；钢丝绳外层钢丝磨损超过钢丝直径 40% 时，应更换新绳
滑轮	1. 滑轮槽磨损不均匀 2. 滑轮心轴磨损 3. 滑轮转不动	材质不均；安装不合要求；绳、轮接触不均匀 心轴损坏 心轴和钢丝绳磨损加剧	轮槽磨损超过轮壁厚 30% 时更换新轮、轮槽底径磨损超过钢丝绳直径 25% 时更换新轮；重新进行安装；修补磨损处 加强润滑或更换新轴 检修心轴和轴承
卷筒	1. 卷筒上有裂纹 2. 卷筒绳槽磨损、钢丝绳跳槽	卷筒损坏 卷筒损坏	更换卷筒 重车螺旋槽；卷筒壁厚磨损达原厚度 20% 时，应更换卷筒
车轮	1. 轮辐、踏面有裂纹 2. 主动车轮踏面磨损不均匀 3. 轮缘磨损	车轮损坏 表面淬火不均匀或车体走斜啃轨 啃轨	更换车轮或修补 重新车制或成对更换车轮 轮缘磨损超过厚度 50% 时更换新轮
制动器	1. 制动不灵或制动轮打滑	1. 杠杆系统的活动轴销卡住 2. 销轴孔间隙过大 3. 制动轮径向圆跳动超差 4. 两边制动片与制动轮的间隙不等 5. 制动片与制动轮接触面积小 6. 制动片与制动瓦铆合松动	加润滑油 更换销轴 修磨制动轮外圆摩擦面 调整间隙使两边达到一致 调整制动器安装位置或修磨制动片 将铆钉铆紧

（续）

零部件	故障或损坏情况	原因与后果	排除方法
制动器		7. 制动片上的铆钉头外露 8. 主弹簧太松或有永久变形 9. 制动轮或制动片上有油污 10. 制动片过度磨损	铆钉头应低于制动片至少2mm 调紧主弹簧或更换主弹簧 用煤油清洗掉油污 更换制动片
	2. 制动器处于常紧状态	1. 电磁铁断线或线圈烧毁 2. 制动片胶黏在带污垢的制动轮上 3. 活动轴销被卡住 4. 两边制动片与制动轮的间隙不等，一侧偏紧，甚至发出焦味 5. 制动轮径向圆跳动超差 6. 制动器主弹簧过紧 7. 辅助弹簧损坏或弯曲不起作用	连接中断的电线或更换线圈 用煤油清洗制动片 加润滑油 调整间隙使两边达到一致 如电动机轴伸没问题，可修磨制动轮外圆摩擦面 调整主弹簧 更换辅助弹簧
	3. 制动器易脱离原调整的位置，制动力矩不稳定	1. 调整主弹簧的螺母松动 2. 螺母或丝杠的螺纹损坏	拧紧调整螺母，并用锁紧螺母锁紧 更换新件或检修螺母、丝杠的螺纹
小车运行机构	1. 打滑	1. 轨道上有油或冰霜 2. 轮压不均 3. 起动过猛（特别是笼型电动机的起动）	去掉油污和冰霜 调整轮压 改善电动机的起动方法或选用绕线转子异步电动机
	2. 小车三条腿（有一个轮子悬空）	1. 车轮直径偏差过大 2. 安装不合理 3. 小车架变形	按图样要求进行加工 重新调整安装 矫正小车架
大车运行机构	啃轨	1. 两主动轮轮径不等，误差过大 2. 桥架金属结构变形 3. 轨道安装误差 4. 轨道顶面有油污或冰霜	重新车制车轮或成对更换新轮 检修矫正 调整轨道，使其跨度、直线性、标高等均符合技术标准 去掉油污或冰霜

第十二节　平衡臂架式起重机——平衡吊

在一般工厂中，对中等重量（15~500kg）的零部件，常用桥式起重机或电动葫芦来完成起重、运输等工作。但对于装卸动作频繁，特别是要求准确定位的场合，桥式起重机和电动葫芦就显得不够灵活和"大材小用"。采用机械手或工业机器人虽可满足精确工作的需要，但成本过高且夹持重量小，限制了它们的使用。在这种情况下，一种结构简单、制造容易的平衡臂架式起重机——平衡吊应运而生。本节介绍平衡吊的结构及其工作原理。

平衡吊是一种利用平行四边形连杆机构原理制成的起重机（图 1-69），它的吊钩和平衡臂的起升或下降由电动机（或液压缸）带动，速度一般不超过 15m/min，平衡臂的水平移动和回转运动则用人力推拉，推拉力一般不超过 50N。它的起重量不大（但国内已有最大起重量 1500kg 的液压平衡吊），操作灵活，可回转 360°，吊运准确度高，安装形式多样。

平衡吊的应用场合广泛，如金属切削机床的上、下料工作，产品的组装与拆卸；冲压、注射时的模具更换；生产线上成件物品在各种输送机上的装卸；铸造时的下芯作业等。

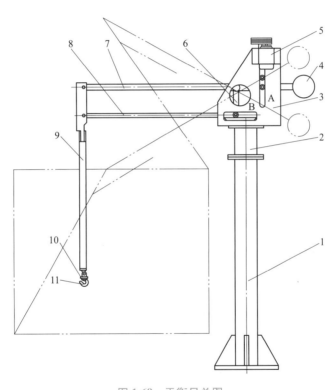

平衡吊

图 1-69　平衡吊总图

1—立柱　2—回转座　3—减速箱　4—平衡锤　5—电动机　6—支承臂
7—大横臂　8—小横臂　9—起重臂　10—吊钩架　11—吊钩

一、平衡吊的结构组成及运动

图 1-69 所示为最大起重量 50kg 的平衡吊总图。平衡吊由三部分组成：

1）支承部分，即立柱 1。

2）回转臂架部分，由回转座 2、减速箱 3、电动机 5、大横臂 7、小横臂 8、起重臂 9、支承臂 6、吊钩架 10、吊钩 11 和平衡锤 4 等组成。这里特别提出注意图中减速箱前后两面各有一条滚轮竖直导槽 A 和滚轮水平导槽 B。

3）电气控制部分（图中未表示），包括电控箱、按钮盒等。

图1-70所示为该平衡吊的运动简图。

平衡臂是一平行四边形的四连杆机构。要起升物品时，起动电动机正转，经减速后使竖直放置的丝杠3旋转，此时图1-70中的螺母4向下移动，安装在螺母前后两侧的销轴带动滚轮9沿竖直导槽A也随着向下运动（螺母4、销轴、滚轮9及其上方的另一导向滚轮组成一个能上下运动的部件）。这时由于水平滚轮11在导槽B上的位置不变，大横臂12在螺母的带动下向上翘起，使起重臂14向上运动，物品被提升。反之，使电动机反转，丝杠3带动螺母4向上运动，由于水平滚轮11不动，使起重臂14向下运动，吊钩15上的物品做下降运动。

物品做水平移动或绕立柱作水平回转运动，只需人力轻轻推拉即可完成。此时由于电动机5、丝杠3、螺母4处于静止状态，所以竖直导槽A中的滚轮9位置不变。物品因受人力推拉而使吊钩15沿水平面移动，导致四连杆平衡臂的运动，这个运动是以竖直导槽A中的滚轮9中心为定点，以水平导槽B中的滚轮11做水平移动为特征的。但当推拉物品只做绕立柱中心的水平回转运动时，导槽B中滚轮也是不动的。此时只有回转座2做相对于立柱1的转动。

二、平衡吊的平衡原理

图1-71所示为平衡臂的简图。

由于在实际结构中，平衡臂自重是用拉簧或配重（如平衡锤）等来平衡的，所以在分析平衡原理时不考虑平衡臂各杆件的自重，只分析起重物体重力作用下的平衡臂各杆的受力状态。

1）设平衡臂起升重物 Q 至某一高度，重物处于静止状态，即平衡状态。又设此时大横臂起升角度为 β，重物 Q 与其分力 Q_2 的夹角为 α，其他夹角 γ、θ 如图1-72所示。

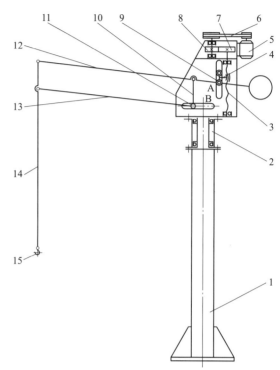

图1-70 平衡吊运动简图

1—立柱 2—回转座 3—丝杠 4—螺母 5—电动机
6—V带 7、8—齿轮 9、11—滚轮 10—支承臂
12—大横臂 13—小横臂 14—起重臂 15—吊钩

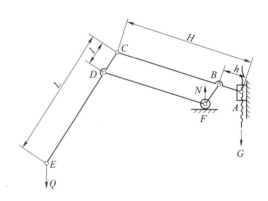

图1-71 平衡臂简图

由图 1-72 知

$$\theta = 90° + \beta - \alpha = 90° - (\alpha - \beta)$$

又

$$\gamma + \theta = 90°$$

$$\gamma = 90° - \theta = 90° - [90° - (\alpha - \beta)]$$

即

$$\gamma = \alpha - \beta$$

2）取起重臂 CE 作其简图，如图 1-73 所示。重力 Q 可分解为 Q_1、Q_2 两个分力，支点 D 的约束反力 P 也可分解为 P_1、P_2 两个分力。

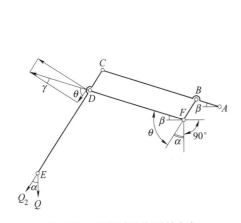

图 1-72 平衡臂平衡时的各杆
角度（位置）关系

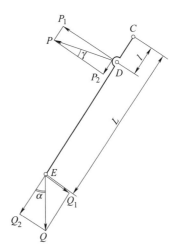

图 1-73 起重臂简图

设 C 点为固定点，对 C 点取矩

$$\sum M_C = Q_1 L - P_1 l = 0$$

即

$$P_1 = \frac{L}{l} Q_1 = \frac{L}{l} Q\sin\alpha$$

而

$$P_1 = P\cos\gamma = P\cos(\alpha - \beta) \qquad P = \frac{P_1}{\cos(\alpha - \beta)}$$

所以

$$P = \frac{L\sin\alpha}{l\cos(\alpha - \beta)} Q \tag{1-6}$$

3）再取平衡臂并作其简图，画出有关的辅助线，如图 1-74 所示。

设 A 点为固定点，对 A 点取矩

$$\sum M_A = Q(ES + RA) - N(FG + KA) = 0$$

而 $ES = L\sin\alpha$ $RA = H\cos\beta$ $FG = l\sin\alpha$

$KA = h\cos\beta$

所以 $Q(L\sin\alpha + H\cos\beta) - N(l\sin\alpha + h\cos\beta) = 0$

$$N = \frac{L\sin\alpha + H\cos\beta}{l\sin\alpha + h\cos\beta} Q \tag{1-7}$$

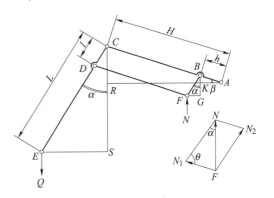

图 1-74 重力 Q、支承力 N 与平衡臂的几何关系图

4）图 1-74 中支点 F 的约束反力 N，可分解为两个分力 N_1、N_2。在 $\triangle NN_1F$ 中，根据正弦定理有如下边角关系

$$\frac{N}{\sin\theta} = \frac{N_1}{\sin\alpha}$$

即

$$\frac{N}{\sin\left[90°-\left(\alpha-\beta\right)\right]} = \frac{N_1}{\sin\alpha}$$

而

$$\sin\left[90°-\left(\alpha-\beta\right)\right] = \cos\left(\alpha-\beta\right)$$

所以

$$N_1 = \frac{\sin\alpha}{\cos\left(\alpha-\beta\right)}N \tag{1-8}$$

5）从图 1-73、图 1-74 可看出

$$N_1 = P$$

将式（1-8）、式（1-6）中 N_1、P 代入，得

$$\frac{\sin\alpha}{\cos\left(\alpha-\beta\right)}N = \frac{L\sin\alpha}{l\cos\left(\alpha-\beta\right)}Q$$

化简为

$$N = \frac{L}{l}Q \tag{1-9}$$

上式代入式（1-7）

$$\frac{L}{l} = \frac{L\sin\alpha + H\cos\beta}{l\sin\alpha + h\cos\beta}$$

$$Ll\sin\alpha + Lh\cos\beta = Ll\sin\alpha + Hl\cos\beta$$

$$Lh = Hl$$

即

$$\frac{L}{l} = \frac{H}{h} \tag{1-10}$$

式（1-10）就是平衡吊的平衡方程式。当平衡臂机构能满足此式时，图 1-71 中的 A、F、E 三销轴中心必位于同一直线上。根据以上分析，只要保持 $\frac{L}{l} = \frac{H}{h}$，在不考虑平衡臂杆系自重的条件下，挂于 E 点的物品的重力 Q，不论杆系处在什么位置（图 1-72 中 α 或 β 为任意角），在 F 点仅需一个垂直反作用力 N，就可以将 Q 力平衡，这就是平衡吊的工作原理。

换句话说，按平衡方程式要求制造的平衡吊，在无其他外力时，所吊起的重物始终处于"随遇平衡"状态。即电动机停止时，所吊重物不因自重而下滑；将重物用人力推拉至任何位置，去除人力后，重物都不会移动。

图 1-69 所示的平衡吊为 A 型，另有一种 B 型平衡吊（图 1-75）。两者不同之处在平衡臂，B 型平衡臂如图 1-76 所示。它是在 A 型平衡臂上又附加了一块直角三角形的三角板 8、两个小杆件——横杆 7 和竖杆 9 及连接板 11。连接板上部分别与起重臂、竖杆铰接。竖杆平行于起重臂，通过三角板与横杆相连。横杆平行于大横臂，并与大横臂螺母支架相铰接，组成两个平行四边形。B 型平衡臂能保证连接板上部的两个铰接点始终处于水平状态。图 1-75 中连接板下部还装有专门的夹具，起重时，重物的位置将远离理论上的挂重点 E 点。

经分析证明，B 型平衡吊的平衡方程式与 A 型完全相同。平衡方程式是 A、B 型平衡臂满足随遇平衡的必要与充分条件。平衡臂的平衡条件不仅与重物的重力 Q 及位置参数 α、β 角无关。分析还证明，这个平衡条件与连接板下部吊具、夹具的形状及长度也无关，即与吊重位置和 E 点的距离大小也无关。这是因为吊重远离 E 点而引起的附加力矩完全由竖直导槽的反力矩所克服。这一点颇具实用价值，使人们可以在连接板下部随意装置各种不同形状、长度的夹具或机械手而不破坏平衡臂的随遇平衡性质，扩大了平衡吊的应用范围。

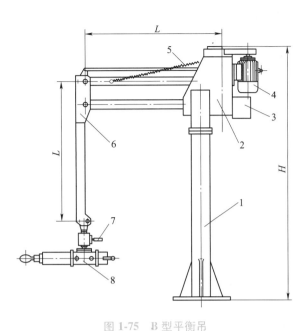

图 1-75 B 型平衡吊

1—立柱 2—回转减速箱 3—电控箱 4—电动机
5—拉簧 6—平衡臂 7—手柄 8—专用夹具

三、平衡吊使用中应注意的问题

在实际工作中会发现，有的平衡吊不能在所有工作位置上都随遇平衡，其原因为：

1）水平导槽没有调成水平。

2）由于制造误差或杆件变形破坏了平行四边形或者挂重点 E 的位置，不能满足 $\dfrac{L}{l} = \dfrac{H}{h}$。

3）平衡臂杆系的自重没有平衡好。

前两点应在安装调试或结构设计过程中注意解决，第三点则应通过调整拉簧拉力或配重来解决。

四、平衡吊的应用

1）平衡吊有多种安装方式（图 1-77），包括地面移动式、地面固定式、悬挂轨道式和屋架固定式等。

2）将平衡吊的立柱倒置固定在另一大悬臂梁上（图 1-78），此梁用电动机带动绕大立柱回转，这样可以扩大平衡吊的作业范围。

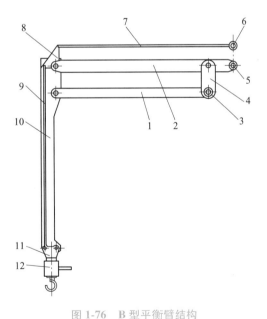

图 1-76 B 型平衡臂结构

1—小横臂 2—大横臂 3、5、6—滚轮
4—支承臂 7—横杆 8—三角板 9—竖杆
10—起重臂 11—连接板 12—手柄座

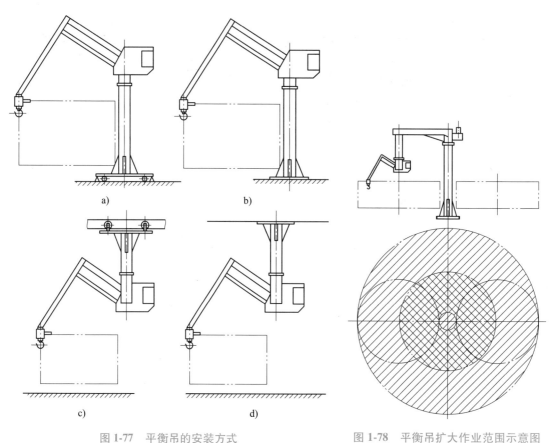

图 1-77 平衡吊的安装方式

a）地面移动式 b）地面固定式 c）悬挂轨道式 d）屋架固定式

图 1-78 平衡吊扩大作业范围示意图

思 考 题

1-1 起重机械由哪些装置组成？

1-2 变幅机构的作用是什么？变幅有几种方式？

1-3 起重机有哪些主要工作参数？

1-4 起重机工作级别分为几级？级别的划分与什么有关？

1-5 什么是滑轮组的倍率？滑轮组的效率高低与什么有关？

1-6 对与双联滑轮组配用的卷筒的螺旋槽有什么要求？

1-7 试述钢丝绳在起重机上得到广泛应用的原因。

1-8 线接触钢丝绳有几种类型？各有什么特点？

1-9 常用的取物装置有哪几种？

1-10 试述短行程电磁铁双块制动器的工作原理。应怎样对它进行调整？

1-11 电动葫芦是怎样工作的？CD 型和 MD 型电动葫芦有什么不同？

1-12 桥式起重机由哪几部分组成？大车、小车各指什么？

1-13 桥式起重机桥架有哪几种类型？各有什么优缺点？

1-14 为什么桥架主梁必须上拱？对上拱的要求如何？

1-15 桥架运行机构的集中驱动和分别驱动各有什么优缺点？

1-16　起重小车由哪些部分组成？

1-17　起升机构由哪些装置组成？为什么在起重机的传动系统中常采用浮动轴和齿轮（半齿）联轴器？

1-18　起升机构中采用闭式传动和开式传动各有什么优缺点？

1-19　在起重机的传动系统中，制动器的制动轮应装在什么部位？

1-20　请说明一种起升高度限位装置的工作原理。

1-21　试述短行程电磁制动器制动不灵的原因，请举 5 个例子说明。

1-22　用图 1-58、图 1-59 所示曲线说明实心转子电动机在起重机运行机构中应用的优点。

1-23　什么是平衡吊的"随遇平衡"？满足"随遇平衡"的条件是什么？

素养提升

大国重器——"泰山号"起重机

石油是全球经济的血液，我国有丰富的海洋石油资源，但是深水海上钻井平台的建造一直是我国开采海洋石油的瓶颈。以前，新加坡和韩国凭借多年积累的技术实力和项目经验，一直在全球高端海工装备市场占据着重要位置。建造同样的深水海上钻井平台，国内企业的工期要长出不少。想要"弯道超车"，必须进行革命性创新。钻井平台的传统生产方式，是将物料自下而上像搭积木那样一点点叠加起来，特别是半潜式钻井平台上半部分船体的甲板盒，要拆分成十几个 1000t 左右的构件，再吊装上去进行高空组合作业。如果将设备的上、下船体同步建造，靠重型起重设备一步合拢，则可以大大简化程序，从而大大缩短项目工期。

工欲善其事，必先利其器。中集来福士联合大连重工仅用一年半的时间，就研制出一台超级起重机——"泰山号"。凭借其超强的起重能力，"泰山号"起重机在 2008 年 4 月完成了 20133t 的起吊重量，一举创造了吉尼斯世界纪录，并保持至今。

"泰山号"起重机在设计上采用高低双梁结构，设备总体高度为 118m，主梁跨度为 125m；起升高度分别为 113m 和 83m；这台起重机共有 12 个卷扬机构，整机共有 48 个吊点，每个吊点的起重能力为 420t，单根钢丝绳长度达到了 4000m，最大起升重量达 20160t，是目前世界上起重量最大、跨度最大、起升高度最大的桥式起重设备，也是当今世界上技术难度最高的大型起重设备。此前，国内外还未出现过起重量超过万吨的设备。

我国经济的高速发展，离不开这些"大国重器"，而自主设计研发并进行革命性创新，是我国在科技领域对发达国家实现"弯道超车"的必然路径。科技创新是提高社会生产力和综合国力的战略支撑，而科技创新的基础，则是同学们正在学习的这些基础理论课程。"泰山号"起重机就是综合了力学、材料科学、结构工程等多个基础学科的知识，并在此基础上进行创新而设计成功的。所以，"仰望星空，脚踏实地"，同学们打好扎实的基础，必然能在今后的生活与工作中，绽放出自己的光芒！

第二章

输 送 机 械

第一节 概 述

一、输送机械的分类

输送机械是生产中输送物料的设备,其中连续输送机械是以连续流动的方式在水平方向、垂直方向或倾斜方向输送物料的机械。在现代化工矿企业中,连续输送机是在生产过程中组成有节奏的流水作业输送所不可缺少的组成部分。使用这些设备,除可以进行纯粹的物料输送外,还可与生产流程中的工艺过程相配合,形成流水作业线。

输送机械的种类很多,按照其结构特点和用途可分为以下几种:

1) 带有挠性牵引件的输送机,如带式输送机、链式输送机、板式输送机、刮板式输送机、提升机、架空索道等。

2) 无挠性牵引件的输送机,如螺旋输送机、辊子输送机、振动输送机等。

3) 其他输送机械,如气力输送机、叉车等。

二、货物的特性

输送机械搬运的货物可分为散状物料(简称散料)和成件物品两大类。

1. 散料特性

输送机械的主要技术参数、有关零部件的结构及材料选择都要考虑所运散料的特性。除有害性、腐蚀性、自燃性、危险性等外,影响最大的主要是散料的物理性质,如粒度、堆积密度、温度、湿度、流动性、内摩擦因数、外摩擦因数、可压实性、易碎性、黏结性等。

(1) 粒度 物料单个颗粒(或料块)的大小称为物料颗粒(或料块)粒度,以颗粒的最大长度 $d(\mathrm{mm})$ 表示。散状物料按物料粒度特征分为8级,见表2-1。

表 2-1 散状物料粒度特征分级

级	粒度 d/mm	粒 度 类 别
1	$100 \sim 300$	特大块
2	$50 \sim 100$	大块
3	$25 \sim 50$	中块
4	$13 \sim 25$	小块
5	$6 \sim 13$	颗粒状
6	$3 \sim 6$	小颗粒状
7	$0.5 \sim 3$	粒状
8	$0 \sim 0.5$	粉尘状

(2) 堆积密度 物料在自然松散堆积状态下单位体积的质量称为堆积密度 $\rho_0(\mathrm{t/m^3})$。不同物料的堆积密度见表2-2。散料按其堆积密度分为4级:

轻物料　　$\rho_0 \leqslant 0.4\mathrm{t/m^3}$

一般物料　　　$0.4t/m^3 < \rho_0 \leqslant 1.2t/m^3$

重物料　　　　$1.2t/m^3 < \rho_0 \leqslant 1.8t/m^3$

特重物料　　　$\rho_0 > 1.8t/m^3$

输送机械的类型应与散料的堆积密度的级别相适应。堆积密度大于 $1.6t/m^3$ 的重物料应选用重型输送机械。

表 2-2　物料的堆积密度 ρ_0、自然堆积角 ϕ、静摩擦因数 μ

物料名称	堆积密度 $\rho_0/(t/m^3)$	自然堆积角 ϕ		静摩擦因数 μ		
		动态 $\phi_{动}/(°)$	静态 $\phi_{静}/(°)$	对钢板	对木板	对胶带
铸造型砂	1.25~1.30	30	45	0.71		0.61
焦炭	0.36~0.38	35	50	1.00	1.00	
铁矿石	2.10~2.40	30	50	1.20		
褐煤	0.65~0.78	35	50	1.00	1.00	0.70
小块石灰石	1.20~1.50	30		0.56	0.70	
烧结料	1.60~2.00	30				

（3）温度　散料在输送机械中输送时料流的最高温度或低温物料的最低温度称为散料的温度。散料按其温度分为 4 级：

低温物料　　　$\leqslant 4℃$

常温物料　　　$4 \sim 50℃$

中温物料　　　$50 \sim 450℃$

高温物料　　　$> 450℃$

温度对输送机械的影响很大，输送机械的强度计算、材料、结构及加工工艺等都要考虑满足所运散料的温度的需要。

（4）流动性　散料向四周自由流动的性质称为物料的流动性，用自然堆积角反映。自然堆积角是指散料自由均匀地落下时，所形成的能稳定保持的锥形料堆的最大角（即自然坡度表面与水平面之间的夹角），又称自然坡角。输送带运行时的散料堆积角称为运行堆积角或动自然堆积角，输送带静止时的散料堆积角称为静自然堆积角。不同物料的自然堆积角可查表 2-2。

（5）内摩擦因数　因散料颗粒间的相互嵌入作用及其表面接触而引起的阻碍物料间相对滑动的摩擦力，与散料层所受的法向压力之比，称为散料的内摩擦因数。

在相对静止状态下，两料层间的内摩擦因数称为散料的静态内摩擦因数；两料层以一定的速度相对滑移时，料层间的内摩擦因数称为散料的动态内摩擦因数。

（6）外摩擦因数　散料和与之接触的固体材料表面之间的摩擦力与接触面上的法向压力之比，称为散料对固体材料表面的外摩擦因数。

散料和与之接触的固体材料表面在相对静止状态下的摩擦因数，称为静态外摩擦因数；散料和与之接触的固体材料表面以一定的速度相对滑移时，料层间的外摩擦因数称为动态外摩擦因数。

2. 成件物品特性

凡是在输送过程中作为一个单元来考虑的货物，如装有散料的或液体的瓶、罐、袋、盒、箱以及原本就是按件搬运的固体物料都称为成件物品。又轻又小的成件物品常集装成单元进行搬运，则单元可视作一个新的成件物品。

选用输送成件物品的输送机械时，须考虑下述几项主要特性：

1）几何形状，外形尺寸长、宽、高。

2）质量，倾覆角，相对于成件物品底面的重心高度，重心变动范围。

3）与输送机械相接触的材料性质。

4）底面形状。

5）底面的物理性质，如光滑或粗糙、软或硬等。

成件物品的物理特性、化学特性和对外界影响的敏感性，如腐蚀性、易破碎性、锋利性、易燃易爆性、放射性、防倾翻、防水等因素，也是选用输送机械时必须考虑的。

第二节　带式输送机

一、带式输送机的工作原理和特点

带式输送机（图2-1）是一种用挠性输送带不停地运转来输送物料的连续输送机。输送带绕过若干滚筒后首尾相接形成环形，并由张紧滚筒将其张紧。输送带及其上面的物料由沿输送机全长布置的托辊（或托板）支承。驱动装置使传动滚筒旋转，借助传动滚筒与输送带之间的摩擦力使输送带运动。带式输送机是用途最广泛的一种连续输送机械。它具有生产率高（最大可达37500t/h）、运输距离远（一般为200~300m）、自重小、工作可靠、操作简便、能源消耗小、结构简单便于维护、对地形的适应能力强等主要特点，它既能输送各种散料，又能输送单件质量不太大的成件物品，有的甚至还能运送人员。因此，带式输送机在工厂、矿山、电站、建筑工地、港口、农产品加工等许多部门都得到广泛的使用，如铸工车间运送型砂，冶金工厂运送焦碳、矿石，建筑工地运送建筑材料，港口装卸货物等。带式输送机的缺点是输送带容易磨损，8~12个月就要更换一次，且输送带的价格较贵，几乎占了整个设备价格的一半。

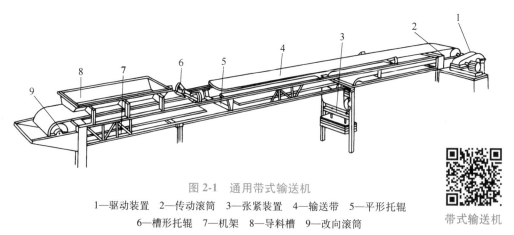

图2-1　通用带式输送机

1—驱动装置　2—传动滚筒　3—张紧装置　4—输送带　5—平形托辊
6—槽形托辊　7—机架　8—导料槽　9—改向滚筒

带式输送机

二、带式输送机的主要零部件

1. 输送带

带式输送机中的输送带，既是物料承载件，又是牵引件，所以对它的要求较高。要求输送带的强度高、自重小、伸长率小、挠性好、耐磨性好和寿命长。

通常使用的输送带有橡胶带、塑料带、钢带和金属丝带等，以橡胶带为主。

（1）织物芯输送带　织物芯输送带是由数层棉织品或麻织品的衬布层用橡胶加以粘合而成。为了保护衬布层不受液体的浸蚀、外界的机械损坏和物料的磨损，上、下面以及两个侧面再覆以橡胶保护层，如图2-2所示。橡胶覆层厚度及衬布层数的选用见表2-3和表2-4。

输送带中的衬布层承受着机械拉力，一般是机械拉力越大，使用输送带的宽度也越大，衬布层数目也越多。

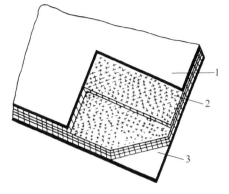

图 2-2　织物芯输送带结构
1—上覆盖胶　2—胶布层　3—下覆盖胶

表 2-3　橡胶覆层厚度推荐值

物 料 特 征		材 料 名 称	工作表面覆层 δ_1/mm	非工作表面覆层 δ_2/mm
粉末状或夹微粒的物料		水泥、高炉灰、生熟石灰	1.5	1.0
$\rho_0 < 2\text{t/m}^3$	中小粒度	焦炭、石灰石、白云石、烧结矿、砂	3.0	1.0
$\rho_0 > 2\text{t/m}^3$	粒度<100mm	矿石、石块	3~4.5	1.5
$\rho_0 > 2\text{t/m}^3$	粒度 100~300mm	金属矿、岩石	4.5	1.5
$\rho_0 > 2\text{t/m}^3$	粒度>300mm	大块铁矿石、锰矿石	6	1.5
硬壳包装	质量<15kg	箱子、桶	1.5~3.0	1.5
硬壳包装	质量>15kg	箱子、桶	1.5~4.5	1.5
无包装之成件物品		机械零件	1.5~6.0	1.5

表 2-4　带宽与衬布层数的推荐值

带宽 B/mm	300	400	500	650	800	1000	1200	1400
衬布层数 Z	3~4	3~5	3~6	3~7	4~8	5~10	6~12	7~12

输送带两端的连接，如图2-3所示，可以采取金属卡子法（机械法）和硫化法（热粘合法）、冷粘接头。金属卡子法连接工艺简单，但输送带强度受到削弱，且容易将输送带撕裂。所以只在快速检修时使用，正常场合多不采用。金属卡子法能达到输送带强度的35%~40%。冷粘接头将接头部位的胶布层和覆盖胶层剖切成对称的阶梯状，将胶布层打毛并清洗

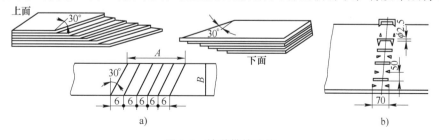

图 2-3　输送带的连接
a）硫化法　b）金属卡子法

干净后涂三遍氯丁胶粘剂。将输送带两端合拢后加压，在常温下（25±5）℃保持2h使其固化即可。此法操作方便，成本低，接头强度可达到带体强度的70%左右，因此应用较多。

硫化法是较理想的办法，这种接头的强度可以达到输送带强度的85%~90%。硫化法将输送带的两端按衬布的层数切成阶梯形接口，其尺寸依带宽及衬布层数而定，然后用汽油加以洗涤。涂上粘合胶，将接头粘好后放入金属的模压板中加热（用蒸气或电加热）到140~150℃压紧，保持25~60min即可粘好。重要的带式输送机多用硫化法接头。

（2）钢绳芯输送带　钢绳芯输送带是用特殊的钢绳作带芯，用不同配方的橡胶作覆盖材料，从而制成具有各种特性的输送带，其结构如图2-4所示。带芯的钢绳由高碳钢制成，钢丝表面镀锌或镀铜，分为左、右捻两种在输送带中间隔分布。钢绳芯带强度高，弹性伸长小，承载性好，耐冲击，抗疲劳，能减小滚筒直径，使用寿命长，特别适合于长距离输送。接头形式均采用硫化法。

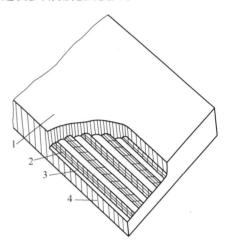

图 2-4　钢绳芯输送带结构
1—上覆盖胶　2—钢绳
3—带芯胶　4—下覆盖胶

2. 滚筒

滚筒分为传动滚筒和改向滚筒两大类。

（1）传动滚筒　与驱动装置相连，其外表面可以是裸露的金属表面（又称"光面"，输送机长度较短时用），也可包上橡胶层来增加摩擦力。

（2）改向滚筒　用来改变输送带的运行方向和增加输送带在传动滚筒上的围包角，一般均做成光面。

滚筒的结构主要有钢板焊接结构和铸焊结构两类，如图2-5所示。后者用于受力较大的大型带式输送机。

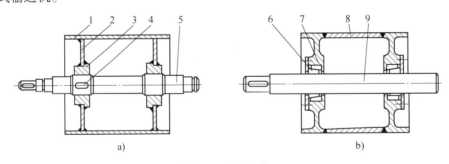

图 2-5　滚筒结构
a）钢板焊接结构　b）铸焊结构
1、8—筒体　2—腹板　3—轮毂　4—键　5、9—轴　6—胀圈　7—铸钢组合腹板

3. 托辊

托辊是承托输送带及物料的部件，如图2-6所示，它也是带式输送机中使用最多、维修工作量最大的部件。按其在输送机中的作用与安装位置不同，可分为承载托辊、空载托辊、挡辊、缓冲托辊和调心托辊等。托辊一般用无缝钢管制成，为使转动灵活，采用滚动轴承，并有良好的密封，其结构如图2-7所示。

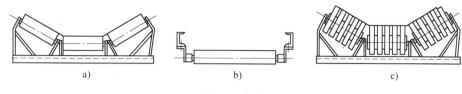

图 2-6　托辊

a）承载托辊　b）空载托辊　c）缓冲托辊

4. 张紧装置

张紧装置的作用是在输送带内产生一定预张力，避免其在传动滚筒上打滑；同时控制输送带在托辊间的挠度，以减小阻力和避免撒料。张紧装置的结构形式主要有螺杆式、重锤式（又分小车式和垂直式）。

（1）螺杆式张紧装置　图 2-8 中张紧滚筒装在可移动的滚筒轴承座上，此轴承座可在机架上移动。转动机架上的螺杆可使滚筒前后移动，以调节输送带的张力。它结构简单，但张紧力大小不易控制，运转时张紧力不能恒定，张紧行程小，因此只用于机长小于 100m、功率较小的输送机。

（2）重锤式张紧装置　它是利用重锤力来张紧输送带的。这种装置有两种不同形式，如图 2-9、图 2-10 所示。图 2-9a 所示是小车重锤式，张紧滚筒装在一个能在机架上移动的小车上，由重锤通过钢绳拉紧小车。它结构较简单，能保持恒定的张紧力，张紧迅速可靠，适用于机长较长、功率较大的输送机，图 2-9b 所示是垂直重锤式，它的优点是可利用输送走廊下的空间，缺点是改向滚筒多，增减重锤和维护滚筒困难。

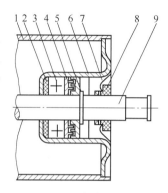

图 2-7　托辊结构

1—外筒　2—内密封　3—轴承
4—外密封　5—弹簧卡圈　6—轴承座
7—防尘盖　8—橡胶密封圈　9—轴

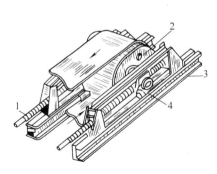

图 2-8　螺杆式张紧装置

1—螺杆　2—滚筒　3—机架
4—可移动的滚筒轴承座

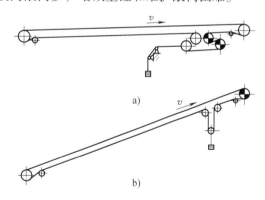

图 2-9　重锤式张紧装置（一）

a）小车重锤式　b）垂直重锤式

5. 驱动装置

驱动装置是带式输送机中的动力部分，它是通过驱动滚筒，借摩擦力把动力传到输送带进行物料输送的。驱动装置包括电动机、联轴器、减速器、制动器（或逆止器）、传动滚筒部分。输送机可根据需要采用单滚筒驱动或双滚筒、多滚筒驱动。大多数带式输送机采用单

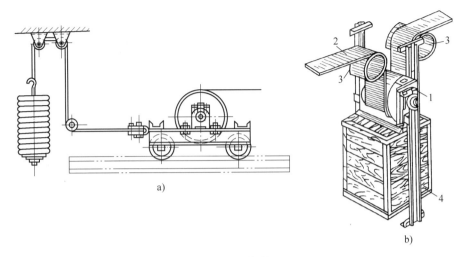

图 2-10 重锤式张紧装置（二）

a）小车重锤式张紧装置 b）垂直重锤式张紧装置

1—张紧卷筒 2—输送带 3—改向卷筒 4—重锤

滚筒驱动装置，如图 2-11 所示。

6. 装、卸载装置

装、卸载装置的主要功能是把物料装到输送带上，再到需要的地方把物料卸下来。装载装置的形式按输送物品的特性而定。成件物品常用倾斜滑板（图 2-12a）或人工直接放在输送带上，粒状物料则用装料漏斗（图 2-12b），如装料位置需要沿带式输送机纵向移动时，则采用装料小车（图 2-12c），使它沿输送机机架上安装的轨道移动。卸料时，如在尾部卸料，可直接将料甩出，无需专门装置；如在中途任意位置卸料，则可用卸料挡板和卸料小车。图 2-13 所示为卸料挡板装置，其使用比较简便。图 2-14 所示为卸料小车装置，应用较为广泛。

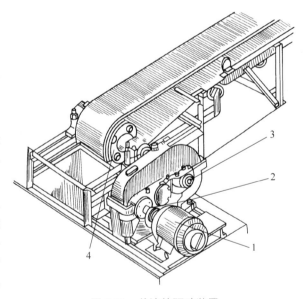

图 2-11 单滚筒驱动装置

1—电动机 2—联轴器 3—减速器 4—驱动滚筒

7. 清理装置

清理装置的作用是清扫输送带卸载后仍附在带面上的物料。这些物料残留在带上，在经过改向卷筒、支承托辊时会产生振动和磨损，同时也增加运动阻力、降低生产率。

常用的清理装置有两种：一种是清理刮板（图 2-15a），适于清理干燥物料。刮板用弹簧压紧在卸料后的带面上，以刮去残余物料。另一种是清扫刷（图 2-15b），适于清扫潮湿或黏性物料。清扫刷由驱动滚筒经传动装置驱动，刷的运动方向应与带的运动方向相反，以增强清理效果。

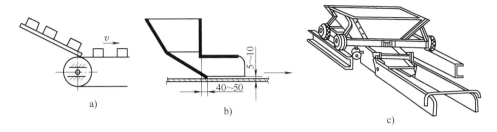

图 2-12 装载装置

a）倾斜滑板 b）装料漏斗 c）装料小车

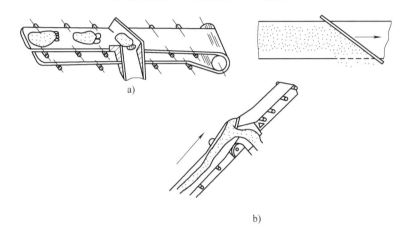

图 2-13 卸料挡板

a）卸料挡板 b）犁形挡板

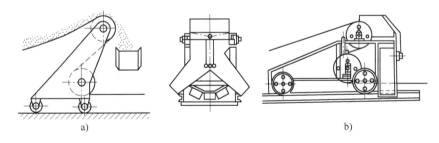

图 2-14 卸料小车

a）单侧卸料小车 b）双侧卸料小车

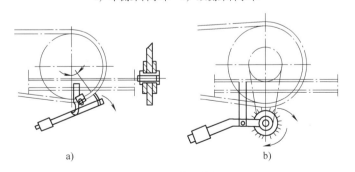

图 2-15 清理装置

a）清理刮板 b）清扫刷

8. 安全装置

在倾斜的带式输送机中，当向上运送物料时，特别要防止由于偶然事故停车而造成物料倒流的危险。因此，必须有停止器和制动器作为安全装置。这些安全装置通常靠近驱动滚筒或装在滚筒轴端上。常用的有棘轮、块式制动器等。

三、带式输送机带速、生产率、带宽的选取和计算

1. 带速的确定

根据物料特性和初定的带宽，按表 2-5 推荐带速确定。

2. 生产率的计算

单位时间内输送物品的质量称为输送机的生产率，以 Q 表示。

若输送带线速度为 $v(\mathrm{m/s})$，单位长度上物料的质量为 $q(\mathrm{kg/m})$，则生产率 $Q(\mathrm{t/h})$ 可以表示为

$$Q = 3600qv/1000 = 3.6qv \tag{2-1}$$

表 2-5 推荐带速 v （单位：m/s）

物 料 特 征	带宽 B/mm			
	500、650	800、1000	1200、1600	1800、2000
磨琢性小的物料，如原煤、盐、谷物等	1.0~2.5	1.25~3.15	1.6~4.0	2.0~6.0
有磨琢性的中、小块物料，如矿石、砾石、炉渣等	1.0~2.0	1.25~2.5	1.6~3.15	2.0~4.0
有磨琢性的大块物料，如大块硬岩、大块矿石等	—	1.25~2.0	1.6~2.5	2.0~3.15

注：1. 输送机长度较大时，取偏上限数。
　　2. 水平输送时，取偏上限数。
　　3. 物料粒度大且不均匀时，取偏下限数。
　　4. 输送粉尘大的物料时，$v<1\mathrm{m/s}$。
　　5. 输送机上配有电动卸料车时，$v\leqslant 3.15\mathrm{m/s}$。
　　6. 输送机上配有犁式卸料器时，$v\leqslant 2.0\mathrm{m/s}$。
　　7. 需要对物料进行手选时，$v=0.2\sim 0.3\mathrm{m/s}$。

而单位长度上物料质量 q，可以用下面各式来计算

运送散粒物料时

$$q = 1000\Omega\rho_0 \tag{2-2}$$

式中，Ω 为输送带上物料的横截面面积（$\mathrm{m^2}$）；ρ_0 为物料的堆积密度（$\mathrm{t/m^3}$）。

则式（2-1）可写成

$$Q = 3600\Omega\rho_0 v \tag{2-3}$$

运送成件物品时

$$q = \frac{G}{a} \tag{2-4}$$

式中，G 为一件物品的质量（kg）；a 为物品之间的间距（m）。

此时，生产率则用下式计算

$$Q = 3.6\frac{G}{a}v \tag{2-5}$$

3. 输送带宽度的确定

输送带宽度主要取决于生产率，同时也要考虑输送带的速度和物料粒度尺寸对它的影响。现由式（2-3）中的 Ω，经变换推出带宽 B 的计算公式，如图 2-16 所示。

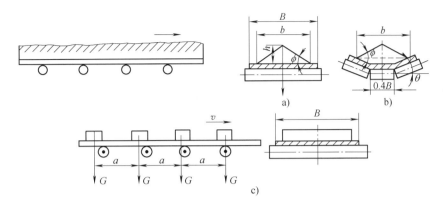

图 2-16 输送带上物料断面积

a) 平带 b) 槽形带 c) 成件物品

对于平带，物料在输送带上堆积的横截面面积 Ω，可采用近似计算法，把它看成一个等腰三角形，其底边 b 取为带宽 B 的 0.8 倍，即 $b = 0.8B$，B 的单位为 m。底角 ϕ 为物料的"动自然堆积角" $\phi_{动}$。另外，考虑到倾斜输送时，截面积有一定的缩小，用 C 表示这种缩小系数。

则
$$\Omega = C\frac{bh}{2} = C\frac{b}{2}\frac{b}{2}\tan\phi_{动} = 0.16CB^2\tan\phi_{动} \qquad (2\text{-}6)$$

对于槽形带，分析物料堆积的横截面，可把它看作是由一个等腰梯形（面积为 Ω_1）和一个等腰三角形（面积为 Ω_2）组成。

由此
$$\Omega = \Omega_1 + \Omega_2 = \frac{1}{2}(0.4B + 0.8B) \times 0.2B\tan\theta + 0.16CB^2\tan\phi_{动}$$

当槽角 $\theta = 20°$ 时
$$\Omega = B^2(0.0437 + 0.16C\tan\phi_{动}) \qquad (2\text{-}7)$$

当槽角 $\theta = 30°$ 时
$$\Omega = B^2(0.0693 + 0.16C\tan\phi_{动}) \qquad (2\text{-}8)$$

将式（2-6）、式（2-7）、式（2-8）分别代入式（2-3）中，可得输送带在不同槽形时的生产率计算公式

平带
$$Q = 3600\rho_0 v(0.16CB^2\tan\phi_{动}) = 576C\rho_0 vB^2\tan\phi_{动} \qquad (2\text{-}9a)$$

槽形带

当槽角 $\theta = 20°$ 时，$Q = 3600\rho_0 vB^2(0.0437 + 0.16C\tan\phi_{动})$ （2-9b）

当槽角 $\theta = 30°$ 时，$Q = 3600\rho_0 vB^2(0.0693 + 0.16C\tan\phi_{动})$ （2-9c）

这样，带宽可由式（2-9）求得。考虑到实际物料堆积的横截面与以上近似的横截面的误差，以下计算带宽均为近似值。

平带
$$B \approx \sqrt{\frac{Q}{576C\rho_0 v\tan\phi_{动}}} \qquad (2\text{-}10a)$$

槽形带

当槽角 $\theta = 20°$ 时，$B \approx \sqrt{\dfrac{Q}{160\rho_0 v(1 + 3.6C\tan\phi_{动})}}$ （2-10b）

$$当槽角\ \theta = 30°时，\ B \approx \sqrt{\frac{Q}{160\rho_0 v\ (1.55 + 3.6Ctan\phi_{动})}} \tag{2-10c}$$

式（2-6）~式（2-10）中，B 为带宽（m）；Q 为生产率（t/h）；ρ_0 为物料的堆积密度（t/m^3），常见物料的 ρ_0 见表2-2；v 为输送带的线速度（m/s）；C 是一个与倾斜输送有关的系数，输送机倾角 β 小于 $10°$ 时 $C = 1$，$\beta = 11° \sim 15°$ 时 $C = 0.97$，$\beta = 16° \sim 22°$ 时 $C = 0.9$；$\phi_{动}$ 为物料的动自然堆积角，常见 $\phi_{动}$ 由表2-2可查得。

计算出带宽后，还应按物料最大粒度 $d(mm)$ 加以检验。

对未经筛分的物料

$$B \geqslant 2d + 200$$

对已经筛分的物料

$$B \geqslant 3.3d + 200$$

如带宽不能满足粒度的要求，就应把带宽 B 的尺寸加大一个档级。

第三节 几种输送机械简介

一、板式输送机

板式输送机（图2-17）也是一种连续输送机。板式输送机的形式有多种多样，但目前使用最多的为链带挡边的波浪型板式输送机（俗称鳞板输送机）、双链式平板输送机和轻型平板输送机三种。板式输送机可沿水平方向和倾斜方向输送各种散粒物料和成件物品，常用于流水线中运送工件。与带式输送机比较，板式输送机可用来输送比较沉重的、粒度较大的、具有锋利棱角和强磨琢性的货物，更适宜于输送炽热的物品。它的主要优点是适用范围广，生产效率高，可做长距离运输，运输平稳可靠，噪声较小，输送线路布置灵活性较大，而且在较短距离内能完成一定高度的提升。现有的板式输送机生产率有的达到1000t/h，输送距离在1000m以上，输送倾角为 $30° \sim 35°$，有的甚至可达 $60°$，转弯半径一般为 $5 \sim 8m$，仅

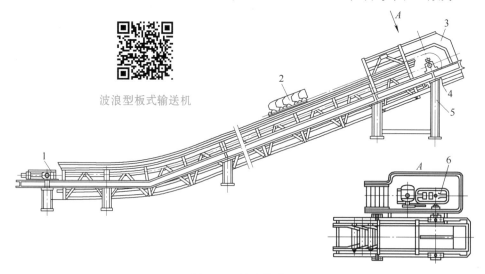

波浪型板式输送机

图2-17 板式输送机

1—尾部张紧装置 2—运载机构 3—导料防护装置 4—驱动链轮装置 5—机架 6—传动装置

为带式输送机的1/10左右。所以，板式输送机在国民经济的许多部门，如冶金、煤炭、化工、动力和机械制造业等均有广泛的应用。板式输送机的主要缺点是牵引链条和承载底板的自重大，结构较复杂，制造和维修困难，因此成本也较高。

板式输送机主要由传动装置、驱动链轮、尾部张紧装置、运载机构、机架、卸料和清扫装置等组成。根据需要，有的板式输送机还配有受料漏斗和上密封罩。板式输送机由传动装置带动驱动链轮旋转，通过与牵引链条的啮合来带动由输送槽、牵引链和支承滚轮（行走轮）组成的运载机构，使滚轮沿机架上的导轨行走，从而完成输送工作。

1）板式输送机的输送能力：

输送成件物品的能力（件/h）

$$Q = 3600v/a_{t} \tag{2-11}$$

式中，v 为输送速度（m/s）；a_t 为成件物品在输送机上的间距（m）。

输送散料的能力（t/h）

$$Q = 3600 [KB^2 K_1 \tan (0.4\phi) + Bh\psi] v\rho_0 \tag{2-12}$$

式中，K 为侧板系数，有侧板时 $K = 0.25$，无侧板时 $K = 0.18$；B 为输送槽宽度（m）；K_1 为倾斜输送时的系数（可参考有关表）；ϕ 为散料的静堆积角（°），全部为大块时 $\phi = 0$；h 为侧板高度（m）；ψ 为填充系数，一般粒度时取 $0.65 \sim 0.75$；ρ_0 为物料堆积密度（t/m³）。

2）电动机的驱动功率（kW）

$$P = \frac{1.3 F_Z v}{1000\eta} \tag{2-13}$$

式中，η 为传动系统的效率；F_Z 为负载阻力（N）。

二、刮板式输送机

刮板式输送机也是具有绕性牵引件的连续输送机械。它的优点是结构简单，可以在任意位置装料和卸料（可以在尾部卸料，也可以在中部任意位置卸料，在槽底设有活动卸料口即可）；缺点是物料在运输过程中，容易被挤碎或压实成块，刮板和槽壁磨损大，摩擦阻力大，功率消耗大，因此，它的长度不能太长。

刮板式输送机的构造如图 2-18 所示，它主要由牵引链、输料槽、刮板、星轮及驱动装置等部分构成。作为牵引用的链条为片式关节链。在链条上安装有许多刮板，它们相隔一定间距，并沿料槽移动。输送机的工作分支一般在下面，而无载分支则在上面。刮板由钢板冲压或铸造而成，其形状应与料槽形状相适应，一般有长方形、梯形、圆形等。工作时，物料装入槽内（填充在刮板之间），利用装在链条或绳索上的刮板，沿固定的输料槽移动而推动物料前进。刮板输送机可以运送煤、矿石或其他粒散物品，但不适合运送黏性物料和易碎性以及磨琢性较大的物料。

1）刮板式输送机的输送能力（t/h）

$$Q = 3600 A\psi\rho_0 v \tag{2-14}$$

式中，A 为料槽中的散料可能占有的最大截面积（m²）；ψ 为散料装满系数；ρ_0 为散料的堆积密度（t/m³）；v 为刮板链速度（m/s）。

2）驱动功率（kW）

$$P = \frac{F_d v}{1000\eta} \tag{2-15}$$

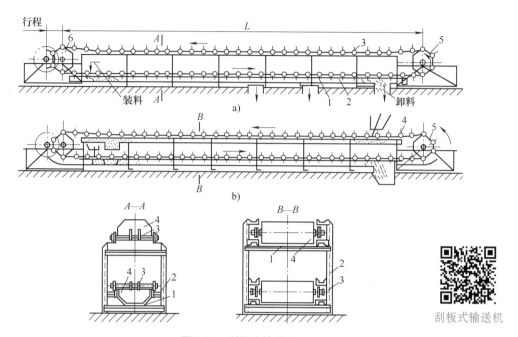

图 2-18 刮板式输送机

a）输料槽在下面 b）输料槽在上面

1—输料槽 2—机架 3—支承滚轮 4—刮板 5—驱动链轮 6—导向链轮

式中，η 为传动装置的效率；F_d 为刮板链的动张力（N）。

三、斗式提升机

斗式提升机用于竖直方向内或在很大倾斜角时运送各种散料和碎块物料，是一种应用广泛的垂直输送设备。斗式提升机的优点是：与其他输送机比较，能在垂直方向内输送物料而占地面积较小；在相同提升高度时，输送路线大为缩短，使其系统的布置紧凑；能在全封闭的罩壳内进行工作，有较好的密封性，可减少对环境的污染。它的主要缺点有：输送物料的种类受到限制；对过载敏感性强；要求均匀给料等。所以，在通常的情况下，斗式提升机的生产率限制在 300t/h 范围内，提升高度不大于 80m。但是，近年来随着高强度牵引构件的开发应用，在很大程度上扩展了它的应用范围。

斗式提升机的分类方法很多。例如，按物料的运送方法，可分为竖直的和倾斜的；按牵引构件的形式可分为带式的和链式的；按物料从料斗中卸载的方式，可分为离心式的、重力式的和混合式的；按料斗在牵引构件上的布置情况，可分为料斗稀疏布置的和料斗密集布置的。

斗式提升机的卸载方式有重力式、离心式及混合式三种，如图 2-19 所示。

当装满物料的料斗分支运行至头部驱动轮后，在料斗中物料某质点同时受重力 mg 和离心力 $m\omega^2 r$ 的作用，其合力 F 的方向通过一点 P。随着料斗在驱动轮上的继续运动，合力 F 的作用线与中心线的交点 P 可视为固定不变。P 点称为极点，PO 线称为极距 $h(m)$。

（1）**重力式卸载** 当 $h > r_0$ 时，极点的位置在料斗外边缘轨迹之外，重力值比离心值大。料斗内物料颗粒向料斗的内边移动，物料颗粒受重力的作用卸出，故称重力式卸载。

重力式卸载一般用链条或橡胶带作为牵引件。在输送灼热物料时，应采用耐热橡胶带。在满足重力式卸载的条件下，料斗在牵引件上可密集布置或稀疏布置，用于堆积密度大、有磨琢性的物料。选用速度较低，一般取 $0.4 \sim 0.8 \mathrm{m/s}$。

（2）离心式卸载 当 $h < r_i$ 时，极点在驱动轮的圆周内，颗粒的离心力远大于重力。料斗内物料向斗的外边移动，物料受离心力的影响而抛出，故称离心式卸载。

离心式卸载方式多用橡胶带作牵引件，料斗多为稀疏布置，也可密集布置，用于流动性良好的粉末状、小颗粒物料，速度可取 $1 \sim 3.5 \mathrm{m/s}$。

（3）混合式卸载 当 $r_i < h < r_0$ 时，极点位于驱动轮圆周与料斗外边缘轨迹之间，颗粒离心力值与重力值差异很小，料斗内物料一部分沿料斗外边卸出，一部分沿料斗内边卸出，故称混合式卸载。混合式卸载多用链条作牵引件，料斗稀疏布置，用于流动性不良的粉状或含水物料，速度介于上述两种之间，可取 $0.6 \sim 1.6 \mathrm{m/s}$。

斗式提升机的主要部件有料斗、牵引构件、机首、底座和中间罩壳等。

斗式提升机（图2-20）用固接着一系列料斗的牵引件（胶带或链条）环绕它的上驱动滚筒或链轮，与下张紧滚筒或链轮构成具有上升分支和下降分支的封闭环路。斗式提升机的驱动装置装在上部，使牵引件获得动力；张紧装置装在底部，使牵引件获得必要的初张力。物料从底部装载，上部卸载。除驱动装置外，其余部件均装在封闭的罩壳内。

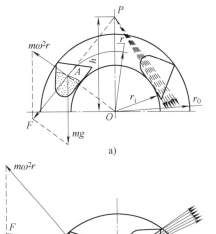

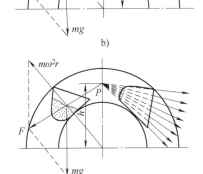

图2-19 斗式提升机的卸载方式
a）重力式 b）离心式 c）混合式

1）斗式提升机输送能力 $Q(\mathrm{t/h})$

$$Q = 3.6 V_0 \psi \rho_0 v / a \tag{2-16}$$

式中，V_0 为料斗的全斗容积（$\mathrm{dm^3}$）；v 为料斗运行速度（$\mathrm{m/s}$）；ψ 为填充系数；a 为料斗间距（m）；ρ_0 为物料堆积密度（$\mathrm{t/m^3}$）。

2）驱动功率 $P(\mathrm{kW})$

$$P = K_1 \frac{QH}{367\eta} (1.15 + K_2 K_3) \tag{2-17}$$

式中，H 为提升高度（m）；K_1 为功率备用系数，$H < 10$ 时，K_1 取 1.45，$10 \leqslant H \leqslant 20$ 时，K_1 取 1.25，$H > 20$ 时，K_1 取 1.15；η 为驱动装置的效率；K_2 为斗型的计算功率系数；K_3 为输送能力的计算功率系数。

四、螺旋输送机

螺旋输送机是一种没有绕性牵引构件的输送机。它可以在水平及倾斜方向式垂直向上方

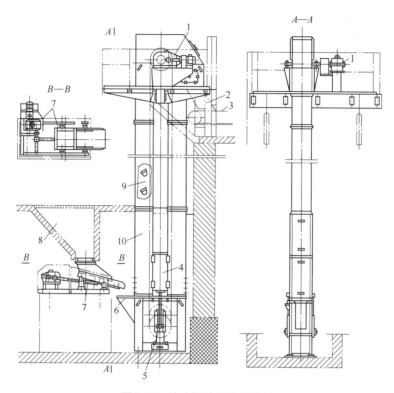

图 2-20 斗式提升机设备系统

1—驱动装置 2—卸料槽 3—带式输送机 4—张紧重锤 5—张紧装置 6—底部装载槽
7—往复式给料器 8—存斗 9—牵引件与料斗 10—提升机罩壳

向输送物料。除了输送散粒物料外,在某些场合也可用来输送各种成件物品。目前常见的是用于水平及微斜方向输送散粒物料的螺旋输送机。它的优点是:结构比较简单、紧凑;容易维修,成本也较低;料槽封闭,便于输送易飞扬的、炽热的(达200℃)及气味强烈的物料,减少对环境的污染;可以在线路的任意一点装载,也可以进行多点装料或卸料;在输送过程中还能够进行混合、搅拌或冷却等作业。它的主要缺点是由于物料对螺旋及料槽的摩擦和物料的搅拌,使螺旋和料槽受到强烈的磨损,同时也容易引起物料的碾轧与粉碎,所以消耗的功率较其他一般的连续输送机都大。另外,它对过载很敏感,易产生堵塞现象。因此,螺旋输送机一般在输送距离较短、生产率不大的情况下,用来输送磨琢性小、黏结性小、不怕破碎而又要求密封输送的粉粒状和小块状的物料。对于用来水平及微斜方向输送散粒物料的螺旋输送机,其输送长度一般为30~40m,生产率一般不超过100t/h。

螺旋输送机(图2-21)的主要部件有螺旋、料槽和轴承装置。螺旋是螺旋输送机的基本构件,它是由螺旋面和轴组成。常见的螺旋形状及其应用如图2-22所示。料槽是螺旋输送机的承载部件,同螺旋面一样,其厚度 δ 根据螺旋的直径大小及被输送物料的特性选取,一般用厚度2~8mm的钢板制成。螺旋输送机的轴承装置较为特别,对于螺旋较长的输送机除了首端轴承和末端轴承外,在料槽上还安装了若干中间轴承。

1)螺旋输送机的输送能力 $Q(\text{t/h})$

$$Q = 4.7 \times 10^{-3} \psi \beta_0 k_2 g \rho_0 n D^3$$

$$(2\text{-}18)$$

螺旋输送机

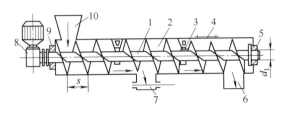

图 2-21 螺旋输送机
1—轴 2—料槽 3—中间轴承 4—中间装料口
5—末端轴承 6—末端卸料口 7—中间卸料口
8—驱动装置 9—首端轴承 10—装卸漏斗

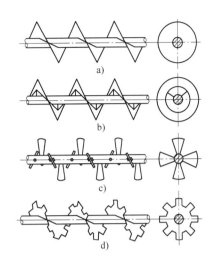

图 2-22 螺旋形状
a) 实体的 b) 带式的
c) 叶片式的 d) 齿形的

式中，ψ 为料槽的填充系数；β_0 为倾斜向上输送时输送量的影响系数；k_2 为螺旋螺距与直径的比例系数；g 为重力加速度（9.81m/s^2）ρ_0 为物料的堆积密度（kg/m^3）；n 为螺旋转数（r/min）；D 为螺旋的直径（m）。

2）电动机的功率 $P(\text{kW})$

$$P = \frac{QL\omega_0}{367\eta} \tag{2-19}$$

式中，Q 为生产率（t/h）；L 为物料输送长度（m）；ω_0 为阻力系数；η 为传动效率。

五、悬挂输送机

悬挂输送机适用于厂内成件物品的空中输送，运输距离由十几米到几千米，在多机驱动情况下，可达 5000m 以上；输送物品单位质量由几千克到 5t；运行速度为 $0.3 \sim 25\text{m/s}$。

悬挂输送机所需驱动功率小，设备占地面积小，便于组成空间输送系统，实现整个生产工艺过程的搬运机械化和自动化。

根据牵引件与载货小车的连接方式，悬挂输送机可分为通用悬挂输送机和积放式悬挂输送机。

（1）通用悬挂输送机（图 2-23） 通用悬挂输送机由构成封闭回路的牵引件、滑架小车、轨道、张紧装置、驱动装置和安全装置等部件组成，成件物品悬挂在沿轨道运行的滑架小车上。由于在运行过程中需进行装卸载，有时在输送物品同时还要进行一定工艺操作，因此通用悬挂输送机的运行速度较低，多在 8m/min 以下。

（2）积放式悬挂输送机（图 2-24） 积放式悬挂输送机与通用悬挂输送机的区别的主要在于：

1）承载件（载重小车）与牵引件无固定连接，而是靠牵引件上的推杆推动载重小车运行。因此，也称为推式悬挂输送机。牵引件与载重小车有各自的运行轨道。

2）有道岔装置，载重小车可与牵引件脱开，从一条输送线路转到另一条输送线路。

3）有停止器装置，载重小车可在线路上任意位置停车，故能同时完成运输、储存、工艺操作过程和组织协调生产的任务。

积放式悬挂输送机多用于大批量生产的企业中，除机械部件外，在电气控制上采用小车寄存装置和线路自动装置，可实现生产运输的机械化和自动化。

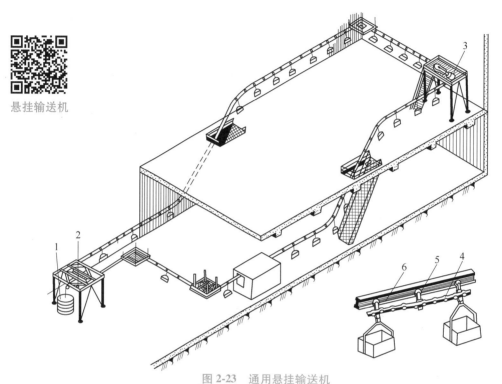

图 2-23　通用悬挂输送机

1—重锤　2—张紧装置　3—驱动装置　4—牵引链条　5—滑架小车　6—轨道

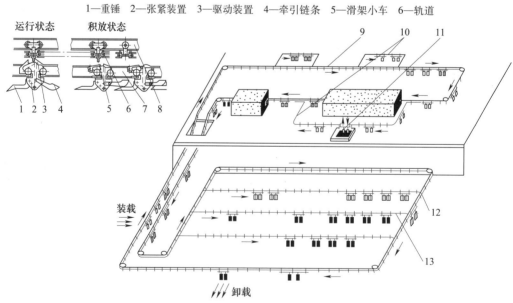

图 2-24　积放式悬挂输送机

1—尾板　2—积放式小车车体　3—拨爪　4—前杆　5—推杆　6—牵引链条　7—载重轨道
8—牵引轨道　9—主线　10、13—副线　11—升降级　12—道岔

六、辊子输送机

辊子输送机是利用辊子的转动来输送成件物品的输送机械。它可沿水平或具有较小倾角的直线或曲线路径进行输送。辊子输送机结构简单，安装、使用、修护方便，工作可靠。其输送物品的种类和质量的范围很大，对不规则的物品可放在托盘上进行输送。

辊子输送机按结构形式可分为无动力辊子输送机和动力辊子输送机。

1. 无动力辊子输送机（图 2-25）

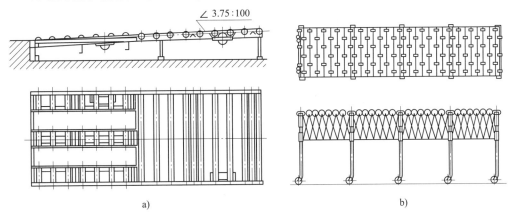

∠ 3.75:100

a)   b)

图 2-25　无动力辊子输送机

a）重力式　b）外力式

无动力辊子输送机靠物品自身的重力或人力使物品在辊子上进行输送。物品与辊子接触的表面应平整坚实，物品应至少具有跨过三个辊子的长度。重力式辊子输送机机体略向下倾斜，依靠物品自重产生的下滑力进行输送。水平或略向上倾斜的外力式辊子输送机则依靠人力推动物品运行，多用于半自动化生产线，也可单独使用。

2. 动力辊子输送机（图 2-26）

动力辊子输送机由原动机通过齿轮、链轮或带传动驱动辊子传动，靠传动辊子和物

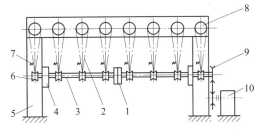

图 2-26　动力辊子输送机

1—联轴器　2—传动带　3—传动轴
4—轴承座　5—机架　6—带轮　7—张紧装置
8—辊子　9—链轮　10—驱动装置

品间的摩擦力实现物品的输送。在某些场合也使用液力或气动推杆推动物品前进。

辊子输送机的主要部件有辊子和机架，在动力辊子输送机上还有张紧装置和驱动装置等。

第四节　气力输送装置

一、气力输送装置的工作原理及特点

气力输送装置是利用气流来运送物料的输送装置。气流将物料通过管道输送到目的地，然后将物料从气流中分离出来。它主要用来输送散粒物料，如碎煤、煤粉、水泥、沙子、谷物、化学物料、黏土等，广泛应用于农业、林业、木材加工、铸造车间、港口、建材等部

门。它的优点是：

1）输送效率高。

2）整个输送过程完全密闭，受气候条件的影响小，不仅改善了工作条件，而且被运送的物料不致吸湿、污损或混入其他杂质，从而保证被运送物料的质量。

3）设备简单，结构紧凑，工艺布置灵活，占地面积小，选择输送路线容易。

4）在输送过程中可同时进行混合、粉碎、分级、烘干等，也可进行某些化学反应。

5）对不稳定的化学物品可用惰性气体输送，安全可靠。

6）容易对整个系统实现集中控制和自动化。

它的缺点是：

1）与其他设备相比，能耗较高。

2）对物料的粒度、黏性与湿度有一定的限制。

二、气力输送的分类

气力输送按基本原理可分为两大类：一类是悬浮输送。利用气流的动能进行物料的输送，又称动压输送；另一类是推动输送。利用气体的压力能进行物料的输送，也称静压输送。悬浮输送和推动输送的比较见表2-6。

表2-6 悬浮输送和推动输送比较表

项 目	悬 浮 输 送	推 动 输 送
物料输送	干燥的、小块状及粉粒状物料	粉粒状物料。湿的和黏性不大的物料也能输送
流动状态	输送的颗粒呈悬浮状态	输送的颗粒呈料栓状
混合比	小	大
输送气流速度	高	低
压力损失	单位输送距离压力损失较小	单位输送距离压力损失较大
单位能耗	大	小
系统中出现的磨损	大	小
被输送的物料的破碎情况	可能破碎	破碎少

1. 悬浮气力输送系统

当输料管中的气流速度足够大时，散粒物料在气流中呈悬浮状态运动，气流将物料送到目的地后，再将物料从气流中分离出来，这种系统称为悬浮气力输送系统。

按输送空气在管道中的压力状态分，主要有吸送式和压送式两种类型。

（1）吸送式 如图2-27所示，气源设备装在系统的末端。当风机运转后，整个系统形成负压，这时，在管道内外存在压差，空气被吸入输料管。与此同时，物料也被带入管道，并被输送到分离器中。在分离器中，物料与空气分离，被分离出来的物料由分离器底部的旋转卸料器卸出，空气被送到除尘器净化，净化后的空气经风机排入大气。

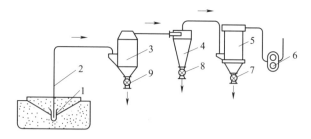

图2-27 吸送式气力输送装置系统

1—吸嘴 2—输料管 3、4—分离器 5—收尘器
6—风机 7—卸灰器 8、9—卸料器

（2）压送式 如图2-28所示，气源设备装在系统的进料端前。由于风机装在系统的前端，工作时，管道中压力大于大气压，整个系统处于正压状态。在这个系统中被输送的物料不能自由地进入输料管，必须使用能密封的供料装置。否则会造成物料的飞扬而污染环境。通常物料从料斗经旋转供料器加入管道中，随即被正

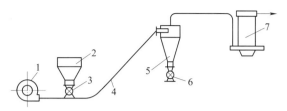

图2-28 压送式气力输送装置系统
1—风机 2—料斗 3—供料装置 4—输料管
5—分离器 6—卸料器 7—收尘器

压气流输送至目的地的分离器中。在分离器中，物料与空气分离并由旋转卸料器卸出。

这种压送式的气力输送系统，虽然是正压系统，但仍然靠高速气流输送，物料在管中也仍然是悬浮状态，所以它还是动压输送，这点与静压输送是完全不同的。

悬浮输送系统除以上两种主要类型外，还有一种复合式或称为混合式的，它由吸送式或压送式组成，兼有两者的特点，可以从数处吸入物料和压送到较远的地方。但这种系统较复杂，同时气源设备的工作条件较差，易造成风机叶片和壳体的磨损。

2. 压力推动输送系统

推动输送是依靠气体的静压来进行输送的。当物料沉积充填在输料管中形成料柱（或称料栓）时，作用在料柱两端面的压差成为料柱的推动力。如将料柱分割成彼此不相连的短料栓，则可实现各段料栓的移运而达到输送的目的。

本章主要介绍悬浮气力输送系统及其主要组成。

三、气力输送装置的主要组成部件

1. 供料装置

供料装置是使物料与空气混合并将其连续送入输料管中的设备。它的构造形式对气力输送装置能否可靠地工作、装置的能耗和输送能力的大小有很大的影响。

（1）吸送式装置的供料器 它的工作原理是利用管内的真空度，通过供料器将物料连同空气一起吸进输料管，常用的有：

1）双套型吸嘴（图2-29），它主要用于车、船、仓库、料场吸取物料。

工作时吸嘴与风管相连，开动风机后，粉粒状物料与空气混合吸入输料风管。作用在物料上表面的是一次空气，而从双套型吸嘴内外管之间环形截面进入的是二次空气（或称补气），调整吸嘴上的可调螺母，使外套管上下移动，改变吸嘴内外管端面间隙S，调节二次空气进入量，可获得最佳的料气混合比，即最佳的输送效率。二次空气进入过多，混合比减小，生产率反而下降。对不同的吸送物料S的最佳值

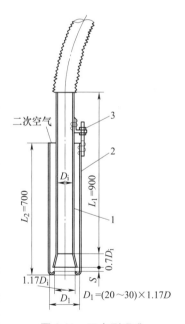

图2-29 双套型吸嘴
1—内管 2—外套管
3—可调螺母

由试验确定，例如吸送稻谷时最佳S为2~4mm，吸嘴插入料堆深度以大于400mm为宜。

吸嘴主要尺寸可以按以下经验公式计算，吸嘴内管内径 D_i(mm)：

$$D_i = 18.8 \sqrt{\frac{Q_j}{m_z U_a}}$$

式中，Q_j 为计算风量（m³/h）；U_a 为吸嘴处输送气流速度（m/s）；m_z 为同时工作的吸嘴个数。

2）固定式接料嘴（又称喉管，见图 2-30），它的作用是使物料在吸入的空气中悬浮、混合并被气流加速，进入输料管。接料嘴的形状应能使气流的能量更多地用于克服物料的惯性，使物料很快地悬浮并获得足够的起动初速度。接料嘴主要有 Y 型、L型和 r 型（又称动力型）等形式，多用于铸造车间砂处理系统。

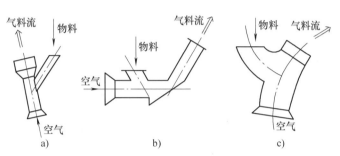

图 2-30　固定式接料嘴

a）Y 型　b）L 型　c）r 型（动力型）

（2）压送式装置的供料器　它在压力下工作，要求能均匀供料并保证气密。

1）喷射式供料器，如图 2-31 所示，这种供料器主要由喷嘴、喉管和扩压管组成的文丘里装置构成。工作时，压缩空气从喷嘴中高速喷出，在喷嘴附近形成一定的真空从而将上部落下的物料抽吸而入（换句话说，是被大气压力压入，或者说是在压差作用下被推送进供料器的），与喷出的空气在喉管充分混合形成气料流，经扩压管降速升压后送往输料管。

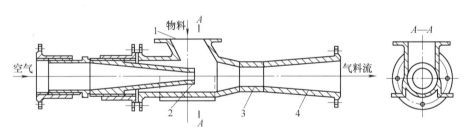

图 2-31　喷射式供料器

1—受料口　2—喷嘴　3—喉管　4—扩压管

这种供料器的受料口无空气上吹物料逸出现象，因而料仓无须密封。并且由于无运动部件，具有简单可靠的特点，但由于能耗较大仅限于短距离、小容量的输送。喷嘴喷出速度为 100~340m/s。

2）双容器文丘里型供料装置，如图 2-32 所示。该装置的工作原理与喷射式供料器相同，它通过上、下瓣阀的开闭，两个容器和谐地对混料室供料，使物料落入文丘里部分并与环形"喷嘴"高速喷出的气流混合，由输料管送出。

上部料斗通过进料阀放料到一个容器时，由于下瓣阀关闭，物料不会落入混料室，此时这个容器中的空气压力比大气压略高，含有物料粉尘的空气通过排气滤网过滤后排出，直至这个容器内外压力平衡。而另一个容器此时不进料但下瓣阀是打开的，由于容器上部与外面大气相通，物料在大气压力作用下可顺畅落入文丘里部分。

3）旋转式供料器，如图 2-33 所示。这种设备在压送式或吸送式气力输送装置中都可使用，在压送式装置中作供料器用，在吸送式装置中作卸料器用。一般适用于流动性较好、磨琢性较小的粉粒和小块状物料。其优点是结构紧凑，维修方便能连续定量供料，有一定气密性。缺点是转子与壳体磨损后易漏气。

为了保持气密，每侧应有两片以上的转叶与壳体周壁接触，叶片与壳体周壁间隙为0.12~0.2mm。叶片材料硬度要略高于壳体材料硬度。在输送磨琢性较大的物料时，叶片端部装设耐磨镶条，以便磨损后更换。

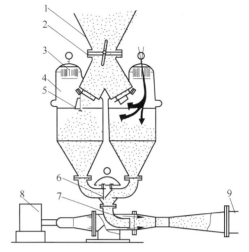

图 2-32 双容器文丘里型供料装置
1—上部料斗 2—进料阀 3—排气滤网 4—容器本体
5—上瓣阀 6—下瓣阀 7—文丘里部分
8—气源 9—输料管

2. 输料管系统

输料管是用来输送物料的管道，连接在供料器和卸料器之间。输料管一般均采用圆形截面管，使空气在整个截面上均匀分布，这是物料稳定输送的一个重要条件。此外，其阻力较其他管形小，并且制作简单，维修方便。

输料管系统由直管、弯管、软管、伸缩管、管道连接部件等组成。常用的输送管为内径 50~300mm、壁厚 3~8mm 的无缝钢管。在粮食加工行业，一般采用壁厚为 0.75~1.2mm 的薄钢板制成输料管。在管道分段连

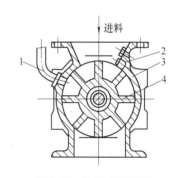

图 2-33 旋转式供料器
1—均压管 2—防卡挡板 3—壳体 4—旋转叶轮

接时应保持连接管段的同轴度，防止错边现象；在法兰连接处，应防止垫片挤出而造成增加局部阻力和淤积堵塞现象的发生。为了缓和高速运动的物料与弯头壁面的撞击，制作弯头时应取弯头曲率半径为管道直径或当量直径（与非圆形管道截面面积相等的圆形管道直径）的 6~12 倍。如弯管制作成方形或矩形截面，则其截面面积要与相邻连接的圆管截面积相等。

软管主要用于需要灵活连接的场合。例如吸送式系统中取料吸嘴与输料管之间的连接或输料管出口与卸料分离器之间的连接。由于软管的阻力较硬管大，故应尽量少用。用于人工操作段的软管要质量小、柔软；在中部连接的软管要求强度高，耐磨性好。软管的安装曲率半径不得太小。

3. 物料分离器

（1）容积式分离器（图 2-34） 利用容器有效截面的突然扩大，造成气流速度降低而使空气失去对物料的携带能力，从而使物料靠自重沉降而分离。

（2）离心式分离器　又称旋风分离器，它利用离心力的作用使物料从携带气流中分离出来。其工作原理如图 2-35 所示。

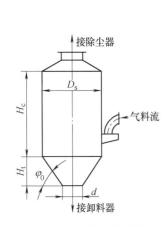

图 2-34　容积式分离器

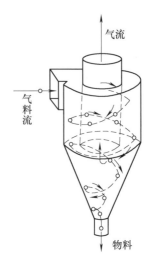

图 2-35　离心式分离器（旋风分离器）工作原理图

4. 除尘器

（1）干式除尘器　有旋风除尘器、扩散式旋风除尘器及袋滤器等形式。旋风除尘器用于粒度大于 5μm 的干燥物料除尘，结构简单，维修容易。对于小于 20μm 的物料，除尘效率可达 90%；小于 40μm 的物料除尘效率可达 99%；扩散式旋风除尘器对 2~5μm 的物料除尘效率为 95%~99%，进口输送气流速度为 14~20m/s。

袋滤器的除尘效率高达 99% 以上，宜用于粒度小于 10μm 的粒尘状物料，但不宜过滤有黏性的粉尘，袋滤器体积一般都较大。图 2-36 所示为脉冲式袋滤器工作示意图，该图画有两个滤袋，左边表示含尘气体经滤袋过滤成干净气体流出的情况，右边表示当滤袋表面粘满粉尘后喷吹管反向喷吹，自动进行滤袋清理的情况，以上两种工作情况有脉冲阀控制自动交替进行。滤袋材料常用的有纯棉纤维织成的滤布、印刷毡、细毛毡、工业涤纶绒布、玻璃纤维滤布等。

（2）湿式除尘器　有泡沫除尘器、自激式除尘器、卧式旋风水浴除尘器、文丘里洗涤器等形式，多用作第二级除尘装置。图 2-37 所示为泡沫除尘器的工作原理。

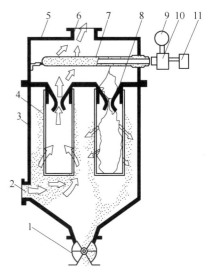

图 2-36　脉冲式袋滤器

1—卸灰器　2—含尘空气进口　3—下部箱体
4—滤袋　5—上部箱体　6—干净空气出口
7—喷气管　8—文丘里管　9—气包
10—脉冲阀　11—控制阀

5. 卸料装置

（1）旋转式卸料器　其结构与旋转式供料器相同，多用于吸送式气力输送系统旋风分离器的下部。

（2）双阀门式卸料器（图 2-38）　用于卸高温物料或磨琢性物料。由于上下阀门的开启和闭合必须联动，因而结构复杂。此外，当上下容器存在压差时，为了顺利地开闭阀门要设置压力平衡连通器。

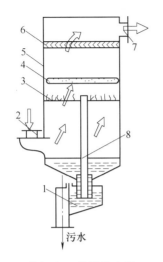

图 2-37　泡沫除尘器

1—水封装置　2—含尘空气进口　3—多孔板　4—环状喷水管
5—除尘器外壳　6—挡水板　7—干净空气出口　8—溢流管

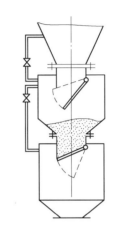

图 2-38　双阀门式卸料器

（3）单阀门式卸料器　多用于低压差时，结构与双阀门式中的一道阀相似，阀门靠物料自重开启，靠重锤关闭。

6. 风管及其附件

在吸送式气力输送系统，分离器到除尘器间风管的气流速度一般为 14~18m/s，除尘器到气源设备间风管的气流速度一般为 10~14m/s。

在压送装置的风管上，有时还需装设单向阀、节流阀、转向阀、气罐、油水分离器、气体冷却器、消声器等。

第五节　叉　　车

一、概述

叉车是一种小型装卸和运输车辆，可以将成件物品自行举起（不需人力捆扎）运至需要的地点。它自带动力，有轮胎式车轮可无轨运行，结构紧凑，转弯灵活，广泛应用于车站、港口、码头、仓库、车间内部等各种场所，成为实现货物机械化堆垛和装卸以及短程运输的有效工具。

1. 叉车的分类及应用

叉车按动力装置可分为内燃叉车与电瓶叉车两大类，目前以内燃叉车为主。电瓶叉车仅限于小吨位，但发展很快。从结构类型来看又可分为前移式（图 2-39）、平衡重式（图 2-40）和侧面式叉车（图 2-41）三种。前移式只用于仓库室内的小吨位叉车（1 吨及其以下），侧面叉车主要用于林业系统（25t），而绝大多数内燃叉车与电瓶叉车为平衡重式。

叉车的起重量是其最主要的参数，常见的有 0.5t、1t、1.5t、2t、2.5t、3t、5t、6t 这几

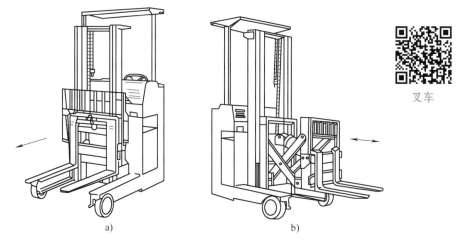

叉车

图 2-39 前移式叉车

a) 门架前移式 b) 叉架前移式

图 2-40 平衡重式叉车

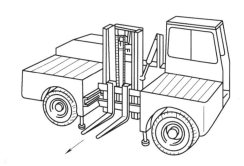

图 2-41 侧面式叉车

个吨位。习惯上称起重量小于 2t 的为小吨位叉车，2~3t 为中吨位叉车，5~6t 为大吨位叉车。电瓶叉车的起重量由于受电瓶容量的限制一般小于 3t，集装箱叉车一般大于 20t。

叉车按其各系统或部件的技术特点又可分为机械传动、液力传动、静压传动；人力制动、助力制动；人力机械转向、助力式液压转向、全液压转向；低门架（铁路用）、高门架、全视野门架、全自由提升门架、带特殊属具的门架等不同特点的叉车品种。

叉车的选用要考虑经济性，维修是否方便，生产率和可靠性要求等多种因素。对工厂车间使用的叉车，由于工作不太繁忙，货物大小不一，可选用机械传动、人力制动、人力机械转向、标准门架的内燃叉车，起重量应选大一些，这样适应性强，价格较低，维修也方便。对环境有特殊要求的场合，如在室内或食品车间、冷库等处工作，则应选用无污染的电瓶叉车。对于仓库内部小件物品的搬运也可选用前移式的电瓶叉车。而对于电站、码头等工作繁忙、对生产率和工作可靠性要求较高的场合，则必须选用液力传动、助力制动助力或全液压转向的内燃叉车。这种叉车操作简便、生产率高，但维修复杂。因此一定要选用成熟产品，并对发动机、液压系统、电气系统的选配给予充分注意，以提高其工作可靠性。

铁路上多使用起升高度为 2m 以上的叉车。对于货物品种固定的工作场合，应选用吨位刚好够用的叉车，以便提高叉车吨位的利用率，降低设备及运行费用。

叉车通常用于车站、码头、车间等处进行装卸、堆垛、拆垛和短距离的搬运。叉车的机动性强，操作方便。但由于平衡重式叉车的自重大，用于较长距离搬运货物是不经济的。

2. 叉车的基本参数

作为一种起重运输机械，反映叉车工作能力的基本参数有：

（1）额定起重量 货叉上货物的重心位于规定的载荷中心距时，叉车应能举升的最大货物质量，单位为 t。叉车起重量系列见表 2-7。

表 2-7　叉车基本参数

吨位级/t	额定起重量/t	载荷中心距/mm	起升高度/mm	参考长/mm×宽/mm×高/mm	参考质量/kg
0	0.50, 0.75	400	2500	2580×900×1530	1275, 1430
1	1.00, 1.25, 1.50, 1.75	500	低起升 1500 2000 2500 2700 标准起升 3000 高起升 3300 3600 4000 4500 5000 5500 6000 7000	3100×1070×1995	2300, 2400, 2650, 2800
2	2.00, 2.25, 2.50			3565×1150×2035	3400, 3650, 4000
3	2.75, 3.00			3755×1265×2100	4300, 4500
4	3.5, 4.0, 4.5			4100×1740×2200	5950, 6350, 6750
5	5, 6	600		4685×2000×2495	7980, 8500
	7, 8, 10			5585×2300×3590	11000, 14000
未定	12, 14, 16, 18	900		7140×2980×3350	23500
	20, 25, 28, 32, 37, 42	1250		—	—

吨位级/t	最小转弯半径/mm	轴距/mm	前/后轮距/mm	最小离地间隙/mm	前/后车轮型号	货叉长/mm×宽/mm×高/mm
0	1550	1120	760/750	70	5.00-8-8PR/4.00-8-6PR	750×80×25
1	1900	1350	890/870	90	6.00-9-8PR/5.00-8-8PR	1000×100×30
2	2170	1600	960/980	110	7.00-12-12PR/6.00-9-10PR	1050×120×45
3	2400	1700	1030/980	110	28×9-15-12PR/6.50-10-10PR	1050×130×50
4	2750	2000	1160/1110	125	8.25-15-14PR 双/7.00-12-12PR	1050×150×50
5	3300	2200	1490/1650	160	8.25-15-14PR 双/8.25-15-14PR	1200×150×60
10	4250	—	—	250	—	—
16	5300	—	—	300	—	—
20	—	4200	2050/2400	360	14.00-24-20 双/14.00-24-20	2400×250×110

（2）载荷中心距 指载荷重心到货叉垂直段前表面的纵向水平距离，单位为 mm。注意这是一个标准化的距离，类似于臂架类起重机的最大工作幅度。1~4.5t 叉车的载荷中心距为 500mm，详见表 2-7。

（3）起升高度 叉车满载、门架垂直时，货叉水平段上表面至地面的最大垂直距离，单位为 mm。注意这个高度不是货物重心的高度，也不是货物实际上升的高度（差一个货叉厚度）。一般为 3000mm，详见表 2-7。

（4）门架前后倾角 空载叉车门架能从其垂直位置向前及向后摆动的最大角度。通常为前倾 6°，后倾 12°。高起升或大吨位叉车常限制为前倾 3°，后倾 6°。

作为一种工程车辆，反映叉车对于工作场地适应能力的参数有：

（5）最小离地间隙　指叉车在空载及满载两种情况下，除直接与车轮相连接的零件外，车体上最低点距地面的最小垂直间隙，单位为 mm。叉车通常在良好的场地工作，无越野能力，离地间隙不大。

（6）最小转弯半径　指将叉车的转向轮转至极限位置并以最低稳定速度做转弯运动时，其瞬时中心距车体最外侧的距离，单位为 mm。由于叉车要在仓库内工作，对其转弯半径的要求很高。

（7）满载爬坡度　指满载叉车以最低稳定车速所能爬上的长为规定值的最大坡度，单位以坡度百分比计。该项参数反映叉车的动力性能，过小会影响叉车的爬坡能力和加速性能，过大也并没有什么用处。内燃叉车多为 20%，电瓶叉车为 8%~15%。

（8）自由提升高度　保持叉车门架的最低高度不变（即内门架不伸出外门架上端）的情况下，货叉能升起的最大高度，单位为 mm。该项参数反映叉车在低矮顶棚下作业及带载进出净空较低的大门的能力。一般取 110~300mm。全自由提升叉车可达起升高度的 1/2（二级门架）或 1/3（三级门架）。

反映叉车生产率的参数有：

（9）满载行驶速度　指满载叉车当变速器置于最高档位，在平直干硬的道路上行驶时所能够达到的最高稳定行驶速度，单位为 km/h，通常为 20km/h。

（10）满载最大起升速度　指满载叉车在停止状态下，发动机油门开到最大时，货物所能到达的平均起升速度。单位为 mm/min，一般为 450mm/min，大吨位叉车可取小一些。

除上述 10 项基本参数外，叉车的质量、最大外形尺寸、轴距等也很重要。典型参数见表 2-7。

二、叉车的主要组成

这里以常见的平衡重式叉车为例说明叉车的构造，如图 2-42 所示。

1. 叉车的车体和车轮

（1）叉车的车体　车体由车架、护顶架、平衡重、发动机罩、盖板等组成，它是叉车的主体，所有的零部件都要装在车体上。除了上述作用外，车体的某些部分还有其他一些功能，例如，某些部分可以作为燃油箱、工作油箱、进排气管道，甚至与消声器合为一体。

车架和护顶架可焊接成一体，也可组装。前者整体刚性好，有利于倾斜液压缸布置在护顶架的顶部，但不利于叉车的装配，维修困难。

1）车架。车架是支承叉车各部件的基础，承受复杂的荷载，尤其是承受很大的纵向弯矩和转矩。车架不但要有足够的强度还要有足够的刚度。它主要有板式和箱式，如图 2-43 所示。箱式车架具有很好的强度和刚度，两个边梁的内腔即为燃油箱和工作油箱。但这种车架的叉车内部空间小，不易装配和维修。板式结构的油箱与车架是分体的，便于制造和油箱的清洗、维护，但刚度不如箱式车架。前者应用最多。

2）护顶架。为使司机免受跌落货物的伤害而设置，在结构和强度上都有具体要求。

3）平衡重。为装卸货物时不致倾翻，在车架后面装有平衡重。一般由铸铁铸造而成。在中小吨位叉车上多为整体式；在大吨位叉车上多为组合式，在它的纵向中心留有冷却水箱的通风孔，上面设置起吊用的孔或环，通过锭块支承在车架上，再用螺栓紧固。

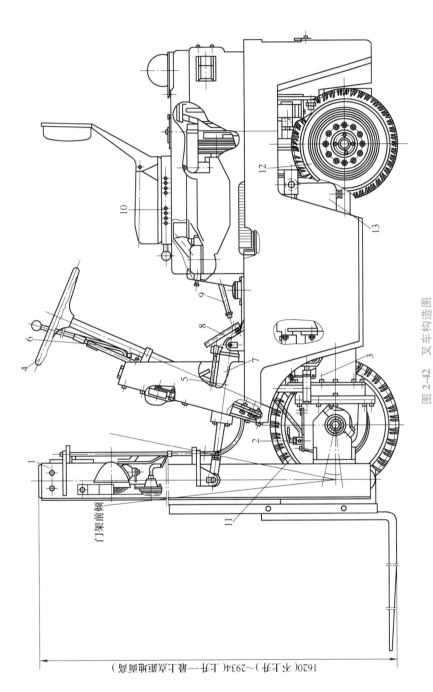

图 2-42　叉车构造图

1—门架　2—驱动桥　3—变速箱　4—转向盘　5—倾动液压缸　6—变速换向手柄　7—离合器和脚制动踏板
8—油门踏板　9—手制动杆　10—车身　11—前轮　12—后轮　13—发动机

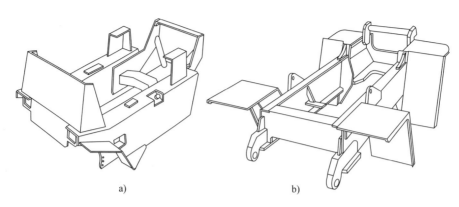

图 2-43　车架型式

a）箱式　b）板式

（2）叉车车轮　叉车的车轮一般转速较低，但承载能力很高。车轮直径要求小，这对减小整车的质量和提高叉车的稳定性有重要影响。同时要求轮毂内部有足够的空间以利于布置制动器。在载荷变化时，希望轮胎的变形量要小。叉车经常在小转弯半径下运行、因而轮胎的磨损量大。

2. 门架系统

门架系统是叉车的工作装置，是叉车最富有特色的部件。它负责货物的起升及相应的装卸、堆垛动作，并对叉车的整机性能有极大的影响。

门架系统的典型构造如图 2-44 所示。

门架处于叉车最前面，在四轮支承平面之外，因此前悬距离越小越好。门架位于前轮内侧（可减小前悬距），在保证与车轮的间隙（约 50mm）的前提下门架越宽越好。叉架的横梁必须位于车轮的前面，以便货叉之间的宽度能够调整到比车轮还宽，并使横向放置的长大货物不至与车轮发生干涉。为了减少前悬距，叉架横梁与车轮之间的间隙也不能太大（约 50mm）。另外，当叉架升降及门架前后倾时，不能与驱动桥和车架前面发生运动干涉。

门架系统的运动与安装关系是：货叉 4 挂在叉架横梁上；叉架 3 受起升链条 10 的牵引，并以其纵、侧向滚轮 5 和 7 为"车轮"，以内门架 1 为"活动导轨"做升降运动；内门架则受起升液压缸 9 的顶推，也以其纵、侧向滚轮为"车轮"，以外门架 2 为"固定导轨"而升降；外门架的下铰座 6 铰接在驱动桥壳或车架上，中部靠两个并列的倾动液压缸 8 来实现整个门架系统的前、后倾动作。

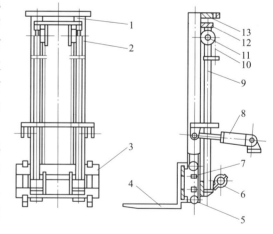

图 2-44　门架结构示意图

1—内门架　2—外门架　3—叉架　4—货叉
5—纵向滚轮　6—门架下铰座　7—侧向滚轮
8—倾动液压缸　9—起升液压缸　10—起升链条
11—链轮　12—浮动横梁　13—内门架上横梁

起升液压缸分成两个，下端以半球面支承在外门架后侧，中部受外门架"扶持"，上端顶在一个浮动横梁 12 上，它的提升高度至与内门架上横梁 13 重叠为止。起升链条的一端固定在起升液压缸缸筒上（相当于固定在外门架上），中部绕过固定在浮动横梁上的链轮 11 后，另一端挂住叉架。装货时货叉放下，门架前倾，叉车前进将货叉伸入重物下面，然后倾动液压缸使门架后倾，升降液压缸通油，推动内门架上升，通过链式动滑轮，将重物提起。叉车开动将货物运送到存放地点放下或堆垛。液压泵由内燃机引出动力来驱动，其液压系统如图 2-45 所示。

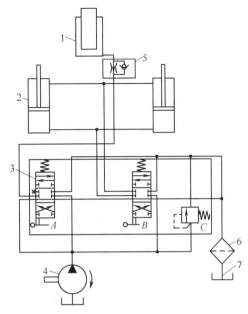

图 2-45　叉车液压系统

1—起升液压缸　2—倾动液压缸　3—液压操作阀
4—液压泵　5—单向节流阀　6—过滤器　7—油箱
A—起升液压缸操纵阀　B—倾动液压缸操纵阀　C—安全阀

3. 传动、制动、转向系统

叉车的传动、制动和转向系统在功能和原理上与一般汽车或工程机械底盘类似。其主要特点如下：

（1）传动系统　叉车传动系统的特点是车速较低，故传动系统的速比较大。发动机在后，驱动桥在前，传动方向与汽车刚好相反。整个传动链从离合器、变速箱到驱动桥往往采用刚性连接。

叉车的用途是装卸、堆垛和极短距离的搬运。其典型的工作循环是：前行对准货物，叉起货物，后退并转向，前行搬运一段距离，转向并对准卸货位置，放下货物，后退并转向，再前行去叉下一件货物。若对不准货位，则需反复前行、后退加以调整，而每一次换档都需要操作离合器、驱动器和变速器。因此叉车的离合器、制动器和转向系统的操作是非常频繁的，要求它们的操作要方便，操作力要小，有关的配件磨损后更换方便。

叉车的工作比较繁重，但并不要求越野性，其离合器的转矩储备系数为 1.5，介于汽车和拖拉机之间。由于操作频繁，叉车离合器的摩擦衬片应更换方便。而叉车的传动系统多采用刚性连接，必须采取特殊措施才能实现单独更换离合器衬片。当选用液力传动叉车时，离合器被液力变矩器所取代。

由于操作频繁，叉车的变速器最好采用同步器换档。常见的传动系统如图 2-46 所示。

（2）制动系统　叉车上必须要装置两套制动装置。一套是行车制动，它的作用是使车辆在运行状态下减速或停止，通常也称作脚制动。另一套是停止制动，在车辆停止状况下，用它来保持车辆静止，免受坡道或其他外力的影响而使车辆移动，通常也称手制动。脚制动的操纵机构可以是机械的、液压的、气动的和电力的，而手制动必须是机械的。但它们可以共

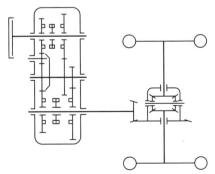

图 2-46　叉车机械传动系统原理图

用制动器。

叉车制动器在工作过程中有以下几个特点：经常起步、停车和换向行驶，使用制动频繁；行驶时靠近货物、货架、库房或运输车辆等设备，制动要绝对可靠；叉车的总质量大，但只有前桥两个车轮制动，所以制动器的能力要强；制动器结构应紧凑，不易拆装调整；制动时货叉上的货物不应滑落；前后行驶正反向制动机会相当。所以对叉车制动系统有较高的要求：

1）制动器要能产生足够的制动转矩，并且在正反转两个方向上性能相同。

2）操作省力，避免引起司机疲劳，影响工作效率和安全。

3）制动转矩的产生和增加要平稳。

4）工作可靠，不需要经常维护和调整。

5）散热性能良好。

行车制动的性能可以从两个方面来衡量：

1）制动距离。制动距离是指叉车制动器开始起作用到叉车完全停止这一过程内叉车所走过的距离。标准规定，对于最大行驶速度超过 20km/h 的叉车以 20km/h 为初速度，对于最大速度低于 20km/h 的叉车以其最大速度为初速度进行制动，其制动距离应不大于 5m。

2）制动率。制动率是指叉车制动力 F_Z 与叉车总重力 G_Q 的比值。

制动率 $F = F_Z/G_Q \times 100\%$

制动率 F 应大于图 2-47 中给出的数值，并要求脚踏板的踏力不大于 700N。

在上述两种制动指标中，第一种易于测定，但路面状况对它的影响很大，故不很准确。第二种虽排除了路面对制动机构的影响，但测定较复杂。在新车鉴定试验时，常测制动率。

（3）转向系统　由于整机布置的特点，叉车为后轮转向，后桥是转向桥。叉车采用刚性悬挂，为摆动式后桥。由于操作频繁，对转向轻便性和灵活性的要求均高，再加上平衡重式叉车在空载时后桥桥载大，转向阻力也就大，因此叉车比汽车更多地使用动力转向（2t 叉车就有使用的）。

叉车对机动性的要求特别高，整机转弯半径小，转向车轮的转角就得大，最大内轮转角可达 82°（当然不能大于 90°）。在这里采用汽车或拖拉机常用的单梯形机构已不能满足要求，而要采用交叉式双梯形机构、八字式双梯形机构或曲柄滑块式横置液压缸转向机构，如图 2-48 所示。

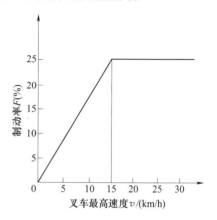

图 2-47　叉车制动率

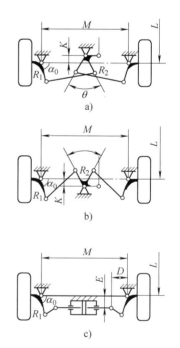

图 2-48　转向机构示意图（俯视）
a）交叉式　b）八字式　c）曲柄滑块式

三、叉车的属具

货叉是叉车的标准取物装置，但并不是唯一的取物装置。除货叉之外，叉车还可以配备其他各种属具，如起重臂、桶夹等。属具往往使用于特定种类货物的装卸，是非标准的取物装置，设计合适的属具对于安全生产、提高装卸效率、扩大叉车的应用领域非常重要。

对叉车属具的基本要求：属具与货叉一样位于叉车支承平面之外，而且是关系到装卸安全的部件，所以不论何种属具都必须安全可靠，另外还要自重轻，机构和结构简单，尽量不增加或少增加原来的载荷中心距。由于属具只用于特定种类的货物，因此安装和更换一定要方便。最好由司机在不需要别人协助和不需要特定工具的条件下就能更换。常见的属具如图 2-49 所示。

图 2-49　常见的属具

a）铲斗　b）挑杆　c）桶夹　d）圆木夹　e）推货器　f）侧移器

思 考 题

2-1 输送机械搬运的货物可分为哪两大类？其特性是什么？

2-2 带式输送机由哪些基本部件组成？各有什么功用？

2-3 带式输送机中采用的输送带有哪些？各有何特点？

2-4 带式输送机上常用的清理装置有哪些？

2-5 与带式输送机相比，板式输送机有何优缺点？

2-6 斗式提升机的卸装方式有哪几种？试简述其工作原理。

2-7 螺旋输送机的特点是什么？

2-8 积放式悬挂输送机与通用悬挂输送机有何不同？

2-9 无动力辊子输送机的工作原理是什么？

2-10 试简述气力输送装置的特点。

2-11 气力输送按原理可分为哪几类？

2-12 试简述吸送式、压送式悬浮气力输送的工作原理。

2-13 气力输送装置的主要部件有哪些？各有何功用？

2-14 根据结构不同，叉车可分为哪几种？各应用于什么场合？

2-15 叉车的基本参数有哪些？

2-16 简述叉车门架的结构和运动过程。

2-17 叉车的传动、制动、转向系统有何特点？

2-18 何谓叉车的属具？常见的叉车属具有哪些？

 素养提升

微米间创造中国精度——夏立

夏立是中国电子科技集团公司第五十四研究所钳工，高级技师，担任航空、航天通信天线装配责任人。作为一名钳工，在博士扎堆儿的研究所里毫不显眼，但是博士工程师设计出来的图样能不能落到实处，都要听听他的意见。几十年的时间里，夏立天天和半成品通信设备打交道，在生产、组装工艺方面，夏立攻克了一个又一个难关，创造了一个又一个奇迹。

上海 65m 射电望远镜要实现灵敏度高、指向精确等性能，其核心部件方位俯仰控制装置的齿轮间隙要达到 0.004mm。完成这个"不可能的任务"的，就是有着近 30 年钳工经验的夏立。作为通信天线装配责任人，夏立还先后承担了"天眼"射电望远镜、嫦娥四号卫星、索马里护航军舰、"9·3"阅兵参阅方阵上通信设施的卫星天线预研与装配、校准任务。

"工匠精神就是坚持把一件事做到最好。"夏立是这么说的，也是如此坚持的。脚踏实地，知行合一，大国工匠，实至名归！

第三章

泵

泵是一种用来输送液体的机械，通过泵把原动机的机械能变为液体的动能和压力能。泵的种类很多，根据工作原理的不同，泵可分为以下几种类型：

（1）叶片泵 依靠泵内高速旋转的叶轮来输送液体，如离心泵、轴流泵等。

（2）容积泵 依靠泵内工作容积的变化而吸入或排出液体并提高液体的压力能，如活塞式泵、回转式齿轮泵等。

（3）喷射泵 利用工作流体（液体或气体）的能量来输送液体，如水喷射泵、蒸气喷射泵等。

第一节 离心泵工作原理与装置

一、离心泵的工作原理

图 3-1 所示为离心泵工作简图。泵的主要工作部件为安装在轴上的叶轮 1，叶轮上均匀分布着一定数量的叶片 2。泵的壳体 3 是一个逐渐扩大的扩散室，形状如蜗壳，工作时壳体不动。泵的入口与插入液池一定深度的吸入管 8 相连，吸入管的另一端装有底阀 7，泵的出口则与阀门 5 和排出管 6 相连。

开泵前，吸入管和泵内必须充满液体。这时先通过漏斗 4 充灌液体（称为灌泵），然后关闭漏斗下方的阀门开泵。开泵后，叶轮高速旋转，其中的液体随着叶片一起旋转，在离心力的作用下，飞离叶轮向外射出，射出的液体在泵壳扩散室内速度逐渐变慢，压力逐渐增加，然后从泵出口、排出管流出。此时，在叶轮中心处由于液体被甩向周围而形成既没有空气又没有液体的真空低压区，液池中的液体在池面大气压力的作用下，推开底阀 7 经吸入管流入泵内。液体就是这样连续不断地从液池中被抽吸上来又连续不断地从排出管流出。

二、离心泵装置

离心泵装置如图 3-2 所示，由离心泵 3、电动机、吸入管 2、排出管 8 和阀门等组成。

底阀 1 由单向阀和防污网组成。底阀上的单向阀只允许液体从吸液池流进吸入管，而不允许反方向流动。它的主要作用是保证泵在起动前能灌满液体，而周边的防污网则起着防止液池中的杂物被吸入泵中的作用。

单向阀 7 在停泵时靠排出管中的液体压力自动关闭，防止液体倒流泵内冲坏叶轮。

截止阀 6 的用途是在开、停或检修泵时截断流体，对于小型泵装置，它还用于调节泵的流量。

真空表 4 和压力表 5，分别用于测定泵的入口压力和出口压力，人们可以根据表的读数变化，分析判断泵的运行是否正常。

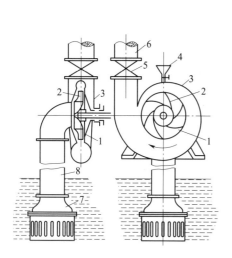

图 3-1 离心泵工作原理

1—叶轮 2—叶片 3—泵壳 4—漏斗
5—阀门 6—排出管 7—底阀 8—吸入管

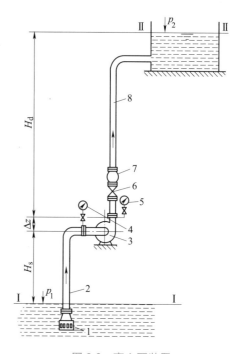

图 3-2 离心泵装置

1—底阀 2—吸入管 3—离心泵 4—真空表
5—压力表 6—截止阀 7—单向阀 8—排出管

第二节 离心泵的性能参数

一、流量

流量 q 指单位时间内从泵出口排出并进入管路的液体体积。流量的单位为 m^3/h、m^3/s 或 L/s。

二、扬程

扬程 H 是单位质量液体具有的能量以液柱高度表示的值，也称为水头。表示液体静压、位置能量和动能的分别称为压力水头、位置水头和速度水头，液体在某处各种能量的总和称为在该处的总水头。

单位质量液体通过泵所增加的能量，也就是泵所产生的总水头，称为扬程，单位为 m。运行状态下，泵扬程的计算如下所述。

离心泵输液系统如图 3-2 所示，通过泵将吸液池中的液体输送到排液池中。为计算扬程，在系统中取吸入液面为 Ⅰ—Ⅰ；排出液面为 Ⅱ—Ⅱ；设这两处的液面压力为 p_1、p_2（单位为 Pa），液体流速为 v_1、v_2，（单位为 m/s），并设 H_s、H_d 为泵入口至吸入液面、泵出口至排出液面的垂直距离（单位为 m），h_s、h_d 为吸入管路、排出管路的水头损失（单位为 m），Δz 为压力表与真空表安装点的垂直距离（单位为 m），H 为泵的扬程（单位为 m），ρ 为液体的密度（单位为 kg/m^3），g 为重力加速度（$9.81m/s^2$）。

用伯努利方程式可以导出泵扬程（单位为 m）的计算式

$$H = \frac{p_2 - p_1}{\rho g} + \frac{v_2^2 - v_1^2}{2g} + H_s + H_d + h_s + h_d + \Delta z \qquad (3\text{-}1)$$

当吸液池和排液池都与大气相通时，$p_1 = p_2 = p_b$（环境大气压力）。当池内液面面积很大时，可认为 $v_1 \approx 0$，$v_2 \approx 0$，则上式可以改为

$$H = H_s + H_d + h_s + h_d + \Delta z \qquad (3\text{-}2)$$

由图 3-2 可知，$H_s + H_d + \Delta z$ 为泵将液体提升的垂直高度，即几何扬程 H_g。$h_s + h_d$ 为吸入管路和排出管路水头损失之和，用 $\sum h$ 来表示，所以式（3-2）又可写为

$$H = H_g + \sum h \qquad (3\text{-}3)$$

在同样的情况，即 $p_1 = p_2 = p_b$ 且 $v_1 \approx 0$，$v_2 \approx 0$，经过演变，式（3-2）的扬程 H 也可用压力表和真空表的读数 p_y 和 p_z 来表示（单位为 m），即

$$H = \Delta z + \frac{p_y}{\rho g} + \frac{p_z}{\rho g} + \frac{v_d^2 - v_s^2}{2g} \qquad (3\text{-}4)$$

式（3-4）中的 v_s、v_d 为吸入管、排出管中的液体流速，可根据输液流量 q 和吸入管、排出管的直径求出。

三、功率

单位时间做功的大小称为功率。

1. 有效功率 P_u

泵在单位时间内对液体所做有用功即泵的输出功率，称为有效功率（单位为 kW）。它和流量、扬程的关系为

$$P_u = \frac{\rho g q H}{1000} \qquad (3\text{-}5)$$

式中，ρ 为液体密度（kg/m^3）；g 为重力加速度（9.81m/s^2）；q 为泵的流量（m^3/s）；H 为泵的扬程（m）。

2. 轴功率 P_a

泵在一定的流量和扬程工作时，电动机输送给泵轴的功率，即输入泵的功率，又称为泵的输入功率。

3. 电动机功率 P_{gr}

泵在工作时，有可能出现超负荷的情况，为保证电动机的安全，配用电动机功率均留有余量，一般取

$$P_{gr} = (1.1 \sim 1.2) P_a$$

四、效率

1. 泵效率 η

泵效率是衡量泵性能高低的一个技术经济指标，它是指泵输出功率 P_u 与轴功率 P_a 之比，即

$$\eta = \frac{P_u}{P_a} \qquad (3\text{-}6)$$

一般小型泵的效率为 0.6~0.7，而大型泵可达 0.8~0.9。

2. 机组效率 η_{gr}

泵的输出功率 P_u 与电动机输入功率 P_{gr} 之比，称为机组效率，即

$$\eta_{gr} = \frac{P_u}{P_{gr}}$$

五、转速

转速 n 为泵轴每分钟转动的次数，单位为 r/min。中小型泵一般均按异步电动机的转速，这样便于泵和电动机直接传动。常用的转速为 2900r/min、1450r/min、970r/min、730r/min。

六、比转数

叶片式泵（离心泵、轴流泵、混流泵等）的叶轮有不同的形状。在泵的性能参数中有一个既反映泵的基本形状、又反映泵的基本性能（流量、扬程、转速）的综合参数——比转数 n_s，又称比转速，计算式为

$$n_s = \frac{3.65n\sqrt{q}}{H^{\frac{3}{4}}} \tag{3-7}$$

式中，n 为泵的转速（r/min），q 为泵的流量（m^3/s）；H 为泵扬程（m）。

比转数是量纲为 1 的数。同一台泵，在不同工况下有不同的比转数。一般取最高效率工况时的比转数作为泵的比转数。由比转数可大致知道泵的叶轮形状、性能及性能曲线的变化规律，见表 3-1。

表 3-1 比转数和叶轮形状与性能曲线的关系

水泵类型	离心泵			混流泵	轴流泵
	低比转数	中比转数	高比转数		
比转数	50~80	80~150	150~300	300~500	500~1000
叶轮简图					
尺寸比	$\frac{D_2}{D_0} \approx 2.5$	$\frac{D_2}{D_0} \approx 2.0$	$\frac{D_2}{D_0} \approx 1.8 \sim 1.4$	$\frac{D_2}{D_0} \approx 1.2 \sim 1.1$	$\frac{D_2}{D_0} \approx 0.8$
叶片形状	圆柱形叶片	进口处圆扭曲 出口处圆柱形	扭曲形叶片	扭曲形叶片	扭曲形叶片
工作性能曲线					

大流量小扬程的泵，比转数大；反之小流量大扬程的泵比转数小。比转数小的泵，叶轮出口宽度小，叶轮外径 D_2 大，D_2 与叶轮进口处直径 D_0 的比可以大到等于 3，叶轮中的流道狭长，流量小但扬程高。此时的叶片泵是离心泵。

当叶轮形状结构的变化达到 D_2/D_0 为 $1.1 \sim 1.2$，比转数为 $300 \sim 500$ 时，这种叶片泵就成了混流泵。当 D_2/D_0 为 0.8 左右，比转数为 $500 \sim 1000$ 时，叶片泵则变为轴流泵了。

七、离心泵的吸入性能

1. 汽蚀

汽蚀是液体汽化造成的对泵过流零部件（液流经过泵时所接触到的零部件）的破坏现象。为了说明汽蚀，这里先介绍饱和气压的概念。

水在一个大气压力作用下，温度上升到 100℃ 时汽化生成蒸汽，但在高山上，由于气压（单位 10^5Pa）较低（表 3-2），水在不到 100℃ 时就开始汽化。

表 3-2 大气压力与海拔高度的关系

海拔/m	-600	0	100	200	300	400	500	600	700	800
大气压 $\dfrac{p_b}{\rho g}$/Pa	113000	103000	102000	101000	10000	98000	97000	96000	95000	94000

这个现象说明外压越低水汽化时的温度越低。或者，反过来说，水汽化时的温度越低压力也越低，20℃ 的水，在水面压力低至 24kPa 时就开始汽化。在一定温度下，液体开始汽化的压力称为液体在这个温度时的饱和气压（单位为 Pa），水的汽化压力（饱和蒸汽压）与温度的关系，见表 3-3。

表 3-3 水的饱和蒸汽压与温度的关系

温度 t/℃	0	6	10	20	30	40	50	60	70	80	90	100
水的饱和蒸汽压 $\dfrac{p_v}{\rho g}$/Pa	610	931	1226	2334	4240	7380	12180	19900	31200	47400	70500	101325

泵中压力最低处在叶轮进口附近，当此处压力降低到当时温度的饱和气压时，液体就开始汽化，大量气泡从液体中逸出。当气泡随液体流至泵的高压区时，在外压的作用下，气泡骤然凝缩为液体。这时气泡周围的液体，即以极高的速度冲向原来是气泡的空间，并产生很大的水力冲击。由于每秒钟有许多气泡凝缩，于是就产生许多次很大的冲击压力。在这个连续的局部冲击负荷作用下，泵中过流零部件表面逐渐疲劳破坏，出现很多剥蚀的麻点，随后连片呈蜂窝状，最终出现剥落的现象。除了冲击造成的损坏外，液体在汽化的同时，还会析出溶于其中的氧气，使过流零部件氧化而腐蚀。这种由机械剥蚀和化学腐蚀共同作用使过流零部件被破坏的现象就是汽蚀现象。据有关资料介绍，即使对非金属材料，汽蚀也照样会发生。图 3-3 所示为受汽蚀破坏的叶轮。在汽蚀现象发生的同时，还伴随着发生振动和噪声。并且由于气泡堵塞了泵叶轮的流道，使流量、扬程减少，效率下降。汽蚀现象对泵的正常运行是十分有害的。它完全是由于泵叶轮吸入侧的压力过低所致。为此应设法减少吸入管路的损失，并合理确定

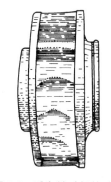

图 3-3 受汽蚀破坏的叶轮

离心泵气蚀现象

泵的安装高度。

2. 允许吸上真空高度

泵在正常工作时吸入口所允许的最大真空度，称为允许吸上真空高度，由于它用液体的液柱表示，故称其为高度。允许吸上真空高度与泵的几何安装高度（泵中心至吸入液面的垂直距离）有关。

我们已知，标准大气压等于101325Pa（也曾用760mmHg或$10.33×10^3$mmH$_2$O表示）。

如用泵来抽水，吸水池里的水是在大气压力的作用下被吸入泵内的，或者更确切地说是被大气压力"压入"泵内的。若泵的吸入口处为绝对真空，那么，水泵最大吸水高度应为10.33m。但实际上，泵的吸入口处不可能绝对真空，并且水在流经底阀、弯头、直管段时都要产生水头损失。因此，在大气压下工作的水泵，不可能有这么高的吸水高度。这就说明，每一型号规格的水泵都存在着一个小于10.33m的最大吸上真空高度H_{sc}。

泵的吸上真空高度H_{sc}由试验求出。由于在H_{sc}下工作时泵仍有可能产生汽蚀，为保证离心泵在运行时不产生汽蚀，同时又有尽可能大的吸上真空高度，我国规定留0.3m的安全量，即将试验得出的H_{sc}减去0.3m作为泵的允许最大吸上真空高度，又称允许吸上真空高度，以H_{sa}（单位为m）表示。即

$$H_{sa} = H_{sc} - 0.3 \tag{3-8}$$

泵产品样本或说明书上的H_{sa}值是在标准状况（1个大气压即$10.33×10^3$mmH$_2$O，20℃）以清水试验得出的。如若泵的使用条件（指大气压力、温度和液体介质）变化，则应按下式进行换算

$$H'_{sa} = H_{sa} + \left(\frac{p_b}{\rho g} - 10.33\right) + \left(0.24 - \frac{p_v}{\rho g}\right) \tag{3-9}$$

式中，H'_{sa}为非标准状况工作时泵的允许吸上真空高度（m）；H_{sa}为泵铭牌上允许吸上真空高度（m）；$\dfrac{p_b}{\rho g}$为泵工作处的大气压头（m）；$\dfrac{p_v}{\rho g}$为液体的汽化压头（m）。

已知泵的允许吸上真空高度，泵的允许最大安装高度可用下式求得（单位为m）

$$H_{an} = H_{sa} - \frac{v_s^2}{2g} - h_s$$

式中，H_{an}为保证泵不产生汽蚀的允许最大几何安装高度，又称泵的允许安装高度（m）；v_s为泵吸入口的流速（m/s）；h_s为吸入管路的水头损失（m）。

在泵的性能表中，有时用汽蚀余量表示汽蚀性能，而不用允许吸上真空高度。汽蚀余量国外称为净正吸上水头。用NPSH表示。汽蚀余量分为有效汽蚀余量（NPSH）$_a$和必需汽蚀余量（NPSH）$_r$。有的资料把它们分别写为Δh_a和Δh_r，一般泵性能表中只提供（NPSH）$_r$，即Δh_r的数据。可参看有关资料中的公式及校正系数并加上必要的安全裕量计算泵的允许安装高度。

第三节 离心泵的基本方程式

一、液体在叶轮中的流动

当叶轮推动液体旋转时，液体质点在叶轮中所做的是复合运动，如图3-4所示。在与叶

轮一起旋转的动坐标系统观察到
的液体质点运动称为相对运动，
速度为 w，方向沿着叶片的切线。
动坐标系统对固定坐标的运动称
为牵连运动，其速度用 u 表示，
方向与旋转半径 r 垂直。从固定坐
标系统观察到的液体质点的运动
称为绝对运动，速度用 c 表示。绝
对速度 c 等于相对速度 w 与牵连运
动 u 的矢量和。液体进入叶轮和

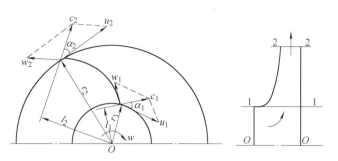

图 3-4　液体在叶片进、出口的速度变化

流出叶轮的速度关系如图 3-4 中的速度平行四边形所示。这种速度平行四边形可以简化为图
3-5 所示的速度三角形，图中各速度、夹角的下标，进口为 1、出口为 2。从叶片进口处和出
口处的速度三角形看，$c_2 > c_1$，液体通过叶轮后速度增大了，能量提高了。

图 3-5 中的 c_{1r}、c_{2r} 和 c_{1u}、c_{2u} 分别
为叶轮进、出口处的径向分速和圆周分
速，角度 α 表示绝对速度 c 与圆周速度
u 的夹角，角度 β 表示液体相对速度 w
与圆周速度 u 的夹角，β 又称流动角。
这里，还应提及的是叶片的安装角，它
表示叶片的切线和所在圆周切线间的夹
角，用 β_α 表示。β_α 和 β 是不同的两个
角度。β_α 是由结构确定的角度，故称

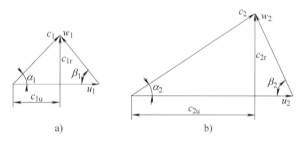

图 3-5　叶片进、出口速度三角形
a）进口速度三角形　b）出口速度三角形

为安装角，而 β 则是由液体流动所形成的速度之间的夹角，故称为流动角。

　　二、无限多叶片叶轮时泵的基本方程式

液体在叶轮中的流动是相当复杂的，为简化起见，假设：① 叶轮有无限多个叶片，且
叶片厚度为无限薄；② 泵中的液流是压力、速度、密度都不随时间而变化的稳定流；③ 泵
所输送的液体是理想的不可压缩的液体，可不考虑液体的摩擦阻力。

液体在旋转叶轮的流道中流动，从叶轮处获得了能量，这种能量传递过程可用流体力学
中的动量矩定理来推导。导出的公式为

$$H_{T\infty} = \frac{1}{g}(u_2 c_{2u} - u_1 c_{1u}) \tag{3-10}$$

式中，$H_{T\infty}$ 为无限多叶片时的理论扬程，单位为 m；g 为重力加速度，单位为 m/s²；u_1、u_2
为叶轮进口、出口处的圆周速度，单位为 m/s；c_{1u}、c_{2u} 为进口、出口绝对速度的圆周分速
度，单位为 m/s。

这就是泵的基本方程式，又称为欧拉方程式。它不仅适用于离心式泵和轴流式泵，也适
用于离心式和轴流式风机。

一般在离心泵中，液体沿径向进入叶轮，$\alpha_1 = 90°$，$c_{1u} = 0$，泵的基本方程式为

$$H_{T\infty} = \frac{1}{g}u_2 c_{2u} \tag{3-11}$$

三、影响泵的扬程的因素

由式（3-11）知，叶轮所产生的扬程大小决定于 u_2 和 c_{2u} 的乘积，而由图 3-5 可以很容易地看出

$$c_{2u} = u_2 - c_{2r}\cot\beta_2$$

所以式（3-10）写为

$$H_{T\infty} = \frac{u_2}{g}\ (u_2 - c_{2r}\cot\beta_2) \tag{3-12}$$

下面讨论影响泵扬程的几个因素。

1. 叶轮直径 D_2 和转速的影响

理论扬程随叶轮圆周速度 u_2 的增大而增大，而

$$u_2 = r_2\omega = \frac{\pi D_2 n}{60}$$

故理论扬程随叶轮直径 D_2 和转速 n 的增大而增大。

2. 叶片弯曲形状对理论扬程的影响

如图 3-6 所示，假设无限多叶片时，在相同的叶轮外形尺寸和相同的转速条件下：

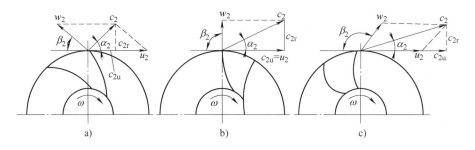

图 3-6　叶轮叶片形状

a）后弯式叶片　b）径向叶片　c）前弯式叶片

当 $\beta_2 = 90°$ 时，叶片为径向出口，称径向叶片，则

$$\cot\beta_2 = 0 \quad H_{T\infty} = \frac{u_2^2}{g}$$

当 $\beta_2 < 90°$ 时，称后弯式叶片或后向叶片

$$\cot\beta_2 > 0 \quad H_{T\infty} < \frac{u_2^2}{g}$$

当 $\beta_2 > 90°$ 时，称前弯式叶片或前向叶片

$$\cot\beta_2 < 0 \quad H_{T\infty} > \frac{u_2^2}{g}$$

由此可见，随角 β_2 的增大，理论扬程 $H_{t\infty}$ 提高。但随着 β_2 的增大，绝对速度 c_2 也增大，使液体流动的阻力提高，反而降低了效率。为此，离心泵总是采用后弯式叶片，并且一般 $\beta_2 = 20° \sim 30°$。

第四节 离心泵的特性曲线

离心泵在工作时，当泵转速为某一定值，用来表示流量、扬程、功率、效率和允许吸上真空高度（或汽蚀余量）等相互之间关系的曲线称为泵的性能曲线或特性曲线。

通常泵生产厂在样本中提供的特性曲线如图 3-7 所示，特性曲线是以流量为横坐标，以扬程、轴功率、效率和允许吸上真空高度或必需汽蚀余量等为纵坐标所绘出的曲线，它们分别称为扬程曲线（q—H）、功率曲线（q—P_a）、效率曲线（q—η）和汽蚀特性曲线。这些曲线往往绘于同一直角坐标中，前三条曲线是基本特性曲线。利用这些曲线可以使我们了解泵的性能，对于正确地选择和经济合理地使用泵都起着很重要的作用。

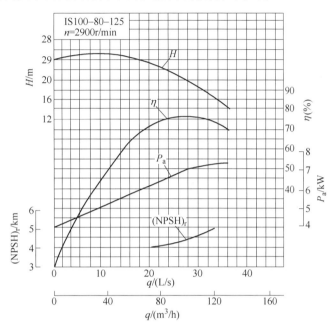

图 3-7　IS100-80-125 泵特性曲线

一、对特性曲线的分析说明

1. q—H 曲线

后弯叶片离心泵的 q—H 曲线从形状上分有三种：

（1）驼峰特性曲线　如图 3-8 中曲线 Ⅰ 所示，这种曲线具有中间凸起两边下弯的特点。比转数小于 80 的离心泵，其 q—H 曲线都是这样的。这类泵在极大值 A 点以左工作，会出现不稳定工况，应使泵在 A 点以右工作。

（2）平坦特性曲线　如图 3-8 中曲线 Ⅱ 所示，比转数在 80～150 之间的离心泵都是这种特性曲线，这类泵适用于流量调节范围较大，而压头变化要求较小的输液系统中。

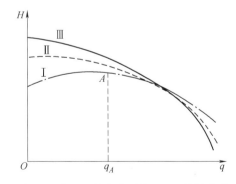

图 3-8　离心泵的各种形状 q—H 特性曲线

Ⅰ—驼峰特性曲线　Ⅱ—平坦特性曲线　Ⅲ—陡降特性曲线

（3）陡降特性曲线　如图 3-8 中的曲线 Ⅲ 所示，一般比转数在 150 以上的泵，其 q—H 曲线都是这个形状。这类泵适用于流量变化不大时要求压头变化较大的系统中，或在压头有波动时要求流量变化不大的系统中。例如在油库中，一台泵为多个油罐分别输油，而各油罐之间距离和高度差较大时，可选用 q—H 曲线较陡的离心泵。

离心泵工作时，一般是流量小时扬程高，当流量逐渐增加时，扬程却逐渐降低。起动泵后排出阀门尚未打开时，压力表显示的压力较高，而此时的流量为 0，但随着排出阀门慢慢开大，流量逐渐增大，而压力表上显示的压力则逐渐减小。

2. q—P_a 曲线

从曲线的走向可知，流量与功率同时增减。但流量为 0 时，功率最小而不等于 0。实际操作中很容易得到证实，当开大排出阀门，流量增加时，电流表指针上升，说明功率加大，关闭阀门流量为 0 时，电流表指示的电流为最小，功率也最小。由此得一启示，采用关阀起动比采用开阀起动所消耗的功率要小。为节省电能，离心泵操作时应关阀起动。

3. q—η 曲线

一般效率曲线都是驼峰曲线，曲线上的最高点就是最高效率点。在性能曲线图上，取任意一个流量值，都可在 q—H、q—P_a、q—η 曲线上找到与它相对应的扬程、功率和效率值，通常把这一组相对应的参数称为工作状况，简称工况。泵可以在各种工况下工作，但只有一个最佳的工况，即对应于最高效率点的那个工况。过最高效率点作一垂线，我们把它与各条曲线的交点，即对应于最高效率的点称为最佳工况点，并希望泵都能在最佳工况下工作。最佳工况点的参数称为额定参数，常在铭牌上标出。但实际上泵很难刚好在最高效率点工作，况且工作中流量等参数经常变化，不可能始终工作在这个工况点上。为此，现实的做法是在 q—η 曲线上最高效率点左右两边划出一段效率比最高效率降低不超过 6% ~ 8% 的范围，要求泵在此效率较高的范围内工作。这个范围称为泵的高效率区或称泵的工作范围。通常在产品样本的性能表中都列出某一型号泵的三个流量、三个扬程等数据，中间的那一组数据就是泵的最佳工况和额定参数，两边的数据基本上是泵工作范围边缘的参数。

二、泵性能和特性曲线的改变

常会遇到这样的情况，原来使用的泵因生产条件变化而不能适应生产需要，这时要想办法改变泵的性能。一般较为简单实用的办法有：

1. 改变转速

若原泵的各参数为扬程 H_1、流量 q_1、必需汽蚀余量（NPSH）$_{r1}$ 功率 P_{a1} 和效率 η_1。当转速 n_1 变为 n_2 时，相应地分别变为 H_2、q_2、（NPSH）$_{r2}$、P_{a2} 和 η_2，则它们之间有如下的关系

$$\frac{q_1}{q_2} = \frac{n_1}{n_2} \quad \frac{H_1}{H_2} = \left(\frac{n_1}{n_2}\right)^2 \quad \frac{(\text{NSPH})_{r1}}{(\text{NSPH})_{r2}} = \left(\frac{n_1}{n_2}\right)^2 \tag{3-13}$$

$$\frac{P_{a1}}{P_{a2}} = \left(\frac{n_1}{n_2}\right)^2 \quad \eta_1 \approx \eta_2$$

式（3-13）称为离心泵的比例定律。按照这些关系，可以根据某一转速 n_1 时的特性曲线作出转速变为 n_2 时的特性曲线。

改变转速有一定的限制，若采用提高转速的办法来增加流量、扬程，则转速的提高不宜超过 10%，以免损坏泵体、叶轮等。若采用降低转速的办法来改变泵性能，则转速的降低以不超过 20% 为宜，否则换算误差较大，特别是效率相差较大。

2. 车削叶轮外径

除非更换叶轮，增大叶轮外径是不可能的，而车削叶轮减小外径容易得多。若原泵叶轮外径为 D_{21}，在转数为 n 时的扬程、流量、轴功率分别为 H_1、q_1、P_{a1} 经车削后叶轮外径为

D_{22}，扬程、流量、轴功率分别为 H_2、q_2、P_{a2}，它们之间的关系如下：

对中高比转数（$n_s = 80 \sim 300$）泵　对低比转数（$n_s = 35 \sim 80$）泵

$$\frac{q_1}{q_2} = \frac{D_{21}}{D_{22}} \qquad\qquad \frac{q_1}{q_2} = \left(\frac{D_{21}}{D_{21}}\right)^2$$

$$\frac{H_1}{H_2} = \left(\frac{D_{21}}{D_{21}}\right)^2 \qquad\qquad \frac{H_1}{H_2} = \left(\frac{D_{21}}{D_{21}}\right)^2 \qquad (3\text{-}14)$$

$$\frac{P_{a1}}{P_{a2}} = \left(\frac{D_{21}}{D_{21}}\right)^3 \qquad\qquad \frac{P_{a1}}{P_{a2}} = \left(\frac{D_{21}}{D_{21}}\right)^4$$

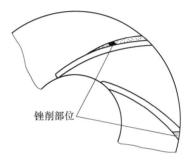

上述的关系称为车削定律。叶轮外径车小后，一般效率都要降低。为不使效率降低过多，对叶轮的车削量应加以限制，见表3-4。

车削后的叶轮，在叶片的背面或前面（工作面）适当锉去或切去部分金属，如图3-9所示，可部分或完全消除效率的下降。

图 3-9　叶片锉去部位

表 3-4　叶轮外圆的最大车削量

比转数 n_s	≤60	60~120	120~200	200~250	250~300	300~400
最大车削量 $\left(\frac{D_{21}-D_{22}}{D_{21}}\right) \times 100\%$	20%	15%	11%	9%	7%	5%

第五节　离心泵的分类及结构

一、离心泵的分类

由于需求的不同设计研制了不同结构和规格的离心泵。离心泵类型很多，一般根据用途、叶轮、吸入方式、压出方式、扬程、泵轴位置等来分类。

1）按离心泵的用途可分为：① 清水泵；② 杂质泵；③ 耐酸泵。

2）按叶轮结构可分为：① 闭式叶轮离心泵，叶片左右两侧都有盖板，如图3-10a 所示，适用于输送无杂质的液体，如清水、轻油等；② 开式叶轮离心泵，叶片左右两侧没有盖板，如图3-10b 所示，适用于输送污浊液体，如泥浆等；③ 半开式叶轮离心泵，叶轮在吸入口一侧没有盖板（前盖板），它只有后盖板，如图3-10c 所示，适用于输送有一定黏性、容易沉淀

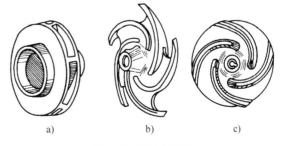

图 3-10　离心泵叶轮

a）闭式　b）开式　c）半开式

或含有杂质的液体。

3）按叶轮数目可分为：① 单级离心泵，只有一个叶轮，扬程较低，一般不超过 70m；② 多级离心泵，泵的转动部分（转子）由多个叶轮串联，如图 3-11 所示，泵的扬程随叶轮数的增加而提高，扬程最大可达 2000m。

4）按泵的吸入方式可分为：① 单吸式离心泵，液体从一侧进入叶轮，这种泵结构简单，制造容易，但叶轮两侧所受液体总压力不同。因而有一定的轴向推力；② 双吸式离心泵，液体从两侧同时进入叶轮，如图 3-12 所示，这种泵结构复杂，制造困难，主要的优点是流量大，轴向力平衡。

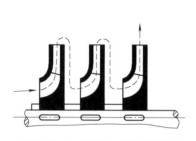

图 3-11　多级泵的串联叶轮简图

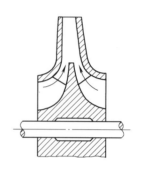

图 3-12　离心泵双吸式叶轮

5）按泵的压出方式分为：① 蜗壳式离心泵，如图 3-13 所示，液体从叶轮流出后，直接进入蜗壳的流道，由于流道截面从小变大，速度减慢，部分动能转化为静压。这种压出方式结构简单，常用于单级离心泵或多级泵的最后一级；② 导流式离心泵（透平泵），图 3-14 所示为这种泵的简图。在叶轮外周的泵壳上固定有导叶，导叶起着导流的作用，同时液体流经导叶，部分动能被转化为压力能。导叶用于多级泵和高速离心泵上，在单级泵中的应用较少。

6）按扬程分为：① 低压泵，扬程不超过 200m 水柱；② 中压泵，扬程为 200~600m 水柱；③ 高压泵，扬程超过 600m 水柱。

图 3-13　蜗壳式离心泵

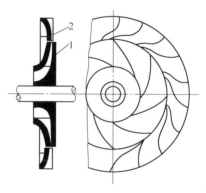

图 3-14　透平泵简图

1—叶轮　2—导叶

7）按泵轴位置分为：① 立式泵，泵轴垂直放置，吸入口在泵的下端，如图 3-15 所示；② 卧式泵，泵轴水平放置，这种泵维修管理方便，常见泵多为这种形式。

二、离心泵的结构

离心泵的应用很广泛，现将常见的几种泵介绍如下。

1. IS 型离心泵

这是一种单级单吸轴向吸入离心泵，用于输送不超过 80℃的清水或类似清水的液体。这种泵的特点是扬程高、流量小，结构简单，耐用且维修方便。

IS 型泵共 33 个基本型号，近 100 个规格，但零件通用化程度却高达 91%，这么多规格的泵，只配用了四个尺寸规格的轴和四个悬架部件。

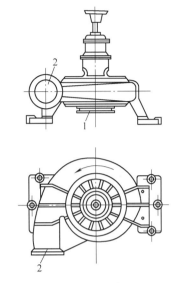

图 3-15 立式泵
1—吸入口 2—排出口

如图 3-16 所示，IS 型泵由泵壳 3、泵壳后盖 5、叶轮 4、轴 6、悬架部件 7 和托架 11 等组成，托架对悬架起着辅助支承的作用。泵壳内腔为截面逐渐扩大的蜗壳形流道，吸水室与泵壳铸为一体。泵轴左端安装叶轮，右端通过联轴器与电动机相连。叶轮的前后盖板与泵壳、泵壳后盖之间采用平面式密封环 1、2 作间隙密封，将泵的吸入部分与排出部分隔开，叶轮的后盖板上开有平衡孔 a，用以平衡轴向推力。

泵轴由悬架部件内的两个滚动轴承支承。泵壳后盖的填料函中填上油浸石棉盘根 13、14 和填料环 9 进行密封。并用填料压盖 10 调整对石棉盘根的压紧至适合的程度。泵轴上安装的橡胶挡圈 12 起着甩掉从填料压盖内孔处流出的液滴的作用，同时防止填料压盖调整太松或石棉盘根丧失弹性及润滑作用后造成的液体直接向滚动轴承处喷射的现象。

IS 型泵的优点是在拆下联轴器的中间联接件及托架后，不动泵壳、进出管路和电动机，就可拆出泵壳后盖、叶轮及悬架部件，进行维修或更换零件。

IS 型泵的型号意义：

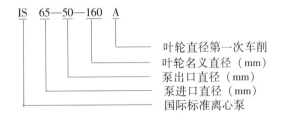

叶轮直径第一次车削
叶轮名义直径（mm）
泵出口直径（mm）
泵进口直径（mm）
国际标准离心泵

2. 单级双吸水平中开式泵

这是一种流量较大的泵，有两种类型：S 型和 Sh 型。S 型双吸离心泵是 Sh 型的更新产

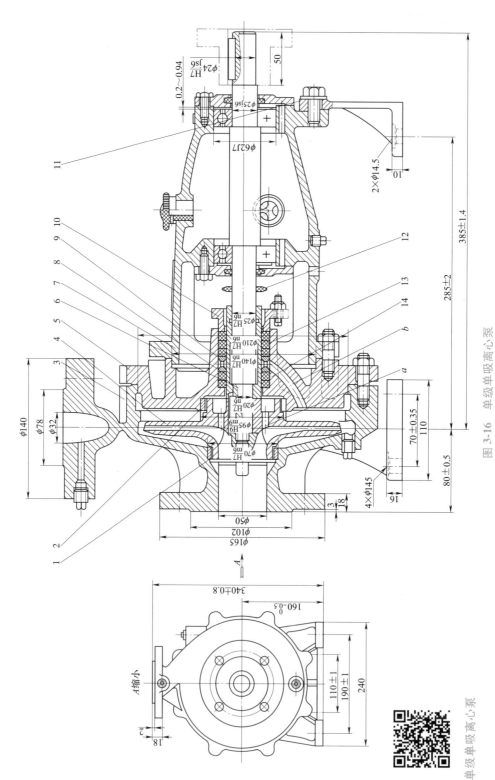

图 3-16 单级单吸离心泵

1、2—密封环 3—泵壳 4—叶轮 5—泵壳后盖 6—轴 7—悬架部件 8—轴套 9—填料环 10—填料压盖 11—托架 12—挡圈 13、14—油浸石棉盘根 *a*—叶轮后盖板上的平衡孔 *b*—后盖孔道

单级单吸离心泵

品，除结构有某些改进外，允许吸上真空高度和效率等性能指标也有所提高。下面以 S 型泵为例作一简介。

　　S 型泵的结构比 IS 型泵复杂些，如图 3-17 所示。S 型泵的吸入和压出短管均在泵轴线下方，吸入口和排出口中心连线为水平方向，且与转动轴线成垂直位置。泵壳沿轴线的水平面上下分开（即水平中开），上半部称为泵盖，用双头螺栓固定在下半部分泵体上，这样的结构无须拆卸进出管路和电动机，便可检查泵内全部零件和进行维修。

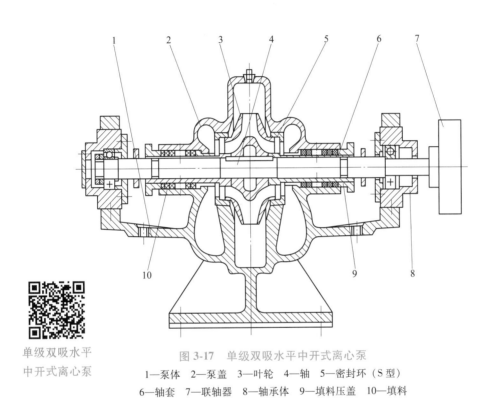

单级双吸水平
中开式离心泵

图 3-17　单级双吸水平中开式离心泵

1—泵体　2—泵盖　3—叶轮　4—轴　5—密封环（S 型）
6—轴套　7—联轴器　8—轴承体　9—填料压盖　10—填料

　　S 型泵的型号意义：

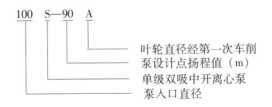

```
100  S—90  A
```
叶轮直径经第一次车削
泵设计点扬程值（m）
单级双吸中开离心泵
泵入口直径

3. 单吸多级离心泵

　　为了提高泵的扬程，可把几台泵串联起来使用，也可把几个叶轮串在一起制成多级泵。多级泵有两大类，即蜗壳式多级泵（水平中开式多级泵）和分段式多级泵。这里以 D 型分段式多级泵为例作一介绍。

　　D 型泵结构如图 3-18 所示。它是原 DA 型泵的改进产品，效率较高。D 型分段式多级泵

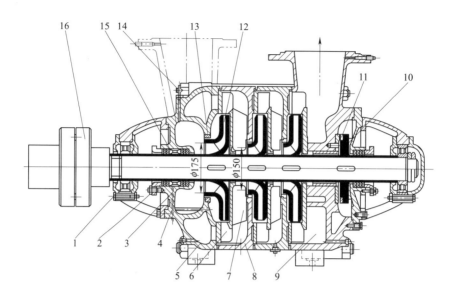

图 3-18　单吸多级离心泵（D型）

1—轴承　2—填料压盖　3—盘根　4—水封管　5—吸入段　6—导叶　7—返水圈　8—中段　9—压出段
10—平衡盘　11—平衡盘衬环　12—叶轮　13—密封环　14—放气孔　15—填料环　16—联轴器

是由一级吸入段，若干级中段和一级压出段用长螺栓将它们串联固接在一起组成的。D型泵的首级叶轮入口直径比后级叶轮大，因而液体在入口处流速较低，这样可提高泵的允许安装高度。它的优点是中段各级的壳体均为单一的圆筒形，制造容易，可互换，且可根据所需扬程，选择不同级数。它的缺点是装拆麻烦，检修时需拆开连接管路。

　　这种泵除末级（压出段）外，其余各级都没有螺旋形的压出室，而是以导叶代替，将液体导向下一级的吸入口。由于各级叶轮都同向排列，所以它的轴向力很大，一般都采取一些措施来平衡轴向力。

　　D型泵的型号意义：

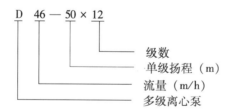

级数
单级扬程（m）
流量（m/h）
多级离心泵

三、轴向力平衡装置

泵在工作时，作用在叶轮等转子组件上的沿泵轴方向的分力，称为轴向力。

1. 轴向力产生的原因

第一种轴向力。单吸式离心泵在工作时叶轮由于两侧作用力不相等，产生了一个从泵腔指向吸入口的轴向推力。

在泵尚未工作时，泵内过流零部件上液体压力都一样，不会产生轴向推力。但当泵正常工作时，如图 3-19 所示，吸入口处液体压力为 p_1，叶轮出口处压力的 p_2，液体除经叶轮出口排出外，尚有很少量的压力也等于 p_2 的液体流到泵壳与叶轮后盖板之间的空隙处，从图中看出，叶轮两侧在密封环直径 D_w 以外的环形面积上压力分布是对称的，轴向作用力抵消，而在轮毂直径 d_h 与密封环直径 D_w 之间的吸入口处环形投影面积上却存在着压差，于是便产生了轴向推力 F_1。

实际上压力的分布如图 3-19 中的虚线所示的那样，是按抛物线分布的，越靠近轮毂越小。

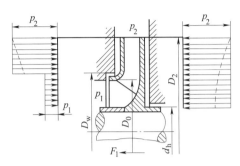

第二种轴向力是反冲力，它是在泵刚起动时产生的。这时从吸入管流入泵内的液体做轴向流动，进入叶轮后转变为径向流动，由于流动方向的改变，产生了反冲力 F_2。

反冲力 F_2 与轴向力 F_1 方向相反，在泵正常工作时 F_2 与 F_1 相比数值很小，可以忽略不计。但在起动瞬间，由于泵的正常压力尚未建立，所以反冲力的作用较为明显，泵在起动时转子向后窜动就说明了这一点。为此，泵操作中应注意避免频繁进行起动。

图 3-19　轴向推力的产生

对于立式水泵，转子的重力也是轴向的，用 F_3 表示，其方向指向下方叶轮入口。

在各种轴向力中，F_1 是最主要的轴向力。综上所述，总的轴向力为

$$F = F_1 - F_2 + F_3$$

对卧式泵，由于转子重力方向与轴垂直，所以总轴向力为

$$F = F_1 - F_2$$

2. 轴向力平衡装置

由于存在着轴向力，泵的转动部分会发生轴向窜动，从而引起磨损、振动和发热，使泵不能正常工作，因此必须用平衡装置来部分或全部地平衡轴向力。

离心泵平衡轴向力的办法很多，单级泵和多级泵由于轴向力相差较大，采用的平衡装置也不同。

（1）单级泵轴向力的平衡　主要有三种办法：开平衡孔、设置平衡管、采用双吸叶轮。

图 3-20a 及图 3-16 中的 a 所示的是在叶轮后盖板靠近轮毂处钻几个孔，就是平衡孔。

图 3-20b 所示的是在壳体外用一根管子将叶轮后盖板靠近轮毂处的液体引回到泵吸入口处，这根管子就是平衡管。这两种方法的目的是使叶轮后的压力等于叶轮前的压力，从而使轴向力平衡。为防止高压液体的内泄漏，保证叶轮后压力

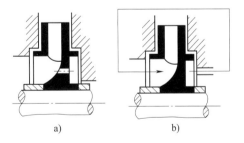

a)　　　　　　　b)

图 3-20　平衡孔和平衡管
a）平衡孔　b）平衡管

能降下来，如图 3-16 中的件 2 那样，在叶轮后盖板与泵壳后盖之间设置密封环。

对于流量较大的单级离心泵和少数的多级泵上采用双面进水的叶轮，即双吸叶轮，轴向力由于结构的对称而得到平衡。

尽管采取了各种措施，轴向力仍难以全部平衡，所以轴承仍要承受一些轴向力，有的还采用推力轴承。

（2）多级泵轴向力的平衡 主要有叶轮对称布置和采用平衡盘、平衡鼓等方法。

将叶轮成对反向地装在同一根轴上，各叶轮轴向力相互抵消。这种方法对轴向力的平衡有较好的效果，但它各级之间流道长且彼此重叠，使泵壳的铸造复杂，成本较高。所以只在2~4级离心泵上有采用。

在分段式多级离心泵上采用平衡盘平衡轴向力的办法，这种装置的简图如图3-21所示。

平衡盘1装在末级叶轮4的后面，它与平衡环2一起形成了有着不变径向间隙 δ_0 和可变轴向间隙 δ_1 的平衡盘装置。

泵工作时，液体在压力 p_3 的作用下，经间隙 δ_0 进入平衡盘前压力为 p_x 的环状室，然后通过间隙 δ_1 流入平衡盘后的平衡室，并由此经回流管3与第一级叶轮的吸入口（即多级泵的吸入口）相通。吸入口处压力 p_1 小于平衡室的压力 p_c。

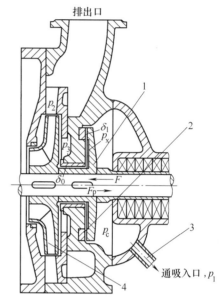

图 3-21 平衡盘装置
1—平衡盘 2—平衡环 3—回流管 4—末级叶轮

当轴向力 F 增加时，平衡盘随同叶轮一起向左窜动，间隙 δ_1 减小，液体流动的阻力增加，泄漏量减小，环状室压力 p_x 上升，而平衡室压力有所降低。因此平衡盘两侧的压差 $p_x - p_c = \Delta p_p$ 增加，即平衡力 F_p 也增加，由于这个自左向右的平衡力 F_p 大于自右向左的轴向力 F，迫使泵轴向右位移，直至 $F_p = F$ 为止。反过来，若 $F < F_p$，泵轴向右窜动，δ_1 增大，则 Δp_p 减小，F_p 减小，泵轴向左位移，直至 $F_p = F$，停止在新的平衡位置上。

由于力 F_p 和力 F 的平衡是一种动态的平衡，所以泵轴始终是在某一平衡位置的左右窜动着的。

对大容量多级泵常用另外一种平衡鼓来平衡轴向力，而大容量的高速泵往往使用平衡盘与平衡鼓的联合装置来平衡轴向力。总之，选用轴向力平衡装置是根据泵的不同工作情况确定的。

四、密封装置

泵体内液体压力较吸入口压力高，所以泵体内液体总会向吸入口泄漏，为防止这种内泄漏，采用了如图3-16中件1、件2那样的间隙密封的密封环，这是第一种密封装置。

泵体和轴之间存在着间隙。为防止泵体内高压液体大量漏出，同时防止空气渗入泵内，在旋转的泵轴和静止的泵体之间必须装上旋转密封装置，这是第二种密封装置。

泵轴旋转密封装置的形式主要有填料密封、机械密封、浮动环密封和迷宫密封等。这里只简要地介绍轴旋转密封的前两种密封形式。

1. 填料密封装置

离心泵中用得最广泛的是填料密封。现以图3-16所示的 IS 型单级单吸泵为例加以说明。填料密封是在轴套 8 和与它对应的这部分泵体之间的空间——填料函内填充填料 14（油浸石棉盘根），并用填料压盖 10 轴向压紧，使填料径向胀大，靠静止的填料和旋转的轴套外圆表面的接触来实现的。填料函内充满填料，填料压盖应适当压紧，使经轴套与压盖间隙泄漏的液体呈滴状流出。如压盖压得过紧，填料与轴套表面的摩擦将迅速增加，严重时有发热、冒烟现象，造成填料、轴套的明显磨损。如压盖压得过松，填料不能充分填满间隙，造成泄漏增加甚至形成连续液流流出，使泵效率降低。从图 3-16 中看出，填料函里除填料外，还有一填料环 9（或称水封环）。它由两半拼合组成（图 3-22）。从后盖孔道 b 引来的高压液体，通过环上的槽和孔渗入到填料处，起液封、润滑及冷却轴套的作用。

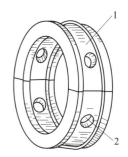

图 3-22　填料环

1—环圈空间　2—水孔

　　填料密封所用的填料，又称盘根，一般经编织并压成矩形断面，使用时按轴套圆周剪成适当长度，一圈圈地放进填料函。对于非金属的软填料，也有以多圈螺旋形式放入的。

　　填料的材料视使用条件而不同，有软填料、半金属填料和金属填料等几种。软填料就是由非金属材料制成的填料。它是用石棉、棉纱、麻等纤维经纺线后编结而成，再浸渍润滑脂、石墨或聚四氟乙烯树脂，以适应于不同的液体介质。这种填料只用于温度不高的液体。半金属填料是由金属和非金属材料组合制成的。它是将石棉等软纤维用铜、铅、铝等金属丝加石墨、树脂编织压制成形的，这种填料一般用于中温液体。金属填料则不含非金属材料。这种填料是将巴氏合金或铜、铝等金属丝浸渍石墨、矿物油等润滑剂压制而成的，一般为螺旋形。金属填料的导热性好，可用于温度低于 150℃、圆周速度小于 30m/min 的场合。

2. 机械密封装置

　　机械密封装置，具有摩擦力小、寿命长、不泄漏或少泄漏等优点。原来用填料密封的离心泵根据需要改为机械密封取得良好效果的并不鲜见。这里介绍 EX 型机械密封，其结构如图 3-23 所示。

　　静环和动环是机械密封的最主要的两个元件。静环 5 及静环密封圈 6 装于压盖中并与泵体固定在一起，动环 4 及其组件则随轴旋转。有的其他系列机械密封为使静环可靠地与压盖或泵体固定在一起，采用防转销防止静环的旋转，而为使动环组件能可靠地随轴旋转，常加上一个弹簧座，并用紧定螺钉将其固定在轴上。压盖密封圈和静环密封圈 6 都是静密封。它们使从泵体和轴间隙流出的液体无法从压盖和泵体端面泄漏。动环密封圈 3 是轴上的静密封，用以防止液体沿轴表面的泄漏。动静环之间的密封是旋转的端面密封，这里才是机械密封的密封处，动环靠弹簧 1 和液体压力的作用压紧静环，使两环端面紧密贴合，渗

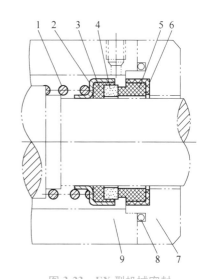

图 3-23　EX 型机械密封

1—弹簧　2—压板　3—动环密封圈　4—动环
5—静环　6—静环密封圈　7—压盖
8—压盖密封圈　9—泵体

入端面间的一层液体薄膜起着平衡压力和润滑的作用。另外，为防止高温对液膜的破坏及液体中所含固体颗粒对端面密封的破坏，还可从泵体或压盖处通入冷却液或冲洗液，对机械密封装置进行冷却或冲洗。

机械密封是一种端面密封，其主要功能是将较易泄漏的轴向密封转化为较难泄漏的端面密封和静密封。

机械密封装置动、静环的材料，依被密封液体介质的不同而有不同的配对，机械密封装置的结构类型也有多种，所以应根据实际情况选用。

第六节 离心泵的运行和调节

前文已讨论过泵的性能曲线，但泵在工作时处于性能曲线上的哪一点，却与管路有关。例如，水泵铭牌上流量 $q=100\mathrm{m}^3/\mathrm{h}$，但当它与一小口径管道连接时，这台泵的供水量就受到小口径管的制约，达不到铭牌上的供水量。这说明，离心泵在一定的管路系统中工作时，实际的工况不仅取决于泵本身的性能曲线，还取决于整个装置的管路特性曲线。

一、管路特性曲线和泵的工作点

1. 管路特性曲线

管路中通过的流量与所需扬程之间的关系曲线，称为管路特性曲线。

式（3-1）是图3-2所示的输液管路系统所需扬程的计算式，当 $p_1=p_2=p_\mathrm{b}$（大气压力），且 $v_1\approx0$、$v_2\approx0$ 时，式（3-1）改写为式（3-3），即 $H=H_\mathrm{g}+\sum h$。

而管路的总水头损失 $\sum h$ 与流速或流量的平方成正比，令

$$\sum h = Rq^2$$

则上式为
$$H = H_\mathrm{g}+Rq^2 \tag{3-15}$$

式中，R 称为管道系统的特性系数（或称阻力系数）。

从式中看出，当流量变化时，所需的扬程也发生变化。式（3-15）就是泵输液的管路特性曲线方程，根据这个方程式所作出的是一条抛物线形状的管路特性曲线，曲线的顶点在坐标 $H=H_\mathrm{g}$、$q=0$ 的点上。

2. 泵的工作点

运行中的泵总是与管路系统联系在一起的，为确切地了解泵的工况，通常是将管道特性曲线 Ⅱ 与泵的性能曲线 Ⅰ 用同一比例绘制于一张图上，如图3-24所示，两条曲线的交点 A 就是泵的工作点。

工作点 A 是能量供给与需求的平衡点。过 A 点作垂直线与泵特性曲线 $q—H$、$q—P_\mathrm{a}$、$q—\eta$、$q—H_\mathrm{sa}$ 或 $q—$（NPSH）$_\mathrm{r}$ 相交，所得与 A 点相对应的 H_A、q_A、$P_\mathrm{a A}$、η_A、$H_\mathrm{sa A}$ 或（NPSH）$_\mathrm{r A}$ 等一组参数，就是泵运行时的工作参数或工况。当工作点对应于效率曲线的最高点时，称它为最佳工作点。

泵运行时应尽可能使工作点位于高效率区，否则不仅运行效率低，还可能引起泵的超载或发生汽蚀等事故。

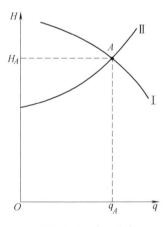

图3-24 泵的工作点

二、离心泵的并联工作

两台泵的并联工作，就是用两台泵同时向同一排出管路输送液体的工作方式，目的是增加输出的流量。两台性能相同的泵并联工作时性能曲线的变化，如图 3-25 所示。

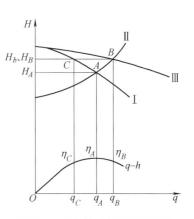

图 3-25　两台性能相同的泵并联工作时的性能曲线

单台泵工作时的 q—H 曲线为 Ⅰ。管道特性曲线为 Ⅱ，两曲线的交点 A 就是工作点，此时流量为 q_A，扬程为 H_A，对应的效率为 η_A。

两台泵并联时，q—H 曲线是在扬程不变的条件下，把流量加倍绘制而成的。图中的曲线 Ⅲ 就是两泵并联的 q—H 特性曲线。两泵并联时的管路，与单泵输液的管路相比。大部分输液管路是相同的，仅泵进出口处的管路有些不同，但这些管路很短。所以可认为管道特性曲线不变。这样 q—H 特性曲线 Ⅲ 与管道特性曲线 Ⅱ 的交点 B 就是两泵并联后的工作点。

两泵并联时每台泵的工作点既不是 A 点，也不是 B 点。这个工作点的扬程应与 B 点相同。所以由 B 点向左作一水平线与单泵 q—H 特性曲线交于 C 点。这就是两泵并联后每台泵的工作点。

从上面的分析看出：单台泵输液时工作点为 A 点。流量为 q_A，扬程为 H_A 且效率 η_A 处于最高效率点。

两台泵并联输液时工作点为 B 点，流量为 q_B，虽 $q_B > q_A$，但 $q_B < 2q_A$ 说明并联时流量并没有成倍增加。这是因为流量增大后，管道阻力也增大而造成的。B 点的扬程为 H_B，H_B 较 H_A 大，说明并联时扬程并非保持不变。

两泵并联后每台泵的工作点为 C 点，流量为 q_C，小于单泵输液时的 q_A，但 $q_C = 1/2q_B$。每台泵的扬程为 H_C，大于单泵输液时的 H_A，且 $H_C = H_B$。而此时的效率 η_C 小于单泵输液时的效率 η_A。

除了将两台泵并联在一起的工作方式外，还有一种是将两台同型号泵串联在一起工作的方式。这种工作方式就是把前一台泵的排出口与后一台泵的吸入口相接，以达到提高扬程一倍的目的。但是由于串联时泵受力较单独运转时大，易损坏，故很少采用。一般是选用多级泵来满足对扬程的需求的。

三、离心泵的调节

离心泵的调节是指泵在运行中的流量调节。流量的大小是由泵的工作点决定的，而工作点又受制于泵和管路的特性曲线。所以改变泵或管路任何一方的特性曲线，都可改变流量。常用的方法有以下两种。

1. 节流调节

一般在泵的排出管路上都装有截止阀或闸阀等，靠开大或关小阀门进行节流调节。这种调节的实质是改变管路特性曲线。如图 3-26 所示，Ⅰ 是泵的 q—H 特性曲线，Ⅱ、Ⅲ 分别是阀门全开、阀门关小时的管路特性曲线，A、B 两点分别是阀门全开、阀门关小时的工作点。阀门全开时流量为 q_A，扬程为 H_A，阀门关小时流量为 q_B，扬程为 H_B。从图中可看出，

$q_A > q_B$，说明阀门开得越大，流量也越大；还可看出，扬程除用于 H_g 外，其余为管路系统的总水头损失 $\sum h$。但由于 $H_B > H_A$，所以 B 工作点时的损失 BB' 大于 A 工作点时的损失 AA'，多出的部分就是关小阀门时多消耗在阀门上的能量，因而节流调节是以增加能量损失的代价来换取调小流量的，经济性较差。但节流调节可以在生产现场及时方便灵活地进行流量调节。

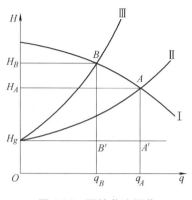

图 3-26　泵的节流调节

2. 变速调节

这是一种靠改变泵转速来改变泵特性曲线位置的方法，由此对流量进行调节。变速调节有无级变速调节和有级变速调节两种。它们都是由原动机的变速来实现的。从图 3-27 中可看出，管路特性曲线不变，转速为 n_A 时，工作点为 A；转速提高到 n_B 时，工作点为 B；转速降至 n_C 时，工作点为 C，显然，转速高低变化，泵特性曲线位置高低也随着变化，相应的流量和扬程也发生高低变化。这种调节方法由于没有能量损失的代价而显得经济性较好。

除此以外，用改变离心泵叶轮外径尺寸即车削叶轮外径的方法可减小泵的流量。用封闭叶轮几个流道的方法也可减少泵的流量。这种方法如图 3-28 所示，完全封闭几个流道，比仅封闭进口的效率要高。不过扬程下降较多。此法比节流调节方法节能，可用于偶数个流道的小直径叶轮和直叶片叶轮上。但这两种方法都不是在泵运行时能及时进行调节的方法。并且，泵的流量、扬程只能比原来减小，而无法增大。

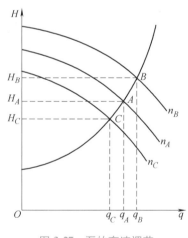

图 3-27　泵的变速调节

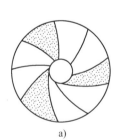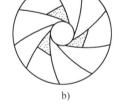

图 3-28　封闭叶轮几个流道
a）完全封闭几个流道　b）封闭几个流道进口

第七节　离心泵的选用

选用泵之前，应先由专业人员根据需求和管路特性给出最大流量 q_{max} 和最大扬程 H_{max}。另外，还要了解被输送的液体温度、密度以及工作地点的大气压力 p_b 数值。再把这些参数换算为标准状况下的流量和扬程，下面以离心水泵为例介绍两种选用方法。

一、用"水泵性能表"来选择水泵

1) 考虑到运行时的情况变化，计算流量 q 和计算扬程 H 应比所需的流量 q_{max} 和 H_{max} 大，一般按下式求计算流量（单位为 m^3/s 或 m^3/h）计算扬程（单位为 m）

$$q = (1.05 \sim 1.10) q_{max} \tag{3-16}$$
$$H = (1.10 \sim 1.15) H_{max} \tag{3-17}$$

2) 按 q、H 计算比转数 n_s，以确定泵的类型。

3) 在确定的泵型中查"泵性能表"选出合适的泵的型号。

泵性能表一般列出三组流量、扬程数值，中间一组的流量、扬程处于最高效率点，左右两旁的流量、扬程数值为高效率区靠边处工作点的数值。查找时计算流量 q、计算扬程 H 与某型号泵最高效率点的流量、扬程一致，那么就应选用这个型号。如不一致，能在高效率区内工作的泵也可选用。

二、用"水泵综合性能图"来选择水泵

水泵综合性能图又称为性能范围图或系列型谱图。在综合性能图上，可看到若干四边形。

水泵综合性能图是将一种形式不同型号的所有规格泵的性能曲线的工作部分都以四边形表示在一个图上。图 3-29 所示为 IS 泵综合性能图。

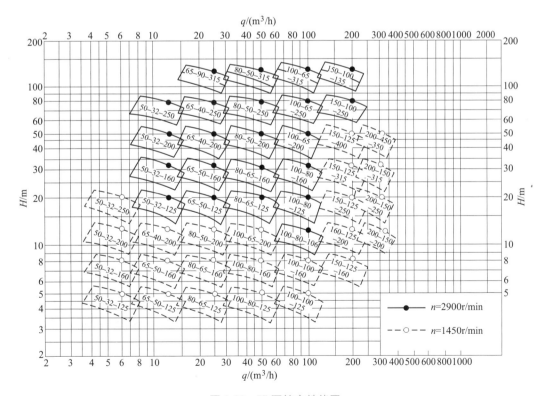

图 3-29 IS 泵综合性能图

下面用图 3-30 对四边形作一说明。图上横坐标为流量，纵坐标为扬程。图中曲线 1—2 和过 O 点曲线表示某型号泵的叶轮未经车削时的 q—H 曲线和 q—η 曲线，曲线 3—4 表示这一型号泵允许车削的最小叶轮时的 q—H 曲线。在曲线 1—2、3—4 之间还可作出这一型号不同叶轮直径的泵的一族 q—H 曲线。曲线 1—3、2—4 是两条等效率曲线。叶轮直径车削和未车削的同型号所有泵的等效率点都在等效率曲线上，曲线 1—3、2—4 是在最高效率点两边比最高效率低 7% 的等效率曲线。这表示在两等效率曲线之间的区域就是高效率区。

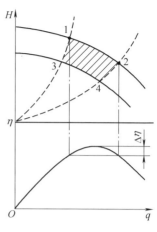

图 3-30　泵工作的高效率区

在选用泵时，根据计算流量、计算扬程的数值，在综合性能图上找出这个坐标点。这个点落在哪个四边形内，就可选用标在此四边形中的这一型号泵。坐标点落在四边形上边线的，泵叶轮不必车削，落在四边形内其他位置的，叶轮可进行适当车削。

离心泵的正确选用，可以防止不少故障的发生。除了根据流量、扬程的指标来选用外，还应充分考虑吸入高度，工况的变化范围，吸入、排出管径和管路的布置以及功率消耗等方面的问题。

第八节　离心泵的故障及排除方法

离心泵的结构并不复杂，在电动机和管道配套合适、安装正确并按规程操作和维护保养的情况下，一般不容易发生故障，但若选泵不当、机组制造质量不好、配套安装不合理、不注意维护或机件使用多年磨损老化，就可能常出故障。

表 3-5 列出了常见的离心泵故障原因及其排除方法。对于选型或设计不合理造成的故障，则应从根本上来解决，改型或更改设计。

安装不合理常出现在吸入管道的安装方面，现以单级双吸水平中开式泵为例作一说明。

图 3-31 所示为正确和错误的吸入管道安装方法。图 3-31a 所示为吸入水管的弯头不应直接与泵吸入口相接，而应在中间加接一段长度约为 3 倍管径的直管，使水流转弯后产生的湍流平顺后再进入泵内。为减小吸入管路的损失，常选用比泵口径还要大的吸入管，这样在泵的吸入口和吸入水管之间须加一段异径接管，这段管应采用偏心异径接管并按图 3-31b 所示的方位安装才能使吸水管内没有空气存留。图 3-31c 说明吸入水管的安装应向泵的方向上斜，否则空气也将积存管中，影响泵的正常工作。吸入水管端部的底阀应浸入液池一定深度，它与池壁、池底之间也应有足够的距离，才能保证底阀及其滤网的正常工作，一般不应小于图 3-31d 所示的尺寸。

表 3-5　离心泵故障原因及排除方法

故障现象栏（由左至右）：泵不输出液体、流量扬程不够、消耗功率过大、泵发生振动及噪声、泵不吸水、填料函泄漏过多、轴承发热/填料函发热

可能发生的原因	泵不输出液体	流量扬程不够	消耗功率过大	泵发生振动及噪声	泵不吸水	填料函泄漏过多	轴承发热/填料函发热	消除方法
泵内或吸入管内留有空气	○	○		○	○			重新灌泵或抽真空，驱除空气
吸上高度过高或阻力过大	○	○		○	○			降低安装标高，减少吸入管子阻力
灌注高不够或吸入压力小、接近汽化压力	○	○		○	○			增加灌泵高度，提高进口压力
管路或仪表漏气	○	○			○			检查并拧紧
转速过高/过低	○	○ ／	○ ／					检查电动机转速或电源频率
转向不对	○	○						检查并调整电动机接线，使转向符合标牌指向
装置扬程与泵的扬程不符	○	○	○					调整装置的阻力或装置扬程要求、重选泵
流量过大或过小				○			○	调整流量
泵轴与电动机轴不在一条中心线上或泵轴斜				○	○	○	○	检查校正
转动部分发生碰擦				○	○			检查校正
轴承损坏				○	○		○	更换
密封环磨损过多			○	○				更换
填料选用或安装不当				○		○	○	按规定选用及安装
转动部分不平衡引起振动				○		○	○	检查并消除
轴承腔内油脂过多或太脏或无润滑			○	○			○	按规定添加或更换油脂
底阀未开或泵内管路内有杂物堵塞/淤塞	○	○		○	○			检查并清理
底座与基础的紧固螺栓松动				○				检查并拧紧

注：1. 在故障现象栏上找到所遇到的故障。

2. 顺直线找到注有"○"处，"○"处左边为可能发生的原因，右边为解决办法。

3. 当某一故障有多种原因时，应逐项消除或根据其他现象作出判断进行消除。

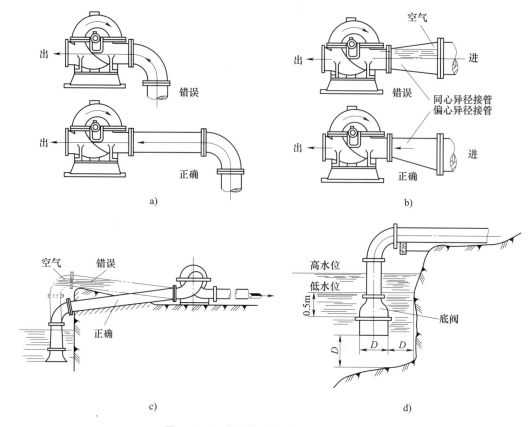

图 3-31　正确和错误的吸入管道安装方法

第九节　其他类型泵

一、轴流泵

轴流泵是叶片泵的一种，它的叶轮进水和出水都是沿着轴向流动的，所以称为轴流泵。它是靠像电风扇那样的螺旋形叶片的旋转对液体产生轴向推压作用来进行工作的。轴流泵的特点是流量大、扬程低、效率高，泵体外形尺寸小，结构简单，占地少，且无须灌泵。

1. 轴流泵的工作原理

如图 3-32 所示，一般轴流泵为立式安装，当浸没在水中的叶轮旋转时，由于叶片与泵轴轴线成一定的螺旋角，推动它上面的水，边旋转边向上抬升，叶片下部因水的抬升而形成局部真空，池中的水在大气压力的作用下从进口的喇叭管被吸入泵中。这样，叶轮不断旋转，轴流泵就不断地吸入和排出液体。

2. 轴流泵种类和结构

轴流泵根据泵轴安装位置分为立式、斜式和卧式三种，它们之间仅外形有些不同，内部结构基本相同，我国生产较多的是立式轴流泵。

图 3-32 所示的立式轴流泵主要由泵体、叶轮、导叶装置和进出口管等组成。

叶轮一般由 3~6 片断面为机翼型并带有扭曲的叶片和轮毂组成。叶片与泵轴轴线的螺旋角可以是固定的，也可以做成半调节式或全调节式的。半调节式泵在改变螺旋角时需停机把叶片松开用手工调整角度，全调节式泵是在不停机情况下通过一套专门的机械或随动机构来改变叶片的角度，大型轴流泵的叶片多为全调节式的。轮毂用来安装叶片和叶片调节机构，有圆柱形、圆锥形和球形三种，球形轮毂使叶片在任意角度下与轮毂只有一较小的固定间隙，与圆柱形、圆锥形的轮毂相比可以减少间隙泄漏的损失。

叶轮有 $-4°$、$-2°$、$0°$、$2°$、$4°$ 五个安装角度位置。当工况变化时改变叶轮角度，可使泵的性能曲线发生变化，以保持高效率的运行。

轴流泵中一般都装有 $6 \sim 12$ 片出口导叶，导叶的作用：一是把从叶轮流出的带有旋转运动的水流转变为轴向运动的水流，避免液体由于旋转而造成的冲击和旋涡损失；二是在导叶体的圆锥形壳体中，使液体降速增压。有的轴流泵在进口处设置进口导叶，其目的也是减少损失。

在出口导叶的中心处即导叶毂内，装有橡胶轴承，橡胶轴承用来对泵轴径向定位，并承受一定的径向力。这是一种以水润滑和冷却的滑动轴承，它是经过硫化处理的硬橡胶浇注在铸铁套筒内而成形的。如图 3-33 所示，套筒的内圆表面车有上下两段方向相反的螺纹，使橡胶轴承能牢固地附在套筒内壁而不会随轴做转动。在泵轴穿过出水弯管处也装有一个橡胶轴承，泵起动前必须从注水管先向这个轴承注水润滑，泵起动后由于有了泵内输送的水润滑冷却而应停止注水。

二、深井泵

井泵用于抽吸井内的水，井泵的叶轮都置于水位以下，而动力机都放置在井口上，井泵分为浅井泵和深井泵，浅井泵扬程一般小于 50m，常为单级离心泵，并用于大口井和土井。深井泵的扬程在 50m 以上，且多用于机井。机井的口径较小，使泵叶轮直径受到限制，为使泵有足够的扬程，深井泵只能做成单吸分段式多级泵。

深井泵的结构如图 3-34 所示，它由井下的泵工作部分，传动轴、扬水管部分和地面上的泵座、电动机三大部分组成。

吸水管 1 下部周围钻有许多滤水圆孔，用以防止水中杂物进入叶轮或阻塞水泵，吸水管上部用以引导水流平顺地进入泵体叶轮，其长度为直径的 $4 \sim 10$ 倍。

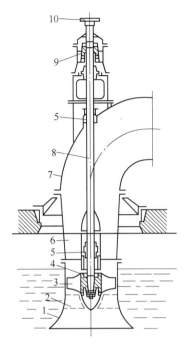

图 3-32 轴流泵结构简图

1—喇叭管 2—进口导叶 3—叶轮
4—轮毂 5—橡胶轴承 6—出口导叶
7—出水弯管 8—轴 9—推力
轴承 10—联轴器

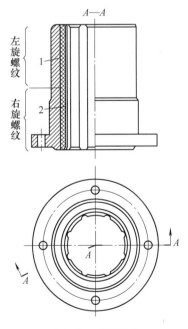

图 3-33 橡胶轴承

1—轴承外壳 2—橡胶衬套

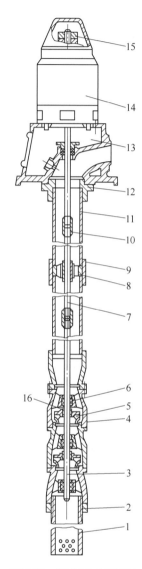

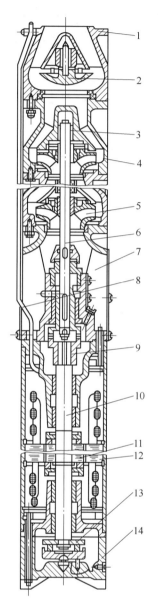

图 3-34 深井泵（JC 型）

1—吸水管 2—防松圈 3—叶轮轴 4—壳体

5—叶轮 6—橡胶轴承 7—传动轴 8—轴承支架

9—联管器 10—联轴器 11—扬水管 12—进水法兰

13—泵座 14—电动机 15—调整螺母 16—锥套

图 3-35 潜水电泵（QJ 型）

1—阀体 2—阀盖 3—轴套 4—上壳

5—叶轮 6—泵轴 7—进水壳 8—电缆

9—联轴器 10—电动机轴 11—转子

12—定子 13—止推盘 14—底座

泵的工作部分装在壳体 4 内，叶轮 5 用便于调整它在轴上位置的锥套 16 固定在轴 3 上，为防止泵轴摆动采用了以水润滑的橡胶轴承 6。深井泵扬程的高低，取决于泵工作部分的级数，即叶轮 5 和壳体 4 的数量，一般泵取 2~24 级。叶轮采用 n_s 在 200~375 之间的半开式叶轮。

扬水管 11 由若干个管段组成，各管的连接处装有橡胶轴承的轴承支架 8，并用联管器 9 把它固定在中间。传动轴 7 由若干个轴段组成，它们之间用有内螺纹的短套管形联轴器 10 连接。

泵座 13 起着支承井下部件重量的作用，泵座下面与进水法兰 12 相接。电动机 14 固定在泵座上，并用联轴器与传动轴连接。在转轴的顶部，一般都有能将泵转子挂住的螺母 15，拧动这个螺母可使转子升高或下降，以调整泵的流量或排除杂物。

三、潜水电泵

潜水电泵和深井泵都用于把深井中的水抽吸到地面上来，但潜水电泵的电动机和泵的工作部分直接连接形成一体，并潜入水下工作，它没有深井泵那样的长传动轴，所以体积小、质量小，便于移动和安装，不需要机房和基础。

潜水电泵由水泵、电动机、扬水管等组成。

由于电动机在水中工作，所以要采取特殊的措施对电机绕组进行绝缘。潜水电泵按电动机防水结构特点可分为干式、充油式和湿式三种，湿式电动机用得较多。

图 3-35 所示为 QJ 型潜水电泵。它的水泵为单吸、多级、导流壳式离心泵，泵的上部出口处设置有逆止阀，水倒流时阀盖下落关闭出口；电动机为湿式充水型立式笼型三相异步电动机，电动机内部预先充满水，转子在清水中运转，散热性好，这种泵的密封装置主要用于防砂，不像干式或充油式对密封装置要求得那样高，因而结构大为简化。但这种泵对电动机定子所用绝缘导线、水润滑轴承所用材料和部件的防锈蚀均有较高要求。

思 考 题

3-1 说明离心泵是怎样进行工作的？

3-2 为什么离心泵工作时往往要先"灌泵"？为什么有的又不要"灌泵"就能抽水？

3-3 离心泵有哪些主要的性能参数？什么是扬程？什么是几何扬程？两者相等吗？

3-4 已知压力表和真空表的读数 p_y 和 p_z，请粗略估算泵的扬程为多少米？

3-5 请说明什么是汽蚀，并简述汽蚀现象产生的原因。

3-6 已知泵的允许吸上真空高度为 H_{sa}，问泵的允许安装高度为多少米？

3-7 为什么离心泵都采用后弯式叶片？在不变动泵及管路的情况下，有无简易的提高扬程的方法？

3-8 哪些特性曲线是泵的基本特性曲线？改变泵的特性曲线有几种方法？

3-9 说明离心泵 IS80-65-160A 的型号意义。从结构上看 S 型泵、D 型泵是什么型式的泵？IS 型、S 型、D 型泵在结构上有什么主要优点？

3-10 离心泵正常运转时的轴向推力是怎么产生的？单级泵和多级泵中常用什么方法来平衡轴向力？请说明其原理。

3-11 离心泵中叶轮和泵体之间采用密封环密封，它们之间有间隙，为什么还能起密封作用？

3-12 填料密封时，填料压盖应压紧到什么程度为好？为什么？

3-13 按图 3-23 所示，说明机械密封装置的工作原理？

3-14 什么是泵的工作点？什么是最佳工作点？

3-15 单台泵工作时的流量为 q_A，为使流量增加到 $2q_A$，并联安装了一台同型号泵，这样做能否达到目的？怎样做才能使流量加倍？

3-16 从节能角度看，节流调节和变速调节哪种调节方法好？为什么？

3-17 已知 q_{max}、H_{max}，怎样用泵综合性能图来选择离心泵？

3-18 在安装吸入管道时，应注意哪些方面的问题？

3-19 一台 IS 离心泵在供电正常的情况下，突然停转，并出现电流表指示骤增，电动机冒烟烧焦现象，操作工、机修（安装）工、电工互相推诿责任，拆泵检查发现叶轮在轴向有松脱现象，请分析故障原因，并指出三人各应承担的责任。

3-20 轴流泵、深井泵和潜水电泵是怎样进行工作的？

 素 养 提 升

智能设备维修神医——刘云清

刘云清本是一名中专毕业的钳工，却因为掌握了多门本领，被人称作"维修神医""智能设备制造专家"。中车集团有一台全国顶级的 22000t 一次锻压成形机，专门为"复兴号"高铁列车生产锻钢制动盘。作为厂里唯一全面掌握这台机器维修技术的专家，刘云清维修技术之高，远近闻名。为了不求人，原本只懂机械维修的刘云清，苦学电气、液压、软件等知识。渐渐地，他会的东西越来越多，也不再满足于维修工作，逐渐把目光移向了设备研发。"复兴号"高铁列车齿轮箱体内部结构复杂，原本装配前都需要进行人工清洗，但清洗后依旧残留的铁锈渣直接影响着齿轮的寿命。为了解决这个问题，刘云清先后拿出十多个论证方案，用了整整两年的时间，成功打造出了世界首台高铁齿轮箱全密封清洗机。

如今，中专学历的刘云清，手下却带着一批博士、硕士，他带队自主研发的设备直接创造经济效益超过 1.5 亿元。而这些，在刘云清看来，还只能算是跨出的小小一步。

第四章

风 机

风机是各类企业普遍使用的机械设备，它将原动机的机械能转变为气体的压力能和动能。本章主要介绍离心通风机，它的应用很广泛，如通风冷却、消烟除尘、锅炉鼓风引风和气流输送等。风机的分类：

1. 按工作原理分类

（1）叶片式　叶片式风机是利用叶轮的旋转将机械能转变为气体的能量。这种风机，气流是沿着轴向进入叶轮的，而气流的流出方向则有不同。叶片式风机可分为：

1）离心式。

2）轴流式。

3）混流式。

（2）容积式　容积式风机是通过机械的往复运动或旋转运动使"密封容积"增大或减小，以完成吸气和压缩气体的任务，容积式风机可分为：

1）往复式。

2）回转式，如罗茨式、叶式等。

2. 按风机出口压力的大小分类

（1）通风机　排气压力不高于15kPa，通风机一般为离心式。

（2）鼓风机　排气压力为15~340kPa。

（3）压气机　排气压力在290kPa以上。

（4）真空泵　进气压力低于大气压力。排气压力一般为大气压力。真空泵都采用容积式。

第一节　离心通风机的工作原理和主要性能参数

一、离心通风机工作原理

通风机工作原理

离心通风机（图4-1）工作时，电动机带动叶轮旋转，使叶轮叶片间的气体在离心力的作用下由叶轮中心向四周运动，气体获得一定的压力能和动能。当气体流经蜗壳时，由于截面逐渐增大，流速减慢，部分动能转化为压力能，气体从出风口进入管道。在叶轮中心处，由于气体被甩出，形成一定的真空度（呈现负压），吸入口空气被吸入风机（实质是被大气压力压入风机）。这样，随着电动机的旋转，空气源源不断地被吸

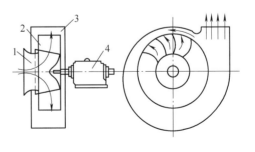

图4-1　离心通风机工作原理

1—集流器　2—叶轮　3—机壳　4—电动机

入风机，而后从排出口排出，完成了送风的任务。

二、通风机的主要性能参数

风机性能是指风机在标准进气状态下的性能。标准进气状态即风机进口处空气压力为一个标准大气压 101325Pa，温度为 20℃，相对湿度为 50% 的气体状态。

1. 流量（或称风量）q_v

单位时间内从进口处吸入气体的容积，称为容积流量，单位为 m^3/h 或 m^3/min，计算时用 m^3/s。

2. 通风机的全压（或称全风压、风全压）p

气体在某一点或某一截面上的总压等于该点或截面上的静压与动压之和。而通风机的全压则定义为单位体积气体流过风机叶轮所获得的能量，即通风机出口截面上的总压与进口截面上的总压之差，即

$$p = p_2 - p_1$$
$$= (p_{j2} + p_{d2}) - (p_{j1} + p_{d1}) \tag{4-1}$$

式中，p 为通风机的全压；p_2、p_{j2} 和 p_{d2} 分别为通风机出口截面上的总压、静压和动压；p_1、p_{j1} 和 p_{d1} 分别为通风机进口截面上的总压、静压和动压。以上各量的单位均为 Pa。

3. 通风机的动压 p_d

通风机出口截面上气体动能所表征的压力，称为通风机的动压。

$$p_d = p_{d2} = \rho_2 \frac{C_2^2}{2} \tag{4-2}$$

式中，p_d 为通风机动压（Pa）；p_{d2} 为通风机出口截面上的动压（Pa），ρ_2 为通风机出口截面上的气体密度（kg/m^3）；C_2 为通风机出口截面上的气流速度（m/s）。

4. 通风机的静压 p_j

通风机的全压减去通风机的动压称为通风机的静压。

$$p_j = p - p_d$$
$$= [(p_{j2} + p_{d2}) - (p_{j1} + p_{d1})] - p_{d2}$$
$$= (p_{j2} - p_{j1}) - \rho_1 \frac{C_1^2}{2} \tag{4-3}$$

式中，ρ_1 为通风机进口截面上的气体密度（kg/m^3）；C_1 为通风机进口截面上的气流速度（m/s）。

从式（4-3）看出，通风机的静压既不是通风机出口的静压，也不等于通风机出口截面与进口截面上的静压差。

5. 通风机的转速 n

通风机转速指每分钟叶轮的旋转圈数，单位为 r/min。

6. 通风机的功率

（1）通风机的有效功率　通风机在输送气体时，单位时间从风机所获得的有效能量，称为通风机的有效功率。

当通风机的压力用全压表示时，通风机的全压有效功率 P_e（单位为 kW）为

$$P_e = \frac{pq_v}{1000} \tag{4-4}$$

式中，p 为全压（Pa）；q_v 为流量（m³/s）。

当风机的压力用静压表示时，通风机的静压有效功率 P_{ej}（单位为 kW）为

$$P_{ej} = \frac{p_j q_v}{1000} \tag{4-5}$$

式中，p_j 为通风机静压（Pa）。

在一般风机中，静压占全压的 80%～90%。在高压风机中，静压在全压中占比更大。所以使用风机时，主要是利用它产生的静压 p_j，因而静压有效功率也能说明通风机的性能。

（2）通风机的内功率 P_{in}　它等于全压有效功率 P_e 加上通风机的内部流动损失功率 ΔP_{in}（单位为 kW）。

$$P_{in} = P_e + \Delta P_{in} \tag{4-6}$$

（3）通风机的轴功率 P_{zh}　它等于通风机的内功率 P_{in} 加上轴承和传动装置的机械损失功率 ΔP_m（单位为 kW）。

$$\begin{aligned} P_{zh} &= P_{in} + \Delta P_m \\ &= P_e + \Delta P_{in} + \Delta P_m \end{aligned} \tag{4-7}$$

通风机的轴功率又称通风机的输入功率或所需功率。当通风机为直联传动（不通过传动带或联轴器传动）时，它就是原动机的输出功率。

7. 通风机的效率

（1）通风机的全压内效率 η_{in}、静压内效率 η_{jin}　它们分别指全压有效功率、静压有效功率与内部功率的比值，它们都表征通风机内部流动过程的好坏。

$$\eta_{in} = \frac{P_e}{P_{in}} = \frac{P_e}{P_e + \Delta P_{in}} \tag{4-8}$$

$$\eta_{jin} = \frac{P_{ej}}{P_{in}} \tag{4-9}$$

（2）通风机的全压效率　指全压有效功率与轴功率的比值。

$$\eta = \frac{P_e}{P_{zh}} = \frac{P_e}{P_e + \Delta P_{in} + \Delta P_m} \tag{4-10}$$

因通风机的机械效率为内功率与轴功率之比，即

$$\eta_m = \frac{P_{in}}{P_{zh}} \tag{4-11}$$

而全压效率又可写为

$$\eta = \frac{P_e}{P_{zh}} = \frac{P_e}{P_{in}} \cdot \frac{P_{in}}{P_{zh}} = \eta_{in} \eta_m \tag{4-12}$$

即全压效率 η 等于内部效率 η_{in} 与机械效率 η_m 的乘积。

8. 通风机配用电动机功率 P 的确定

为安全起见，通风机配用电动机都应有容量储备，在计算式中用一个大于 1 的系数 k 表

示，k 称为电动机容量储备系数（功率储备系数），见表4-1。

$$P \geq k P_{zh}$$

表 4-1 功率储备系数

电动机功率/kW	功率储备系数 k			
	离心式			轴流式
	一般用途	粉尘环境	高温环境	
<0.5	1.5			
0.5~1.0	1.4			
1.0~2.0	1.3	1.2	1.3	1.05~1.10
2.0~5.0	1.2			
>5	1.15			

第二节 离心通风机的结构和分类

离心通风机

一、离心通风机的结构组成

如图 4-2 所示，离心通风机由下列零部件组成

1. 过流部件

过流部件指主气流流过的部件，包括集流器（进风口）、叶轮、蜗壳、出风口等。其中叶轮部件由轴盘 5、后盘 6、前盘 9 和叶片 8 组成，而集流器 10、蜗壳 7 和出风口 11 则组成机壳部件。

2. 传动部件

传动部件由主轴 4、轴承及带轮 1 等组成。

3. 支承部件

支承部件由轴承座 2、3、底座 12 等组成。

除此之外，在大型离心通风机的进口集流器前，一般还装有进气箱或进口导流器。

二、过流部件的结构

1. 叶轮

叶轮是把机械能转换为流体能量（静压能

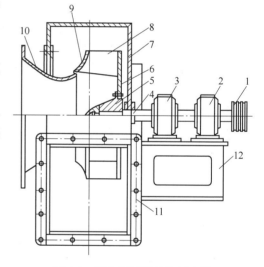

图 4-2 离心通风机结构示意图

1—带轮 2、3—轴承座 4—主轴 5—轴盘
6—后盘 7—蜗壳 8—叶片 9—前盘
10—集流器 11—出风口 12—底座

和动能）的部件，其流体流道的形状和尺寸大小，直接影响到风机的性能和效率，是风机上最主要的部件。

（1）叶轮的结构形式 由于叶轮的后盘为平板并与轴盘用铆钉固接，所以叶轮的结构形式主要指前盘形式的变化（图 4-3），叶轮的几种形式中，从气流流动情况看，弧形前盘为最好，锥形前盘次之，平前盘最差。但从制造角度看，平前盘最简单，弧形前盘复杂，锥形前盘居中。

（2）叶片出口安装角 叶片是叶轮中的主要零件，与离心泵一样，叶片出口安装角 β_{2a}

对风机性能的影响极大。出口安装角 $\beta_{2a} > 90°$ 时，称为前弯（前向）叶片；$\beta_{2a} = 90°$ 时，称为径向叶片；$\beta_{2a} < 90°$ 时，称为后弯（后向）叶片，如图 4-4 所示。

三种不同出口安装角的叶片形式对风机全压 p、叶轮外径 D_2 和效率 η 的影响：

1）全压。当转速、叶轮外径和流量相同时，三种形式的叶片中，前弯叶片的全压最大，后弯叶片全压最小。

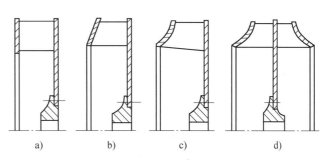

图 4-3 叶轮结构形式示意图

a）平前盘叶轮 b）锥形前盘叶轮
c）弧形前盘叶轮 d）双吸弧形前盘叶轮

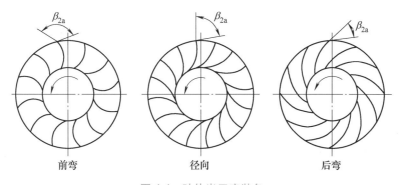

图 4-4 叶片出口安装角

2）叶轮外径 D_2。当转速、流量及全压都相同时，前弯叶片叶轮的外径尺寸为最小，后弯的为最大。

3）效率。前弯叶片叶轮的风机效率较低，后弯叶片叶轮的效率较高，径向叶轮效率居中。

三种叶片形式的叶轮，现在都有应用，但老式产品中，前弯叶片用得很多，其特点是尺寸小、价格便宜。但近年对通风机的效率、节能要求提高，故后弯叶片用得较多，特别在大功率的通风机上，几乎都采用后弯叶片叶轮。

现代前弯叶片叶轮的风机，比老式产品的效率已有显著提高，所以应用仍很广泛，如用于高压小流量场合的 9—19、9—26 型风机和用于低压大流量场合的前弯多翼叶风机等。

表 4-2 列出了我国现有离心通风机系列所采用的叶片形式的概况。

表 4-2 几种叶轮结构特点

风机型号	前盘形式	后盘形式	叶片形式	全压效率	备注
9—35	锥形	平板式	32 个圆弧前弯叶片	68%	
9—19	圆弧形	平板式	12 个前弯圆弧叶片	约 80%	代替 8-18
9—26	圆弧形	平板式	16 个前弯圆弧叶片	约 80%	代替 9-27
T4—72	曲线形	平板式	10 个后弯圆弧叶片	约 88%	代替 4-62
4—72	圆弧形	平板式	10 个后弯机翼叶片	约 88%	

（续）

风机型号	前盘形式	后盘形式	叶片形式	全压效率	备注
4—73	圆弧形	平板式	12 个后弯机翼叶片	约88%	
Y5—47	圆弧形	平板式	12 个后弯平板叶片	约86%	
4—79	曲线形	平板式	圆弧后弯叶片	约83%	叶片数有 12、14、16 三种

（3）叶片形状　离心通风机叶片可制成平板形、圆弧形和机翼形。图 4-5 所示为常见的几种叶片形状。

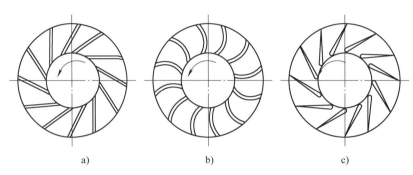

图 4-5　叶片形状

a）平板形叶片　b）圆弧形叶片　c）机翼形叶片

平板形叶片制造容易。现代风机中圆弧形叶片的应用较多。前弯叶轮都采用圆弧形叶片。中空机翼形叶片制造工艺复杂，并且在输送含尘浓度大的气流时，容易磨损。当叶片磨穿后，杂质会进入中空叶片内部，使叶轮失去平衡而产生振动。但它具有良好的空气动力性能、强度高、刚度大、通风机效率高。后弯叶轮的大型通风机都采用机翼形叶片，如 4—72、4—73 型离心通风机。几种叶轮的结构特点已列于表 4-2 中。

2. 蜗壳和出风口

蜗壳的作用是收集从叶轮中流出的气体并引导气体的排出，同时使高速气流速度降低，将气体的部分动能转变为静压。蜗壳与叶轮的匹配好坏对离心通风机的性能有很大的影响。

蜗壳的内壁蜗形线应按对数螺旋线来制作，但实际生产中都是用四段圆弧构成的近似曲线来代替，图 4-6a、b 分别为用一个正方形和四个正方形为基方绘

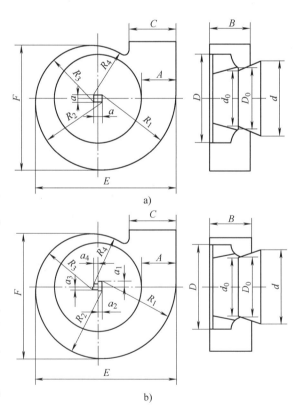

图 4-6　离心通风机蜗壳形线的绘制

a）按一个基方绘制的离心通风机蜗壳

b）按四个小基方绘制的离心通风机蜗壳

制的蜗形线，这种方法又称以一个基方尺寸和以四个小基方尺寸绘制蜗形线的方法。

为防止气体在蜗壳内的循环流动，离心通风机蜗壳出口附近设有蜗舌。蜗舌有深舌、短舌和平舌三种，如图4-7所示。深舌多用于低比转数通风机，效率高，效率曲线陡，但噪声大；短舌多用于大比转数通风机，效率曲线较平坦，噪声较低；平舌多用于低压低噪声通风机，但效率有所降低。

蜗壳断面沿叶轮转动方向逐渐扩大，在出风口处断面为最大。但有的风机在出风口处速度仍很大，为进一步降低风速，提高静压，可以在蜗壳出风口后增加扩压器，如图4-8所示的那样。扩压器应沿着蜗舌的一边扩展效果较好。其扩张角取 6°~8° 为宜，有时为缩短扩压器长度，取扩张角 10°~12°。中小型风机蜗壳都制成不能拆开的整体式，叶轮从蜗壳侧面进行装拆。大型风机的蜗壳通常做成二开式或三开式。二开式是沿中分水平面将蜗壳分为上下两部分。三开式是将二开式的上半部再沿中心线垂直分成两部分。

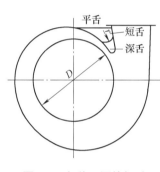

图 4-7　各种不同的蜗舌

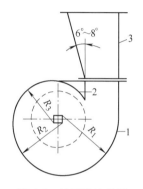

图 4-8　扩压器的位置
1—蜗壳　2—蜗舌　3—扩压器

3. 集流器

集流器又称进口集流器，通俗的说法称为进风口，它的作用是保证气流均匀地充满叶轮进口，减小流动损失，提高叶轮效率和降低进口涡流噪声。

集流器的形式（图4-9）有圆筒形、圆锥形、锥筒形、圆弧形、锥弧形、弧筒形。从气体流动方面看，集流器是圆锥形的比圆筒形的要好，圆弧形的比圆锥形的要好，组合形的比非组合形的要好，4—72 型高效离心通风机采用的是先锥形后圆弧形的集流器。

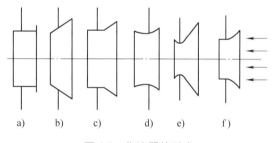

图 4-9　集流器的形式
a）圆筒形　b）圆锥形　c）锥筒形
d）圆弧形　e）锥弧形　f）弧筒形

集流器与叶轮之间的间隙可以是轴向间隙（图4-10a）和径向间隙（图4-10b）。采用径向间隙时气体的泄漏不会破坏主气流的流动状况，所以采用径向间隙较好。试验表明，当间隙与叶轮外径之比在 0.05/100~0.5/100 范围内，且间隙分布均匀时，可提高风机效率 3%~4%，并使噪声降低。

4. 进气箱

生产上常会遇到这样的情形，由于工艺或设备及管网布置上的原因，在通风机进口之前需接一弯管，这时因气流转弯，致使叶轮进口截面上的气流分布很不均匀，为改善这种状况，在大型离心通风机的进口集流器之前一般都装有进气箱。

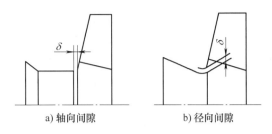

a) 轴向间隙   b) 径向间隙

图 4-10　集流器与叶轮之间的间隙形式

图 4-11a 为普通进气箱结构，图 4-11b 为优化的进气箱结构，图 4-11a 所示的进气箱会在底端造成涡流区，一般应按图 4-11b 把进气箱的截面制成收敛形，且进气箱底部与集流器口对齐。

从效率观点看，最好不用进气箱。试验结果说明，在有效工作范围内，通风机有进气箱时效率会下降 4%~8%，若进气箱设计不当，效率将下降更多。然而在双支承的大型风机中，特别是双进气的离心通风机中，仍不得不采用进气箱。

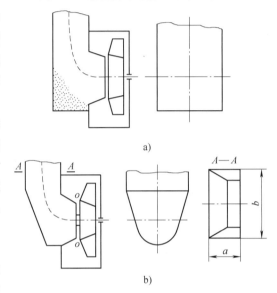

图 4-11　进气箱结构

5. 进口导流器

为了扩大大型离心通风机的使用范围和提高调节性能，在集流器前或进气箱内还装有进口导流器，如图 4-12 所示。导流器叶片数一般为 8~12 片。使用时，改变导流器叶片的开启角度，可调节进气大小及进口处气流的方向。导流器叶片可做成平板形、弧形或机翼形，其中平板形导流器叶片因使用效果良好，故应用较多。

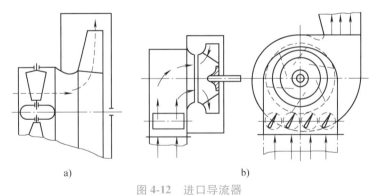

a)   b)

图 4-12　进口导流器

a) 轴向导流器　b) 径向导流器

三、离心通风机的分类

离心通风机是离心式风机中的一种，其全压小于或等于 15kPa，另外两种离心式风机是离心式鼓风机和离心式压缩机，它们的全压比离心式通风机要大得多。

1. 按风压大小分类

（1）低压离心通风机　在标准状态下，全压小于或等于 1kPa。

（2）中压离心通风机　在标准状态下，全压为 1~3kPa。

（3）高压离心通风机　在标准状态下，全压等于 3~15kPa。

这三种离心通风机从结构上看，有以下不同之处：以叶轮进口处直径来作比较，低压的最大，中压的居中，高压的最小。叶轮上的叶片数目一般随压力的大小和叶轮的形状而改变。压力越高，叶片数目越少，叶片也越长。一般低压离心通风机的叶片为 48~64 片。

2. 按比转数大小、叶轮结构分类

（1）多叶式离心通风机　$n_s = 50~80$。

（2）前弯（前向）离心通风机　$n_s = 7~40$。

（3）径向离心通风机　$n_s = 20~65$。

（4）后弯（后向）单板离心通风机　$n_s = 30~90$。

（5）后弯（后向）机翼形离心通风机　$n_s = 30~90$。

表 4-3 介绍了不同形式风机的特征及典型结构。

表 4-3　不同形式风机的特征及典型结构

类型	流量/（m³/h）	压力/Pa	特征	典型结构
多叶式离心通风机	~100×10⁴	空调用~600 工业用~7500	在离心通风机中，为小型、廉价，压力系数最高，效率低，约为70%，装置噪声较小	11—62 型离心通风机
前弯（向前）离心通风机	~12×10⁴	~16000	压力系数很高（仅次于多叶式通风机），效率一般低于80%	9—19、9—26、M9—26、M10—13、MF9—11 型离心通风机
径向离心通风机	~15×10⁴	~10000	压力系数高，效率略低于后弯通风机，适用于磨损严重的地方	C6—48、10—31 型离心通风机
后弯（向后）单板离心通风机	~100×10⁴	~7000	在离心通风机中，效率最高，适用于风量范围宽广的场合	4−2×72I、F4—62、W5—47、BB24、W4—80 11/12 型离心通风机
后弯（向后）机翼形离心通风机	~200×10⁴	~7000	与后弯单板离心通风机比，效率更高	4—72、B4—72、G4—73、Y4—73、Y4−2×73、K4—73−02、FW4−68、BK4—72 型离心通风机

离心通风机还可按用途分类，除一般的通用通风机外，还有防腐通风机、防爆通风机、矿井通风机、锅炉通风机、锅炉引风机、高温通风机、排尘通风机和空调通风机等。

第三节　离心通风机的特性曲线和无因次性能曲线

一、离心通风机的特性曲线

和离心泵一样，离心通风机的特性曲线也是通过实验绘制出来的。实验的方法是，在通

风机集流器前设置流量调节阀，调节阀门开度大小，以获得在一定转速下的各种不同流量与

相应的压力数值。取横坐标表示流量 q_v，纵坐标表示压力 p，在坐标图中找出各点。然后用顺滑的曲线将所有点连接起来，即得该通风机的 q_v—p 特性曲线。

同样，也可用上述方法画出流量与功率，流量与效率的 q_v—P_{in}、q_v—η_{in} 特性曲线。最后将上述三条特性曲线绘于同一坐标图中，这时横坐标仍表示流量 q_v，而纵坐标分别表示压力 p、功率 P_{in} 和效率 η_{in}。如图 4-13 所示，这三条特性曲线为离心通风机的主要工作特性曲线。

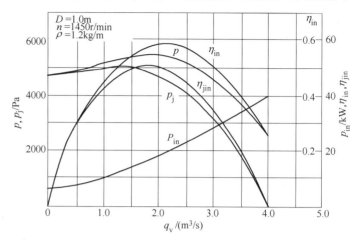

图 4-13　8-19No10 离心通风机特性曲线图

离心通风机的输气压力很低，而出口气流速度还较高，说明在通风机的全压中，动压还很大。因此，在作通风机的特性曲线时，还作出静压曲线 q_v—p_j 和静压效率曲线 q_v—η_{jin}，这样离心通风机的特性曲线就由三条变成了五条，如图 4-13 所示。

二、相似理论简介

相似理论广泛应用于许多学科领域中，如流体力学、传热学、水工建筑等，它也为泵、风机的设计、研究和使用提供了方便。流体在流体机械——泵、风机中的运动非常复杂，通常都用样机试验来验证新设计的泵和风机的性能，但大型泵和风机也制成样机则很不经济，并且往往还受到试验条件的限制，为此人们根据相似理论将原型样机缩小，制成模型机进行试验，以后再将模型机的试验结果换算成原型机的性能。这种方法对于研制生产系列高效节能的流体机械新产品起着重要的作用。

1. 相似条件

要保证流体流动的相似，必须具备三个相似条件——几何相似、运动相似和动力相似。换句话说，就是模型与实物原型中任一对应点上的同一物理量之间必须保持同一比例关系。

（1）几何相似　指模型与原型各对应点的几何尺寸成比例，比值相等，各对应角相等（包括叶片数 Z、安装角 β_{1a}、β_{2a} 相等）。

（2）运动相似　指模型与原型各对应点的速度方向相同，大小成比例，比值相等；对应角相等，即流体在各对应点的速度三角形相似。运动相似是建立在几何相似的基础上的。

（3）动力相似　指模型和原型中相对应的各种力的方向相同，大小成比例，且比值相等。流体在泵与风机内流动时主要受四种力，即惯性力、黏性力、重力和压力的作用。

由于泵和风机在几何相似、运动相似的条件下，已自动满足了动力相似的条件，所以泵和风机的相似，是建立在几何相似和运动相似的基础上的。实际上，我国目前生产的通风机系列产品，就是利用一台研制好的模型样机，然后按几何相似原理放大或缩小尺寸，以生产出各种不同机号的通风机。

2. 相似定律

风机各参数之间的相似关系，称为相似工况。相似工况下各参数的换算公式称为相似定律，列于表 4-4 中。

式中的 D_2、n、ρ 和 D_2'、n'、ρ' 分别为原风机和相似风机的叶轮外径（单位为 m）、转速（单位为 r/min）、进口处的气体密度（单位为 kg/m³），而 q_v、p、P_{in}、η_{in} 和 q_v'、p'、P_{in}'、η_{in}' 则分别为原风机和相似风机的流量（单位为 m³/s）、全压（单位为 Pa）、内功率（单位为 W）、全压内效率（%）。

三、无因次性能曲线

影响通风机流量、全压等性能参数的因素很多。如风机结构尺寸、转速、输送的介质、叶片形式等。因此用离心通风机的特性曲线来对各种风机进行比较是很困难的。为了选择合适的风机，对各种风机进行比较，常用的方法是从性能参数中剔除尺寸、转速、介质密度等因素的计量单位，得到一组无因次性能参数，由无因次性能参数可以绘出无因次性能曲线。由于去除了计量单位的影响，每一型风机仅有一条无因次性能曲线，因此用无因次性能曲线来比较、选择风机非常方便。对于泵，由于种类繁多及汽蚀等因素，这种方法还未广泛应用。

1. 无因次性能参数

由相似理论推导出来的相似定律（表 4-4）中序号 1 的 D_2、n、ρ 均改变的关系式，经过形式上的变化，可消掉各物理量的计量单位，得到无因次性能参数。风机的主要无因次性能参数有流量系数、全压系数和内功率系数。

表 4-4　通风机性能相似换算公式表

序　　号	1	2	3
换算条件	$D_2 \neq D_2'$ $n \neq n'$ $\rho \neq \rho'$	$D_2 = D_2'$ $n \neq n'$ $\rho \neq \rho'$	$D_2 \neq D_2'$ $n = n'$ $\rho \neq \rho'$
流量换算	$q_v = q_v' \dfrac{n}{n'} \left(\dfrac{D_2}{D_2'}\right)^3$	$q_v = q_v' \dfrac{n}{n'}$	$q_v = q_v' \left(\dfrac{D_2}{D_2'}\right)^3$
全压换算 （静、动压亦同）	$p = p' \dfrac{\rho}{\rho'} \left(\dfrac{n}{n'}\right)^2 \left(\dfrac{D_2}{D_2'}\right)^2$	$p = p' \dfrac{\rho}{\rho'} \left(\dfrac{n}{n'}\right)^2$	$p = p' \dfrac{\rho}{\rho'} \left(\dfrac{D_2}{D_2'}\right)^2$
内功率换算	$P_{in} = P_{in}' \dfrac{\rho}{\rho'} \left(\dfrac{n}{n'}\right)^3 \left(\dfrac{D_2}{D_2'}\right)^5$	$P_{in} = P_{in}' \dfrac{\rho}{\rho'} \left(\dfrac{n}{n'}\right)^3$	$P_{in} = P_{in}' \dfrac{\rho}{\rho'} \left(\dfrac{D_2}{D_2'}\right)^5$
内效率 （静压内效率亦同）	$\eta_{in} = \eta_{in}'$	$\eta_{in} = \eta_{in}'$	$\eta_{in}' = \eta_{in}'$

序　　号	4	5	6	7
换算条件	$D_2 \neq D_2'$ $n \neq n'$ $\rho = \rho'$	$D_2 = D_2'$ $n = n'$ $\rho \neq \rho'$	$D_2 = D_2'$ $n \neq n'$ $\rho = \rho'$	$D_2 \neq D_2'$ $n = n'$ $\rho = \rho'$
流量换算	$q_v = q_v' \dfrac{n}{n'} \left(\dfrac{D_2}{D_2'}\right)^3$	$q_v = q_v'$	$q_v = q_v' \dfrac{n}{n'}$	$q_v = q_v' \left(\dfrac{D_2}{D_2'}\right)^3$
全压换算 （静、动压亦同）	$p = p' \left(\dfrac{n}{n'}\right)^2 \left(\dfrac{D_2}{D_2'}\right)^2$	$p = p' \dfrac{\rho}{\rho'}$	$p = p' \left(\dfrac{n}{n'}\right)^2$	$p = p' \left(\dfrac{D_2}{D_2'}\right)^2$
内功率换算	$P_{in} = P_{in}' \left(\dfrac{n}{n'}\right)^3 \left(\dfrac{D_2}{D_2'}\right)^5$	$P_{in} = P_{in}' \dfrac{\rho}{\rho'}$	$P_{in} = P_{in}' \left(\dfrac{n}{n'}\right)^3$	$P_{in} = P_{in}' \left(\dfrac{D_2}{D_2'}\right)^5$
内效率 （静压内效率亦同）	$\eta_{in} = \eta_{in}'$	$\eta_{in} = \eta_{in}'$	$\eta_{in} = \eta_{in}'$	$\eta_{in} = \eta_{in}'$

（1）流量系数 φ（或 $\overline{Q}$） 根据表 4-4 序号 1 公式 $q_v = q'_v \dfrac{n}{n'}\left(\dfrac{D_2}{D'_2}\right)^3$，将其变换形式，可写为

$$\frac{q_v}{\dfrac{\pi D_2 n}{60}\dfrac{\pi D_2^2}{4}} = \frac{q'_v}{\dfrac{\pi D'_2 n'}{60}\dfrac{\pi (D'_2)^2}{4}} = 常数$$

令 u_2、u'_2 分别为原风机和相似风机叶轮外径处的圆周速度，F_2、F'_2 分别为原风机和相似风机的叶轮外圆面积，则

$$\frac{\pi D_2 n}{60} = u_2, \quad \frac{\pi D'_2 n'}{60} = u'_2; \quad \frac{\pi D_2^2}{4} = F_2, \quad \frac{\pi (D'_2)^2}{60} = F'_2$$

即

$$\frac{q_v}{u_2 F_2} = \frac{q'_v}{u'_w F'_2} = 常数$$

令常数为流量系数 φ，且因模型机、原型机是任取的，故上式可写成

$$\varphi = \frac{q_v}{u_2 F_2} = 常数 \tag{4-13}$$

（2）全压系数 ψ（或 $\overline{p}$） 根据表 4-4 序号 1 公式 $p = p'\dfrac{\rho}{\rho'}\left(\dfrac{n}{n'}\right)^2\left(\dfrac{D_2}{D'_2}\right)^2$，将其变换形式，可写为

$$\frac{p}{\rho\left(\dfrac{\pi D_2 n}{60}\right)^2} = \frac{p'}{\rho'\left(\dfrac{\pi D'_2 n'}{60}\right)^2} = 常数$$

即

$$\frac{p}{\rho u_2^2} = \frac{p'}{\rho'(u'_2)^2} = 常数$$

令常数为全压系数 ψ，又因模型机、原型机是任取的，故上式可写成

$$\psi = \frac{p}{\rho u_2^2} = 常数 \tag{4-14}$$

（3）内功率系数 λ（或 $\overline{P}$） 根据表 4-4 序号 1 公式 $P_{in} = P'_{in}\dfrac{\rho}{\rho'}\left(\dfrac{n}{n'}\right)^3\left(\dfrac{D_2}{D'_2}\right)^5$，将其变换形式，可写为

$$\frac{P_{in}}{\rho\dfrac{\pi D_2^2}{4}\left(\dfrac{\pi D_2 n}{60}\right)^3} = \frac{P'_{in}}{\rho'\dfrac{\pi (D'_2)^2}{4}\left(\dfrac{\pi D'_2 n}{60}\right)^3} = 常数$$

即

$$\frac{P_{in}}{\rho F_2 u_2^3} = \frac{P'_{in}}{\rho' F'_2 (u'_2)^3} = 常数$$

令常数为功率系数 λ，则上式可写成

$$\lambda = \frac{P_{in}}{\rho F_2 u_2^3} = 常数 \tag{4-15}$$

（4）内效率 η_{in}　风机的效率 η_{in} 也可以用无因次性能参数进行计算

$$\eta_{in} = \frac{\varphi\psi}{\lambda} \tag{4-16}$$

（5）无因次性能参数是衡量各类风机全压、流量和功率大小的特性值，将 $\frac{\pi D_2 n}{60} = u_2$、$\frac{\pi D_2^2 n}{4} = F_2$ 代入式（4-13）、式（4-14）、式（4-15）中，则

$$q_v = \frac{\pi^2}{4\times60}\varphi D_2^3 n \tag{4-17}$$

$$p = \frac{\pi^2}{60^2}\psi\rho D_2^2 n^2 \tag{4-18}$$

$$P_{in} = \frac{\pi^4}{4\times60^3}\lambda\rho D_2^5 n^3 \tag{4-19}$$

由式（4-17）、式（4-18）、式（4-19）可知，在相同的转速 n 及叶轮直径 D_2 的条件下，输送相同的气体介质时，流量 q_v、全压 p 和功率 P_{in} 分别与流量系数 φ、全压系数 ψ 和内功率系数 λ 成正比。对不同类型的通风机来说，全压系数 ψ 越大，则全压越大；流量系数 φ 越大，则流量越大，内功率系数 λ 越大，则内功率也越大。因此，无因次性能参数 φ、ψ、λ 分别是衡量各种不同类型通风机全压 p、流量 q_v 及功率 P_{in} 大小的特性值。

2. 无因次性能曲线

通过试验可以测出一台风机在固定转速时不同工况的流量 q_v、全压 p 和功率 P_{in}，然后用式（4-13）、式（4-14）、式（4-15）、式（4-16）计算出相应工况时的流量系数 φ 全压系数 ψ、功率系数 λ 和效率 η_{in}，在以流量系数 φ 为横坐标，以全压系数 ψ、功率系数 λ 和效率 η_{in} 为纵坐标的坐标图中将所得各点连成光滑的曲线，这一组 φ-ψ、φ-P_{in}、φ-η_{in} 曲线是唯一的一组代表同一系列通风机性能的无因次性能曲线，它不代表具体风机的具体性能，但它代表了相似的一系列风机的性能。图 4-14 所示为 4—72 型离心通风机的无因次性能曲线。实际上它是用叶轮直径 $D_2 = 1m$ 的 No10 风机做试验绘出的，根据相似原理，图中的一组曲线代表了 4—72 型系列风机的性能。其中的 φ-ψ_d 曲线是动压特性曲线。

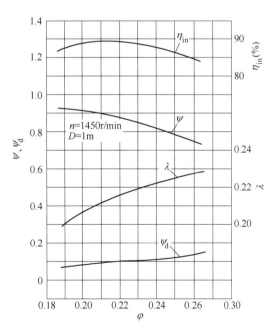

图 4-14　4—72 型离心通风机无因次性能曲线

3. 无因次性能曲线的用途

无因次性能曲线比有因次的通风机特性曲线用途要广，主要用于：

1）推算某一类型通风机任意机号（包括新机号）的性能数据，而不需要再进行试验验证。

2）在选择通风机时，可以利用无因次性能曲线算出通风机特性表以外的性能数据。

第四节 离心通风机的运行与调节

一、管路特性曲线和风机的工作点

和离心泵一样，离心通风机实际的工况不仅与本身的特性曲线有关，还受到管路特性的制约。

管路系统的压力损失与气流速度的平方成正比。对于一定的管路系统，流速是由流经管路系统的流量来决定的。因此，流体力学给出了管路系统压力损失与流量之间的关系方程式

$$p = Rq_v^2 \qquad (4\text{-}20)$$

式中，p 为管路系统所需全压（Pa）；R 为管路系统的阻力系数；q_v 为管路中的流量（m^3/s）。

按式（4-20）所作的是一条抛物线形状的管路特性曲线，如图 4-15 所示。

和离心泵同样，管路特性曲线与通风机性能曲线的交点，就是通风机的工作点，这一点是风机和管道的供与需的平衡点。

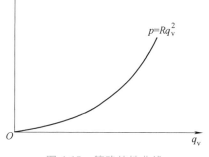

图 4-15 管路特性曲线

二、通风机的稳定和非稳定工作区

通风机并不是在风机特性曲线的任何一点上都能稳定地工作的。

如图 4-16 所示，通风机的 q_v—p 特性曲线为一驼峰状曲线，管路特性曲线与它的交点 B 即工作点在驼峰的右侧。若管路因某种原因受到干扰阻力突然增大，管路特性曲线从 OR_1 变为 OR'_1，管路中通过的流量减少，而所需的全压则应增加。管路中突然变化的情况，使工作点移到了 B' 点。此时风机立即进入 B' 点运行。输出流量减少 Δq_v，从风机特性曲线看，当流量减少 Δq_v 时风压随着升高 Δp，这与管路特性曲线的变化是一致的。当干扰消失后，

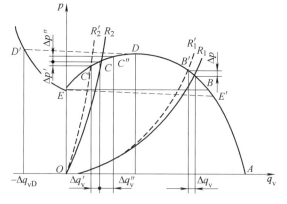

图 4-16 通风机的稳定和非稳定工作区

管路特性恢复原状，风机又立即回复到 B 点工作。在驼峰右侧的这一区间工作时，通风机的工作状态能自动地与管路的工作状态保持平衡，稳定地工作，所以称这一区间为通风机稳定工作区。

如果通风机原来的工作点在 q_v—p 曲线驼峰左侧的 C 点，若管路受到干扰阻力增大，流量减少，此时的管路特性曲线从原来的 OR_2，移到 OR'_2，与风机特性曲线的交点也从 C 点移

到 C' 点。从图上看出流量相应地减小了 $\Delta q'_v$，同时全压也减小了 $\Delta p'$。而全压的减小，与管路受到干扰阻力增大，全压必须加大的需求相矛盾。若工作点位于 C'' 点，则全压加大的要求能够满足，可是从图中看出在这一点流量不仅没有减小，反而加大了 $\Delta q''_v$。显然 C' 点和 C'' 点都不是风机特性曲线和管路特性曲线的交点，风机不可能在这两点上工作。当工作点在左侧远离峰值点 D，且风机特性曲线上升段斜率较大时，风机的工作是沿着图中曲线 $E'DD'$ $E—E'DD'E$ 循环进行的。出现周而复始的一会儿风机输出风量，一会儿又向内部倒流的称为"喘振"的极不稳定的工作状态。但并非在风机特性曲线驼峰左侧的工作点都必然喘振，风机工作在靠近驼峰、特性曲线又较平坦的工作点时，虽不稳定，还不致喘振。喘振时，风机运行声音发生突变，风压风量急剧波动，机器与管道强烈地振动甚至造成机器严重的破坏，所以应尽量避免在通风机 $q_v—p$ 特性曲线驼峰左侧的非稳定区工作，并绝对禁止喘振的发生。

三、通风机的并、串联工作

在确定通风机和管路系统时，应尽量避免采用通风机并联或串联工作。当不可避免时，应选择同型号、同性能的通风机参加联合工作。当采用串联时，第一级通风机到第二级通风机间应有一定的管长。

四、离心通风机的调节

通风机及与它相连的进、出口管路和工作装置构成一个管网系统。为将气体输送到工作装置中，通风机应有足够的克服管道阻力所需的静压。而为使工作装置达到要求的压力、流量，一般都要对通风机进行调节。调节的方法有多种，但都是以改变工作点为出发点的。

1. 出口节流调节

图 4-17 所示为通风机出口节流调节系统示意图。图 4-18 所示为出口节流调节的特性曲线。图中曲线 1 为离心通风机的 $q_v—p$ 特性曲线，曲线 2 为管路特性曲线，正常运行时的工作点为 S_0，此时的工况参数为 q_{v0}、p_0。若由于工艺上的原因，工作装置阻力减小，使管路特性曲线变到曲线 3 的位置，工作点为 S_1，工况参数为 q_{v1}、p_1。然而工艺又要求压力减少时流量保持不变。为此可采取关小出口管道中的闸阀，使管路特性曲线恢复到原来曲线 2 的位置，工作点保持在 S_0 点上。这种调节方法的实质是改变管路的特性曲线，以关小闸阀增大管路的损失来抵消工作装置阻力的减小使工作点稳定在 S_0 点上的。它是一种经济性最差的调节方法，但由于调节方法简单，可用于小型风机的调节。

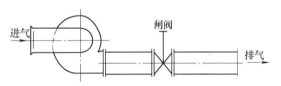

图 4-17　通风机出口节流调节系统示意图

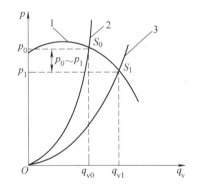

图 4-18　通风机出口节流特性曲线
1—通风机特性曲线　2、3—管路特性曲线

2. 进口节流调节

进口节流调节是通过调节风机进口节流门（或蝶阀）的开度（图 4-19），改变通风机的进口压力，使通风机特性曲线发生变化，以适应工作装置对流量或压力的特定要求。这种调节方法，和出口节流调节人为地增加管路阻力，消耗掉一部分能量的方法相比，经济性要好。

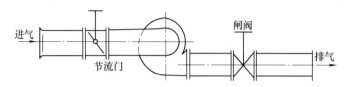

图 4-19　通风机进口节流调节系统示意图

图 4-20 所示为通风机进口节流调节的特性曲线，正常运行时工作在 S_0 点上，工况参数为 q_{v0}、p_0。当管路或装置阻力增加时，管路特性曲线 4 移到曲线 5 的位置，工况点为 S_1、工况参数为 q_{v1}、p_1。若工艺要求流量改变时压力必须稳定不变，在这种情况下对通风机进行进口节流调节，关小通风机进口节流门的开度，改变通风机进口状态参数（即进口压力）。这时通风机的特性曲线从曲线 1 变到曲线 2 的位置，工作点为 S_2，工况参数为 q_{v2}、p_0。虽然流量从 q_{v0} 减少到 q_{v2}，但压力 p_0 保持不变，满足了工艺要求，实现了等压力的条件。

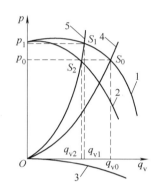

图 4-20　通风机进口节流调节特性曲线
1、2—通风机特性曲线　3—通风机进口特性曲线
4、5—管路特性曲线

3. 改变通风机转速的调节

由表 4-4 可知通风机改变转速后，流量、压力和功率按相似定律给出的公式变化，而通风机的最高效率不变，并且不产生其他调节方法所带来的附加损失，所以改变转速的调节方法是最合理的。

如图 4-21 所示，通风机原以转速 n_1 工作时，其工作点为 S_1，工况参数为流量 q_{v1}、压力 p_1、效率 η_1。若工艺要求减少流量，可将通风机的转速由 n_1 减小到 n_2，这时转速为 n_1 的特性曲线 q_v-p、q_v-P、q_v-η（实线）变为转速为 n_2 的特性曲线（虚线），管路特性曲线 $p = Rq_v^2$ 仍保持不变。从图中可看出转速 n_2 时的工作点为 S_2，工况参数分别为 q_{v2}、p_2、P_2 和 η_2。$q_{v2} < q_{v1}$，符合工艺减少流量的要求，与此同时，全压下降到 p_2，功率下降到 P_2，而效率 η_2 由于不在改变后的效率曲线的最高点上而略有降低。

4. 改变风机进口导流叶片角度的调节

如前所述，通风机的进口导流器有径向和轴向两种（图 4-12）。

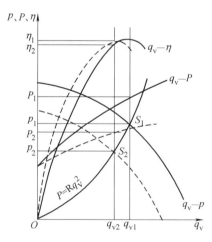

图 4-21　改变通风机转速的特性曲线

图 4-22 所示为导流器调节特性曲线。导流器叶片角度为 0° 时，叶片全部开启，管路特性曲线 $p = Rq_v^2$ 与风机压力曲线 q_v—p 的交点即工作点为 1 点，这时的压力曲线 q_v—p、功率曲线 q_v—P、效率曲线 q_v—η 都用粗实线表示。当导流器叶片角度由 0° 变到 30°、60° 时，

各特性曲线均下降，它们分别用虚线和细点画线表示，工作点分别为 2 点和 3 点，流量则由 q_{v1} 减少至 q_{v2}、q_{v3}。

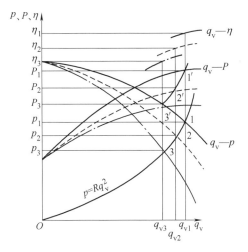

从图中可看出，进口导流器叶片角度这种变化，还使通风机的功率沿着曲线 1′—2′—3′ 下降。和调节进口节流门的增大阻力减少流量的方法相比，这种调节所消耗的功率明显也要少，因此它是一种比较经济的调节法。此外，由于导流器结构简单，使用可靠，所以在通风机调节中得到比较广泛的应用。

从效率的角度看，导流器调节会使通风机的效率降低，与改变转速的调节方法相比，经济性要差一些。

图 4-22　导流器调节特性曲线

第五节　离心通风机的型号和选型

一、离心通风机的型号和全称
1. 离心通风机的型号

离心通风机系列产品的型号用型式表示，单台产品型号用型式和品种表示。型号组成的顺序见表 4-5。

表 4-5　型号组成的顺序

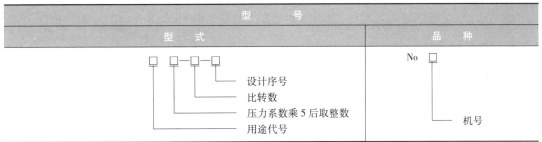

型　号	
型　　式	品　　种
□ □—□—□ 　│ │ │ └ 设计序号 　│ │ └ 比转数 　│ └ 压力系数乘 5 后取整数 　└ 用途代号	No □ 　└ 机号

1）用途代号按表 4-6 规定。

2）用途代号后的数字是通风机压力系数乘 5 后取整数得来的。

3）比转数采用两位整数，若采用单叶轮双吸入结构或二叶轮并联结构，则用 2 乘比转数表示。

4）若通风机型式中有派生型时，则在比转数后加注罗马数字 Ⅰ、Ⅱ 等表示。

5）设计序号用数字 1、2 等表示，供对该型产品有重大修改时用。

6）机号用叶轮直径的分米（dm）数表示。

2. 离心通风机的全称

对离心通风机，平时只用压力系数、比转数和机号来表示，如 4—73No8，这是一种简略的型号，但在订货时必须写出全称。离心通风机的全称除包括名称、型号、机号外，还包

表 4-6 通风机用途汉语拼音代号

用途类别	代号		用途类别	代号	
	汉字	拼音简写		汉字	拼音简写
1. 一般通用通风换气	通风	T（省略）	18. 谷物粉末输送	粉末	FM
2. 防爆气体通风换气	防爆	B	19. 热风吹吸	热风	R
3. 防腐气体通风换气	防腐	F	20. 隧道通风换气	隧道	SD
4. 排尘通风	排尘	C	21. 烧结炉通风	烧结	SJ
5. 高温气体输送	高温	W	22. 高炉鼓风	高炉	GL
6. 煤粉吹风	煤粉	M	23. 转炉鼓风	转炉	ZL
7. 锅炉通风	锅通	G	24. 空气动力用	动力	DL
8. 锅炉引风	锅引	Y	25. 柴油机增压用	增压	ZY
9. 矿井主体通风	矿井	K	26. 煤气输送	煤气	MQ
10. 矿井局部通风	矿局	KJ	27. 化工气体输送	化气	HQ
11. 纺织工业通风换气	纺织	FZ	28. 石油炼厂气体输送	油气	YQ
12. 船舶用通风换气	船通	CT	29. 天然气输送	天气	TQ
13. 船舶锅炉通风	船锅	CG	30. 降温凉风用	凉风	LF
14. 船舶锅炉引风	船引	CY	31. 冷冻用	冷冻	LD
15. 工业用炉通风	工业	GY	32. 空气调节用	空调	KT
16. 工业冷却水通风	冷却	L	33. 电影机械冷却烘干	影机	YJ
17. 微型电动吹风	电动	DD	34. 特殊场所通风换气	特殊	TE

括传动方式、旋转方向和风口位置，共由六个部分组成。

1）传动方式有六种，其代号及简图如图 4-23 所示。

2）旋转方向的规定为从电动机的位置看风机叶轮的旋转方向，顺时针方向旋转的称为右旋，用"右"表示；逆时针方向旋转的称为左旋，用"左"表示。

3）风口位置是指出风口的位置，结合旋转方向用右或左若干角度表示，如图 4-24 所示。

例如有一风机，其全称为 4—72No10C 右 90°，它表示的内容是：该风机是一般通风的离心通风机；压力系数为 0.8；比转数为 72；机号为 10 号，指风机

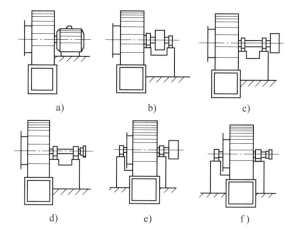

图 4-23 离心通风机的传动方式简图

a）直联传动 b）、c）悬臂支承带传动
d）悬臂支承联轴器传动 e）双支承带传动
f）双支承联轴器传动

叶轮直径为 1m（10dm）；传动方式为 C 型，说明风机为悬臂支承，带轮在轴承外侧；叶轮旋转方向指从电动机一端看去为顺时针方向，即右旋；出风口位置在 90°处。

二、离心通风机的选型

通风机的正确选择及合理利用，对工作装置的正常运行和提高经济效益都是十分重要的。

通风机的流量和全压通常是由专业人员进行实测或理论计算求得的。但考虑到测试和计

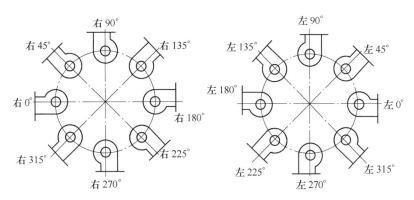

图 4-24　通风机机壳出口位置表示法

算的误差及运行时工况的变化等。所以选型的计算流量、计算全压比最大所需流量、全压还应大些，以留有一定的储备。一般取

$$q_v = (1.05 \sim 1.10) \, q_{max} \tag{4-21}$$
$$p = (1.10 \sim 1.1515) \, p_{max}$$

式中，q_v、p 分别为计算流量（m³/s）、计算全压（Pa）；q_{max}、p_{max} 分别为最大所需流量（m³/s）、全压（Pa）。

通风机产品样本上的参数是指标准状态即干净空气在 $T = 293K$（20℃），大气压力 $p_a =$ 101325N/m²，相对湿度为50%，空气密度 $\rho = 1.2kg/m³$ 时的值；引风机（工业锅炉抽引烟气用）的参数指的是烟气在 $T = 473K$（200℃），大气压力 $p_a = 101325N/m³$，相对湿度为50%和烟气密度 $\rho = 0.745kg/m³$ 时的值。若输送的气体温度、密度及使用地点的大气压力与标准状态不同，必须把实际的流量、压力和功率等参数，都换算成标准状态时的值，才能进行选型。

换算公式如下：

对于通风机

$$\left. \begin{aligned} q_1 &= q_2 \\ p_1 &= p_2 \frac{101325}{p_b} \cdot \frac{t+273}{293} \\ P_1 &= P_2 \frac{101325}{p_b} \cdot \frac{t+273}{293} \end{aligned} \right\} \tag{4-22}$$

对于引风机

$$\left. \begin{aligned} q_1 &= q_2 \\ p_1 &= p_2 \frac{101325}{p_b} \cdot \frac{t+273}{473} \\ P_1 &= P_2 \frac{101325}{p_b} \cdot \frac{t+273}{473} \end{aligned} \right\} \tag{4-23}$$

式（4-22）、式（4-23）中，q_1、p_1、P_1 为样本中标准状态下的流量（m³/s）、风压（Pa）和轴功率（kW）；q_2、p_2、P_2 为风机在使用条件下（通风、引风）的风量

（m³/s）、风压（Pa）和轴功率（kW）；p_b 为当地大气压力（Pa）；t 为使用条件下风机进口处气温（℃）。

在引风机选型时，烟气密度的计算可用下式（单位为 kg/m³）

$$\rho = 1.339 \left(\frac{273}{T} \right) \qquad (4\text{-}24)$$

式中，1.339 为温度在 273K（℃）时烟气的平均密度（kg/m³）；T 为烟气温度（K）。

离心通风机的选型可用如下几种方法：

1. 用风机性能表选择风机

1）按式（4-22）或式（4-23）和式（4-21）确定计算流量和计算全压。

2）根据用途，查风机性能表选出合适型号的风机和它的参数（包括叶轮直径、转速、功率等）。

2. 用风机选择曲线选择风机

图 4-25 所示为锅炉离心通风机 G4—73 系列性能选择曲线。它把相似的有着不同叶轮直径 D_2 的风机的流量、全压、转速和功率都绘于一张图样上，图中的曲线为风机特性曲线的工作范围，一般规定为最高效率的 90% 的一段。图中还有三组等值线，即等 D_2（直径）线、等 n（转速）线和等 P（功率）线。由于采用对数坐标，所以三组等值线均为直线。等 D_2 线和等 n 线通过每条性能曲线的效率最高点。等 D_2 线所通过的几条性能曲线表示同一机号但不同转速时的性能曲线。图中任意一条性能曲线上的各点，其转速和叶轮外径都相等，可以通过效率最高点的等 D_2 线和等 n 线查出它叶轮直径和转速。等 P 线上的各点功率都相等，但它不一定都刚好通过性能曲线的效率最高点。性能曲线上每一点的功率都不相等，我们可在两条等 P 线之间近似地估算出该点位置的功率，并经过密度换算，得出工作状况下的功率。

用选择曲线选择风机的步骤：

1）确定计算流量和计算全压。

2）根据已定的流量和压力参数的坐标点，即可选择风机的机号、转速和功率。但往往坐标点并不是刚好落在性能曲线上，如图 4-26 中的点 1。此时可采取保持流量不变的作法，通过点 1，在对数坐标图上垂直向上找到最接近的性能曲线上的点 2 或 3。选得两台通风机，校核风机的工作点是否处于高效率工作区。一般应选取转速较高、叶轮直径小，运行经济性好的点 3 所在特性曲线决定的风机。这是因为风机的流量向小的方向调节时（由于计算流量已超过所需最大流量，风机的流量不可能再向大的方向调节，只可能向小的方向调节），其工作点将由点 3 沿特性曲线向左移动，仍能落在特性曲线 3 的高效率工作区的线段范围内。而工作在曲线 2 时，当流量稍有减小，工作点便落到特性曲线线段之外，说明效率低，不在高效率工作范围内。

3. 利用风机的无因次性能曲线选择风机

一般情况下，选择风机主要是按生产厂提供的产品样本来确定风机型号的。但当所选择的风机性能参数在两种机号之间时，利用无因次性能曲线来确定风机会得到较好的经济效果。

无因次性能曲线代表叶轮直径和转速不同，但几何形状和性能完全相似的一系列风机的

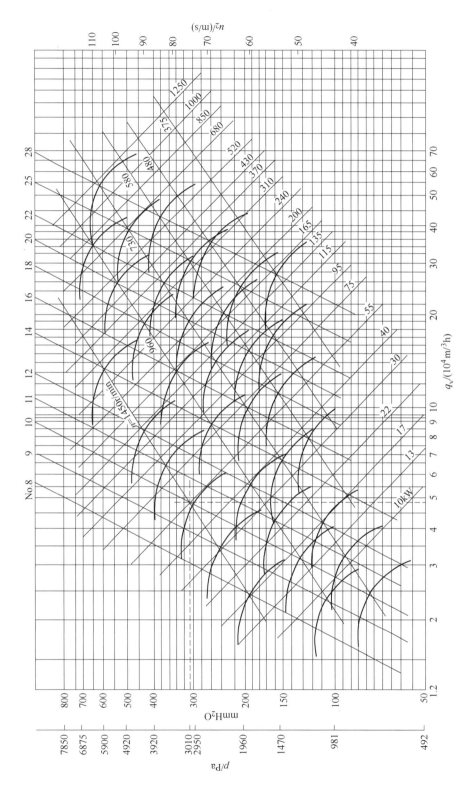

图 4-25 锅炉离心通风机 G4—73 系列性能选择曲线

性能曲线。用它来选择风机，一般的步骤如下：

1）选择几种可用的性能良好的风机系列及其无因次性能曲线，由各曲线中的设计点效率 η_{max} 查出各系列风机的流量系数 φ 和压力系数 ψ，然后对这几种系列的风机进行列表计算，以便比较和挑选。

2）由式（4-13）、式（4-14）可得

$$q_v = \frac{\pi}{4} D_2^2 u_2 \varphi \qquad\qquad p = \rho u_2^2 \psi$$

联立以上两式得

$$D_2 = \sqrt[4]{\frac{16\rho q_v^2 \psi}{\pi^2 p \varphi^2}} = 1.128 \sqrt[4]{\frac{\rho q_v^2 \psi}{p \varphi^2}} \qquad (4\text{-}25)$$

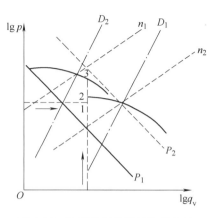

图 4-26 风机选择曲线的使用方法

式中，q_v 为风机计算风量（m^3/s）；p 为计算全压（Pa）；ρ 为输送气体的密度，空气在常态下的 $\rho = 1.2 kg/m^3$；D_2 为叶轮直径（m）。

由式（4-25）计算的 D_2 往往与产品机号不符，应选用风机机号中与 D_2 接近的机号。

3）按选用的风机机号的 D_2 确定风机的转速（r/min）。

由式（4-18）得

$$n = \frac{60}{\pi D_2} \sqrt{\frac{p}{\rho \varphi}} \qquad (4\text{-}26)$$

选取与算出的 n 值相接近的电动机转速。

4）由选用的 D_2 和 n 按式（4-25）和式（4-26）算出需要的 n_2'、φ' 和 ψ'。

5）由 φ' 和 ψ' 查所选系列风机的无因次性能曲线图，如果由 φ' 和 ψ' 决定的坐标点落在 φ—ψ 曲线下面并紧靠曲线则认为合适。否则应加大叶轮直径 D_2 和转速 n 进行重选。

6）根据 ψ' 和 ψ' 查无因次 φ—η_{in} 曲线得效率 η_{in}。用下式计算功率（kW）

$$P_{in} = \frac{p \cdot q_v}{1000 \eta_{in}}$$

或直接查 φ—η_{in} 曲线算出功率 P_{in}。考虑电动机容量的安全系数，选用标准的电动机。

7）将各系列风机的计算情况加以比较，选出适合的风机。

第六节　离心通风机的故障及排除方法

中小型离心通风机结构较简单，只要加强管理，执行操作规程，一般不易出现故障。而对于有油泵润滑和采用冷却水系统冷却轴承的大型通风机则应重视日常的检查和维护工作。

润滑油的温度和压力、轴承的径向振幅、通风机工作介质的温度和压力、电动机的电流、电压及通风机前的除尘设备和运行情况等都是应特别给予关注的。

离心通风机的常见故障可分为机械故障和性能故障两类。表 4-7 和表 4-8 分别列出了这两类故障及其产生原因和排除故障的方法。

表 4-7 风机机械故障排除方法

故　　障	原 因 分 析	排 除 方 法
振动	风机与电动机轴不同轴，造成联轴器歪斜	将风机轴与电动机轴进行调整，重新找正
	电动机与风机通过联轴器相互传递振动，尤以刚性联轴器最为严重	使联轴器同轴
	轮盘与叶轮松动；联轴器螺栓松动	拧紧或更换固定螺栓
	机壳与支架，轴承箱与轴承座等联接螺栓松动	拧紧或更换固定螺栓
	叶轮铆钉松或叶轮变形	冲紧铆钉或更换铆钉；用锤子矫正叶轮或更换叶轮
	主轴弯曲	校正主轴或修磨主轴
	机壳或进风口与叶轮摩擦	调整装配间隙，达到装配要求；改进安装
	风机进气管道的安装不良，产生共振	改进安装
	基础的刚度不够或不牢固；当用弹性基础时，弹性不均等	加强或更换基础
	叶轮不平衡（磨损、积灰、生锈、结垢、质量不均、其中以静不平衡为主）	清扫、修理叶轮；重新进行静平衡或动平衡
	轴承损坏或间隙过大	更换轴承
	由于烟、风道设计不合理引起低负荷时发生振动	增加管网阻力或重新设计计算；更换新风机
	共振（系统共振、工况性共振、基础性共振）	对系统进行运行工况调节
轴承温升过高	润滑油质量不良、变质；油量过少或过多；油内含杂质	更换润滑油，调整和修理管路故障
	冷却水过少或中断	使冷却水供应正常
	轴承箱盖、座联接螺栓紧力过大或过小	修理或调整
	轴与滚动轴承安装歪斜，前后两轴承不同轴	修理或调整
	轴承损坏	更换轴承
	轴颈配合过紧	修磨轴颈、符合配合要求
电动机温升过高	起动负荷过大	起动时关闭起动阀门；更换风机
	风机流量超过规定值或风道漏气	修理管道
	风机所输送气体的密度过大，造成压力过高	检查输送气体密度与设计参数是否符合
	电动机输入电压过低或电路单相断电	检查电源故障并进行修理
	联轴器连接不正，皮圈过紧或间隙不对	重新调整
	因轴承磨损致使轴承箱剧烈振动	修理轴承箱
	并联工作的风机工作情况恶化或发生故障	检修并联工作系统
	传动带过紧	调整

表 4-8 风机性能故障排除方法

故　　障	原 因 分 析	排 除 方 法
出口压力过高流量减少	气体成分改变：气体温度过低或气体所含固体杂质增加，使气体的密度增大	测定气体密度，消除密度增大的原因
	出气管道或风门被尘土、烟尘和杂物堵塞	进行清扫
	进气管道、风门或网罩被尘土、烟尘和杂物堵塞	进行清扫
	出气管道破裂或管道法兰不严密	修理管道
	叶轮入口间隙过大或叶轮严重磨损	调整间隙；修理或更换叶片或叶轮
	简易导向器装反	重新装配
压力过低排出流量增大	气体密度减小，气体温度过高	测定气体密度，消除减小原因
	进气管破裂或法兰不密封	更换法兰垫料，修复管道
风机系统调节失误	阀门失灵或卡住，以至不能根据需要对流量和压力进行调节	修复阀门或更换新的阀门
	风机磨损严重或制造工艺不良	更换风机
	转数降低	检查并消除转数降低原因
	当需要流量减少时，由于管道堵塞流量急剧减少或停止，使风机在不稳定区工作产生逆流反击风机转子的现象	如需流量减少时，应开启旁通阀门或降低转速

第七节 其 他 风 机

风机的种类很多，本节只介绍轴流通风机和罗茨鼓风机。

一、轴流通风机

一般的轴流通风机如图4-27所示。在圆筒形的机壳中安装着电动机的叶轮，当叶轮旋转时，空气由集流器进入，通过叶轮叶片的作用使空气压力增加，并做接近于沿轴向的流动，而后由排出口排出。轴流通风机在通风系统中往往成为通风管道的一部分。有的系列风机还可反转返风，返风量达60%以上，可作抽出式也可作压出式通风机使用。

轴流通风机的叶片通常采用飞机机翼形，有的为机翼形扭曲面叶片，叶片的安装角度做成固定的或可调的。

图4-28所示为装有优良集流器和流线罩的轴流通风机。集流器对轴流通风机有着重要的影响，有优良集流器的比无集流器的通风机全压和效率高10%以上。集流器的型线多为圆弧或双曲线。有的为方便制造，采用了由两个或多个截圆锥所组成的简化集流器。流线罩的使用可增加轴流通风机的流量10%，流线罩通常为半球形或流线型。流线罩与集流器一起，组成了光滑的渐缩形流道，其作用是减小对气流的阻力，使气体在其中得到加速并以均匀的速度进入风机。

轴流通风机

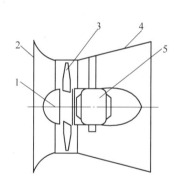

图4-27 轴流式通风机的一般构造
1—流线罩 2—集流器 3—叶片
4—扩散器 5—电动机

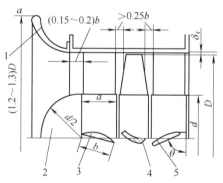

图4-28 集流器与流线罩在轴流通风机中的配置
1—集流器 2—流线罩 3—前导流器
4—叶轮 5—后导流器

一般轴流通风机的动压在全压中所占比例为30%~50%，而离心通风机只占5%~10%。为提高轴流通风机的静压，可在叶轮出口处设置扩散器，如图4-29所示。对于抽出式风机来说，它还有明显的降低排气噪声的作用。图4-29中a、b两型扩散器芯筒是减缩的，外壳分别为圆筒形及锥形；c型扩散器的芯筒是渐扩的，外壳是锥形的；

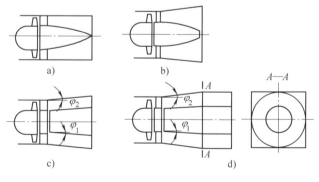

图4-29 常用的扩散器形式

d 型扩散器是在 c 型的基础上又增加了一段圆柱形芯筒和方形的外壳。

轴流通风机可以是单级的或二级的，3~4 级的很少。单级的形式常见的有叶轮级（R级）、叶轮加后导流器级（R+S 级）、前导流器加叶轮加后导流器级（P+R+S 级）。多级轴流通风机实质上是不同型式单级轴流通风机的组合。二级轴流通风机的组合有 R+S+R+S级、P+R+S+R+S 级和 R+R 级等形式。导流器的导叶与外壳固定在一起，但有的为了对风机进行调节，改变风机的特性曲线和工作点，把前导流器的导叶做成角度可调式。

轴流通风机是一种流量大、风压低的风机，并且从性能曲线图上看，它还有一个不小的不稳定工况区。因此，在考虑运行中的调节方法时应特别注意力求避开这个区域。

轴流通风机主要用于工厂、仓库、办公室、大型建筑物、矿井的通风换气、高温作业场所的吹风降温或电站、制氧站及各种冷却塔的抽风。

二、罗茨鼓风机

图 4-30 所示为罗茨鼓风机的简图。这种鼓风机是依靠密封的工作室容积的变化来输送气体的，工作室由两个外形是渐开线的腰形叶轮、机壳和两块墙板所组成的，电动机使主动轴和主动叶轮旋转，并通过主动轴上的齿轮带动从动轴齿轮和从动叶轮做等速反向旋转。它的工作原理与齿轮泵相同，每个叶轮相当于只有两个齿的齿轮。气体从进气口吸入，由出气口排出。随着叶轮的旋转，进气口一侧的工作室容积在由小变大时，产生负压而吸气；出气口一侧的工作室容积在由大变小时，气体受压缩而压力上升被排出。为避免相互之间的摩擦，两叶轮之间以及叶轮与机壳、墙板之间都留有一定的间隙。但为了减小泄漏，这个间隙又应尽可能地小些，一般这个间隙可达 0.3~0.5mm。此外，传动轴从墙板穿过，两者之间也有一定间隙，为防止气体从此缝隙吸入或漏出，在罗茨鼓风机上安装了不同类型的轴密封装置，如迷宫式和填料式轴密封装置。

罗茨鼓风机

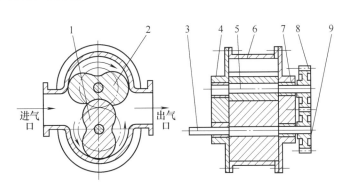

图 4-30　罗茨鼓风机

1—主动叶轮　2—从动叶轮　3—主动轴　4、7—墙板　5—从动轴
6—机壳　8—从动轴齿轮　9—主动轴齿轮

迷宫式轴密封装置如图 4-31 所示，流体流经该装置的曲折通道，就像进入"迷宫"一样，经多次节流产生很大阻力，压力损失较大，由于"迷宫"末端与外界的压差很小，流体泄漏少，从而达到了密封的目的。迷宫密封的密封座安装在墙板上，密封座齿数越多，密封效果越好，各个齿的密封处应保持锐边，不应倒圆，目的是增大流体流动时的压力损失，以保持较好的密封效果。迷宫密封的结构多种多样，但原理都是相同的。它是一种密封件与

旋转轴互不接触的非接触式密封，不受转速和温度的限制。

罗茨鼓风机的结构简单，运行稳定，效率高，整机振动小，压力的选择范围很宽，而流量变化甚微，具有强制输气的特征。适用于要求流量稳定的场合，它不仅用于鼓风输气，也可作抽气机械使用。但这种风机的叶轮和机壳的内壁加工精度高，各部分间隙调整困难，检修工艺比较复杂，且运行中噪声大。

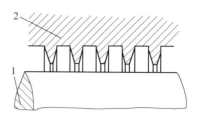

图 4-31　迷宫式轴密封装置
1—轴　2—密封座

思 考 题

4-1　离心通风机是怎样工作的？

4-2　通风机的主要性能参数有哪些？通风机的全压、静压、动压指的是什么？内功率和轴功率有什么不同？全压效率和全压内效率有什么不同？

4-3　离心通风机叶片出口安装角对风机全压、叶轮直径和效率的影响如何？机翼形叶片在应用上有什么优缺点？

4-4　离心通风机的集流器、进气箱、进口导流器有何作用？

4-5　离心通风机的特性曲线图中有哪几条特性曲线？

4-6　请说明相似理论中相似条件的具体内容。

4-7　什么是无因次性能参数？风机有哪些主要的无因次性能参数？为什么说它们是衡量各类风机主要性能参数的特性值？

4-8　无因次性能曲线有什么用途？

4-9　请指出通风机特性曲线图上的稳定和非稳定工作区的范围。

4-10　离心通风机有几种调节方法，试从应用角度对它们作一比较。

4-11　风机全称为 Y4-73No12D 右 90°，请说明它所表示的内容。

4-12　怎样用风机选择曲线来选择风机？

4-13　请说明用风机的无因次性能曲线来选择风机要经过哪些步骤？

4-14　轴流通风机是怎样工作的？在结构上它有哪些特点？

4-15　请说明罗茨鼓风机的工作原理，并说明迷宫式密封装置的密封原理。

 素 养 提 升

一双手一生坚守——胡双钱

"好工人"胡双钱出身于工人家庭，作为中国商飞上海飞机制造有限公司高级技师、数控机加车间钳工组组长，他先后高精度、高效率地完成了 ARJ21 新支线飞机起落架钛合金作动筒接头特制件、C919 大型客机首架机壁板长桁对接接头特制件等加工任务。核准、划线、锯割，握着锉刀将零件的锐边倒圆、去毛刺、打光……这样的动作，他整整重复了 30 年。这位"航空手艺人"用一丝不苟的工作态度和精益求精的工作作风，创造了"35 年没出过一个次品"的奇迹。

胡双钱说："工匠精神是一种努力将 99% 提高到 99.99% 的极致，每个零件都关系着乘客的生命安全，确保质量，是我最大的职责。"

第五章

空气压缩机

空气压缩机是一种用来压缩空气、提高气体压力或输送气体的机械，是将原动机的机械能转化为气体的压力能的工作机，简称为空压机。空压机提供的能源具有如下特点。

1）气源便于集中生产和远距离输送。

2）执行机构动作速度快，容易控制。

3）无污染，安全性好。

空压机的种类很多，结构及工作特点各有不同，用途极广。在生产和生活中，许多机器和设施是利用压缩空气为动力的。

空压机按工作原理可分为容积式和动力式两类。

空压机按冷却方式分为风冷式、水冷式以及内冷却、外冷却等多种，其中以风冷式和水冷式应用最广。

空压机按固定方式分为固定式和移动式。另外，有的按原动机类型进行分类。

第一节　活塞式空压机的特点、类型和主要参数

一、活塞式空压机的特点

活塞式空压机较其他类型压缩机而言，具有以下特点：

1）适应性强，适用压力范围广，目前在工业上使用的最高工作压力已达到350MPa，实验室最高压力可达1000MPa。

2）气流黏度低，损失小，效率高。

3）适应性较强，即排气量范围较广，且不受压力高低的影响。例如，单机的排气量最大可达500m³/min，排气量小的可很小，且在气量调节时，排气压力几乎不变。

4）转速不高，机器体积大而重。

5）结构复杂，易损件多，维修量大（但对维修工的技术要求相应较低）。

6）排气不连续，气流脉动，且气体中常混有润滑油。

二、活塞式空压机的基本类型

（1）**按气缸排列方式分**　有立式、卧式、角度式。卧式又分为一般卧式、对称平衡型和对置型，分类详见表5-1。

1）立式空压机，其气缸轴线与地面垂直，特点是：① 气缸表面不承受活塞重量，活塞与气缸的摩擦和润滑均匀，活塞环的工作条件较好，磨损小且均匀；② 活塞的重量及往复运动时的惯性垂直作用到基础，振动小，基础面积较小，结构简单；③ 机身形状简单，结构紧凑，重量轻，活塞拆装和调整方便。

2）卧式空压机，其气缸轴线与地面平行，按气缸与曲轴的相对位置的不同，又分为两种：① 一般卧式，气缸位于曲轴一侧，运转时惯性力不易平衡，转速低，效率较低，适用

于小型空压机；② 对称平衡型，如表 5-1 中 M 型和 H 型，气缸水平布置并分布在曲轴两侧，因而惯性力小，受力平衡，转速高，多用于中、大型空压机。

表 5-1 活塞式空压机的基本类型

分类方法	基本型式		简 图	说 明	分类方法	基本型式		简 图	说 明
按气缸的排列角度式	立式			气缸均为竖立布置的	按气缸的排列	对称平衡式	M 型		电动机置于机身一侧
	卧式			气缸均为横卧布置的			H 型		气缸水平布置并分布在曲轴两侧，相邻两列的曲拐轴为 180°，电动机在机身中间
		L 型		相邻两气缸中心线夹角为 90°，而且分别为垂直与水平布置	按活塞动作	单作用（单动）			气体在活塞的一侧进行压缩（多为移动式空气压缩机）
						双作用（复动）			气体在活塞的两侧均能进行压缩
		V 型		同一曲拐上两列的气缸中心线夹角可为 90°、75°、60° 等	按排气量	微型			排气量小于 1m³/min
						小型			排气量在 1~10m³/min
						中型			排气量在 10~100m³/min
						大型			排气量在 100m³/min 以上
		W 型		同一曲拐上相邻的气缸中心线夹角为 60°	按工作压力	低压			工作压力 0.2~1MPa
						中压			工作压力 1~10MPa
						高压			工作压力 10~100MPa
						超高压			工作压力 100MPa 以上

3）角度式空压机，其相邻两气缸的轴线保持一定的角度，根据夹角的不同，可分为 L 型、V 型和 W 型。其特点是：机身受力均匀，运转平稳，转速较高，结构紧凑，制造容易，维修方便，效率较高。

（2）按气缸容积的利用方式分 有单作用式、双作用式和级差式空压机。

1）单作用式空压机活塞往复运动时，吸、排气只在活塞一侧进行，在一个工作循环中完成一次吸、排气，如图 5-1a 所示。

2）双作用式空压机活塞往复运动时，其两侧均能吸、排气，在一个工作循环中完成两次吸、排气，如图 5-1b 所示。

3）级差式空压机是大小活塞组合在一起，构成不同级次的气缸容积。

（3）按排气量分 有微型、小型、中型、大型空压机。

（4）按工作压力分 有低压、中压、高压、超高压空压机。

三、活塞式空压机的主要参数

1. 热力性能参数

活塞式空压机的热力性能参数主要是指排气量、排气压力、排气温度以及功率和效率。

（1）排气量　指由单位时间内，空压机最后一级排出的气体容积换算成空压机在吸气条件下的气体容积量，单位为 m³/min。

（2）排气压力　指最终排出空压机的气体压力，单位为 Pa 或 MPa。排气压力一般在空压机气体最终排出处即储气筒处测量。多级空压机末级以前各级的排气压力，称为级间压力，或称该级的排气。前一级的排气压力就是下一级的进气压力。

（3）排气温度　指每一级排出气体的温度，通常在各级排气管或阀室内测量。排气温度不同于气缸中压缩终了温度，因为在排气过程中有节流和热传导，排气温度要比压缩终了温度低。

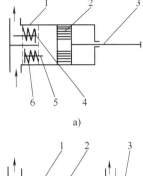

（4）功率　指空压机在单位时间内所消耗的功，单位为 W 或 kW。有理论功率和实际功率之分，理论功率为压缩机理想工作循环周期所消耗的功，实际功率是理论功率与各种阻力损失功率之和。轴功率指空压机驱动轴所消耗的实际功率，驱动功率指原动机输出的功率，考虑空压机实际工作中其他原因引起负荷增加，驱动功率应留有 10%~20% 的储备量，称为储备功率。

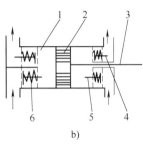

（5）效率　空压机的效率是空压机理想功率和实际功率之比，是衡量空压机经济性的指标之一。

（6）容积比能　容积比能是指排气压力一定时，单位排气量所消耗的功率，其值等于空压机的轴功率与排气量之比。

图 5-1　活塞式空压机
a）单作用式　b）双作用式
1—气缸　2—活塞
3—活塞杆　4—排气阀
5—进气阀　6—弹簧

2. 结构参数

活塞式空压机的主要结构参数是指活塞的平均速度、活塞行程与缸径比、曲轴转速，三者是空压机结构及工作完善程度的标志。

（1）活塞的平均速度　单位为 m/s。它可以反映活塞环、十字头等的磨损情况和气流流动损失的情况；它关系到空压机的经济性及可靠性。

（2）曲轴转速 n　指空压机工作时曲轴的额定转速，单位为 r/min。它不仅决定空压机的几何尺寸、重量、制造的难易、成本，并对磨损、动力特性以及驱动机的经济性及成本等产生影响。

（3）活塞行程　指活塞在往复运动中，上、下止点之间的距离，单位为 mm。

（4）活塞行程与缸径比　活塞行程与第一级气缸直径之比。它直接影响空压机外形尺寸、重量，机件的应力和变形，气阀在气缸的安装位置及气缸中进行的工作过程。

（5）气缸缸数 N　指同一级压缩缸的个数。空压机的排气量与同级缸数成正比。

（6）级数　指空气在排出空压机之前受到压缩的次数，级数影响排气压力和空压机效率。只受一次压缩的称为单级压缩，受到两次压缩的称为两级压缩；两级以上的称为多级压缩。

四、活塞式空压机的型号

活塞式空压机的型号反映了它的主要结构特点、结构及性能参数，型号由大写汉语拼音字母和阿拉伯数字组成，其表述如下：

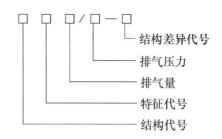

（1）结构代号　表示气缸的排列方式。V 表示 V 型；W 表示 W 型；L 表示 L 型；X 表示星型；Z 表示立式；P 表示卧式；M 表示 M 型；H 表示 H 型；D 表示两列对称平衡型。

（2）特征代号　表示具有附加特点。F 表示风冷固定式；Y 表示移动式；W 表示无润滑；WJ 表示无基础；D 表示低噪声罩式。

（3）排气量　单位为 m^3/min。

（4）排气压力　单位为 10^{5}Pa。

（5）结构差异代号　区别改型，必要时才标注，用阿拉伯数字、小写拼音字母或二者并用。

型号举例：

1）L$_2$—10/8，表示气缸排列呈 L 型立卧结合的结构，排气量为 10m^3/min，排气压力为 0.8MPa，往复活塞式空压机。

2）H$_{22}$—165/320，表示气缸排列为 H 型对称平衡式结构，排气量为 165m^3/min，排气压力为 32MPa，往复活塞式空压机。

3）VY—6/7，表示气缸排列呈 V 型立卧结合的结构，移动式，排气量为 6m^3/min，排气压力为 0.7MPa，往复活塞式空压机。

第二节　活塞式空压机原理

一、活塞式空压机工作过程

活塞式空气压缩机（简称活塞式空压机）压缩空气的过程，是通过活塞在气缸内不断往复运动，使气缸工作容积产生变化实现的。活塞在气缸内每往复移动一次，依次完成吸气、压缩、排气三个过程，即完成一次工作循环，如图 5-2 所示。

（1）吸气过程　当活塞向右边移动时气缸左边的容积增大，压力下降；当压力降到稍低于进气管中空气压力（即大气压力）时，管内空气顶开进气阀 3 进入气缸，并随着活塞的向右移动继续进入气缸，直到活塞移至右端为止。该

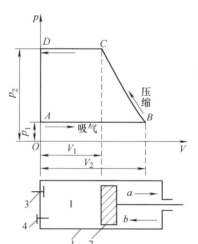

活塞式空压机
工作原理

图 5-2　活塞式空压机工作过程

1—气缸　2—活塞　3—进气阀　4—排气阀

端点称为内止点，根据气缸排列形式的不同，又可称为后止点或下止点。

（2）压缩过程 当活塞向左边移动时，气缸左边容积开始缩小，空气被压缩，压力随之上升。由于进气阀的止逆作用，使缸内空气不能倒流回进气管中。同时，因排气管内空气压力又高于缸内空气压力，空气无法从排气阀口排出缸外，排气管中空气也因排气阀的止逆作用而不能流回缸内，所以，这时气缸内形成一个封闭容积。当活塞继续向左移动缸内容积缩小，空气体积也随之缩小，压力不断提高。

（3）排气过程 随着活塞的不断左移并压缩缸内空气，使压力继续升高。当压力稍高于排气管中空气压力时，缸内空气顶开排气阀而排入排气管中，这个过程直到活塞移至左端为止。该端点称为外止点，又可称为前止点或上止点。此后，活塞又向右移动，重复上述的吸气、压缩、排气这三个连续的工作过程。

二、空压机理论工作循环

1. 理论工作循环

空压机的理论工作循环是指在理想条件下进行的循环：气缸中没有余隙容积，被压缩气体能全部排出气缸；进、排气管中气体状态相同（即无阻力、脉动和热交换）；气阀启闭及时，气体无阻力损失；压缩容积绝对密封、无泄漏。

2. 理论工作循环示功图

在上述假设前提下空压机的工作循环，称为理论工作循环，下面用理论工作循环示功图加以说明。

如图 5-2 所示，当活塞 2 按 a 方向向右移动时，气缸 I 内的容积增大，压力稍低于进气管中空气压力时，进气阀 3 打开，吸气过程开始。设进入气缸的空气压力为 p_1，则活塞由外止点移至内止点时所进行的吸气过程，在示功图中，可用直线 AB 来表示。线段 AB 称为吸气线，它说明：在整个吸气过程中，缸内空气的压力 p_1 保持不变、体积 V_1 不断地增加；V_2 为吸气终了时体积。

当活塞按 b 方向向左移动时，缸内 I 的容积缩小，同时进气阀关闭，空气开始被压缩，随着活塞的左移，压力逐渐升高。此过程为压缩过程，在示功图中用曲线 BC 表示，称为压缩曲线，在压缩过程中，随着空气压力的提高，其体积逐渐缩小。

当缸内空气的压力升高到稍大于排气管中空气的压力 p_2 时，排气阀 4 被顶开，排气过程开始。在示功图中用直线段 CD（称为排气线）表示。在排气过程中，缸内压力一直保持不变，容积逐渐缩小。当活塞移到气缸外止点时，排气过程便结束，此时，压缩机完成一个工作循环。

当活塞在外止点改向右移时，缸内压力下降，吸气过程又重新开始；缸内空气压力从 p_2 降到 p_1 的过程，在示功图中以垂直于 V 轴的直线段 DA 来表示。

在理论示功图中，以 AB、BC、CD、DA 线为界的 $ABCD$ 图形的面积，表示完成一个工作循环过程所消耗的功，也就是推动活塞所必需的理论压缩功；其面积越小，则所消耗的理论功就越少。

三、空压机实际工作循环示功图

空压机实际工作循环所测的示功图（图 5-3）与理论示功图有很大的差异，其特征为：

1）一次工作循环中除吸气、压缩和排气过程外，还有膨胀过程（剩余气体的膨胀降压），用气体膨胀线 DA 表示。

2）吸气过程线 AB 值低于名义吸气压力线 p_1，排气过程线 CD 值高于名义排气压力线 p_2，且吸、排气过程线呈波浪形。

3）压缩、膨胀过程曲线的指数值是变化的。

理论与实际示功图差别较大，是因为空压机在实际工作过程中受到余隙容积、压力损失、气流脉动、空气泄漏及热交换等多种因素的影响。

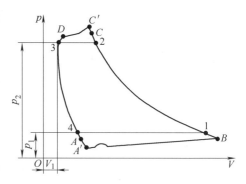

图 5-3　单作用空压机实际工作示功图

第三节　活塞式空压机的结构

一、基本结构

空压机由主机和附属装置组成，主机一般包括以下几部分。

（1）机体　它是空气压缩机的定位基础构件，由机身和曲轴箱等部分构成。

（2）传动机构　由离合器、带轮或联轴器等传动装置以及曲轴、连杆、十字头等运动部件组成。其作用是将原动机的旋转运动转变为活塞的往复直线运动。

（3）压缩机构　由气缸、活塞组件，进、排气阀等组成。活塞往复运动完成工作过程。

（4）润滑机构　由泵、注油器、过滤器和冷却器等组成。泵由曲轴驱动，向运动部件提供低压润滑油。注油器由曲轴或单独小电动机驱动，通过柱塞或滑阀的压油作用，为各级气缸及填料箱提供所需的高压润滑油，供油量和压力均可调节。

（5）冷却系统　风冷式冷却系统主要由散热风扇（用曲轴经带轮驱动）和中间冷却器等组成。水冷式冷却系统由各级气缸水套、中间冷却器、阀门等组成。系统中通以压力冷却水，水流带走压缩空气和运动部件所产生的热量。

（6）操纵控制系统　它包括减荷阀、卸荷阀、负荷（压力）调节器等调节装置；安全阀、仪表；润滑油、冷却水与排气的压力和温度等声光报警与自动停机的保护装置；自动排油水装置等。

附属装置主要包括空气过滤器、盘车装置、冷却器、缓冲器、油水分离器、气罐、冷却水泵、冷却塔、各种管路、阀门、电气设备及保护装置等，有的还设有压缩机轻载起动和控制冷却水通断的电磁阀，以及压缩空气的净化装置和干燥装置等。

二、L 型空压机

L 型空压机是最常用的空压机之一，按排气量和排气压力，大多数属于中型压缩机。其动力平衡性能好，运行可靠，产品标准化、系列化，安装、使用与维修较简单和方便。

常见 L 型空压机有 L_2—10/8、$L_{3.5}$—20/8、$L_{5.5}$—40/8、L_8—60/8 和 L_{12}—100/8 型等定型系列。通常为二级双缸、双作用水冷固定式，有十字头结构，一般都设有润滑油冷却器。排气量在 $20m^3/min$ 以下的通常为带传动，$40m^3/min$ 以上的采用直接传动，即电动机转子直接装在曲轴端部或与联轴器连接。

图 5-4 所示为 $L_{3.5}$—20/8 型空压机的剖面图。从图中可以看出：一级气缸为立列，二级

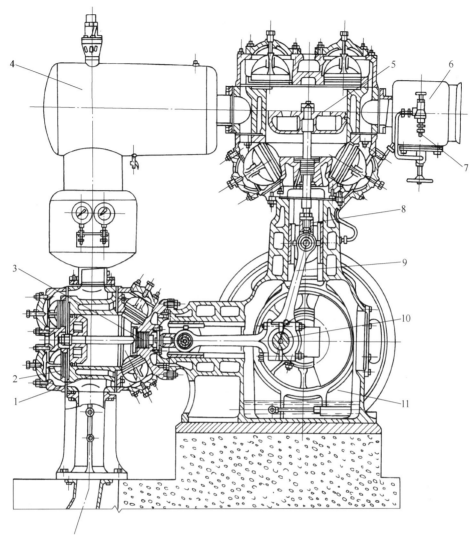

图 5-4 L₃.₅—20/8 型空压机剖面图

1—气缸 2—气阀 3—填料箱 4—中间冷却器 5—活塞 6—减荷阀
7—负荷调节器 8—十字头 9—连杆 10—曲轴 11—机身

气缸为卧列，两气缸呈"L"形布置。一级吸气口前部装有减荷阀，开机前将其关闭，可做无负荷启动。活塞为整体空心锥盘形，其内外侧同时工作。在一、二级气缸内，各对称配置进、排气阀两组，气阀室外和气缸壁外为冷却水套，气阀均为环状阀，十字头为整体闭式结构，用螺纹同活塞杆联接，由调节螺纹调整活塞与气缸的止点间隙。曲轴支承在两个调心滚子轴承上，由电动机经 V 带和装在曲轴上的带轮（兼作飞轮）来间接驱动。齿轮泵是靠装在曲轴前端的泵轴直接驱动，同时通过泵轴上的蜗杆和轴承盖上的蜗轮驱动注油器。中间冷却器为列管式，安装在水平气缸之上。为了保证空压机不因过载而引起事故，在中间冷却器上装有一级安全阀，在气罐上装有二级安全阀，它们的启闭压力可根据实际需要调整。

当出现气压、气温高于规定值；油压、油温过低或过高；冷却水中断或流量不足；气罐压力过高或偏低等情况时，空压机一般都分别配备有能发出声光信号报警与停机的自动保护装置。

三、空压机主要零、部件结构

空压机的主要零、部件有机体、气缸、活塞组件、曲轴、轴承、连杆、十字头、填料箱、气阀等。此外，还有润滑机构、冷却系统和调节装置等辅助部件。

1. 机体

机体是空压机的基础构件，机体内部安装各运动部件，并为传动部件定位和导向。曲轴箱内存装润滑油，外部连接气缸、电动机和其他装置。运转时，机体要承受活塞与气体的作用力和运动部件的惯性力，并将这些力和本身重力传到基础上。

机体的结构按空压机型式的不同分为立式、卧式、角度式和对置型等。

图 5-5 所示为有十字头的 L 型机体。机座两端为安装两个滚动轴承的主轴承孔。要求与曲轴的轴线平行，才能保证十字头滑道与气缸的同轴度。机体顶部（卧列为端部）有气缸定位孔，使气缸与十字头滑道同轴。曲轴箱的侧面和一、二级十字头滑道的正、反面都开有窗口，便于连杆、十字头、活塞杆、填料等的装拆及活塞止点的调整和观察运动部件的运转情况。机身上铸有十字头滑道，还开设了能使机体内部与大气相通的呼吸窗、起降低油温、平衡机身内外压力的作用。

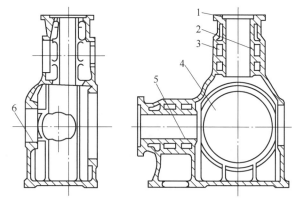

图 5-5 L 型机体
1—立列结合面 2、5—十字头滑道
3—冷却水套 4—曲轴箱 6—滚动轴承孔

2. 气缸

气缸是空压机产生压缩空气的重要部件，由于承受气体压力大、热交换方向多变、结构较复杂，故对其技术要求也较高。

根据冷却方式，一般分为风冷式和水冷式两种气缸。

风冷式气缸的结构简单，由曲轴带动风扇向铸有散热片的气缸外壁扇风，故冷却效果较差，排气温度很高，设备效率较低，一般只用于低压、小型或微型移动式空压机。

水冷式气缸的结构较复杂，制造难度大，但冷却效果好，能降低排气温度和提高设备效率，故大、中型空压机都采用这种气缸。

气缸由缸盖、缸体和缸座三部分组成。大、中型气缸为分段铸造，小型气缸一般为整体铸造。

图 5-6 所示为排气量为 $10m^3/min$ 或 $20m^3/min$ 的 L 型空压机一级气缸结构图。气缸由三个铸铁件缸盖 1、缸体 4 和缸座 6 用双头长螺栓联接而成。缸盖和缸座上设气阀室，缸体中部设注油孔，孔外装逆止阀和注油管。紧贴气缸工作面有冷却水套 5，水套外有暗气道，三铸件的水、气道各自相通，水套壁将进、排气阀室隔开，缸座与机身的贴合面有定位凸肩，为保证密封，各接合面上垫有橡胶石棉垫片。

为了避免缸体内壁即气缸工作面（要求为镜面）的磨损和便于修理，通常在气缸中镶入缸套。

为了保证气缸的冷却，气缸水套内必须有足够的冷却水流通，冷却水一般从下部进，上部出。

3. 活塞组件

活塞组件由活塞、活塞环、活塞杆等部分组成。

（1）活塞　按气缸的形式，可分为筒形活塞、盘形活塞和级差式活塞等。

图 5-7 所示为小型空压机常用的筒形活塞。顶部装有活塞环 2，靠曲轴箱一端装刮油环 3。活塞的下部称为裙部，与气缸壁紧贴，起导向和将侧向力传给气缸的作用。在裙部有活塞销孔，用来安装活塞销和传递作用力。活塞销在销孔内和连杆小头孔内都不固定，称为浮动销，通常用弹簧圈 6 将活塞销卡在销孔内，以防止它的轴向位移。

图 5-8 所示为盘形活塞，用于中、低压气缸中与十字头相连而不承受侧向力的盘形活塞，这种活塞除铝质外，一般铸成空心以减少质量；两端面用加强筋连接来增加刚度，为避免受热变形，加强筋不应与四壁相连。两筋之间开清砂孔，清砂后须采取能防漏、防松的封闭，并做水压试验。

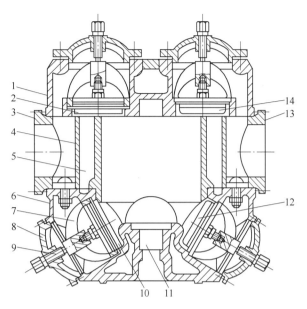

图 5-6　L 型空压机一级气缸结构图

1—缸盖　2、10—排气阀　3—排气口法兰　4—缸体　5—冷却水套
6—缸座　7—制动器　8—气阀盖　9—气阀压紧螺钉
11—填料室　12、14—进气阀　13—进气口法兰

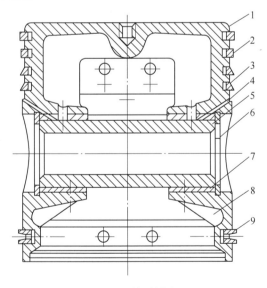

图 5-7　筒形活塞

1—活塞体　2—活塞环　3—刮油环　4—回油孔
5—活塞销　6—弹簧圈　7—衬套　8—加强筋　9—布油环

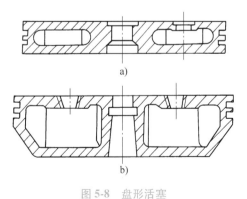

图 5-8　盘形活塞

a）盘形　b）锥形

（2）活塞环　它是气缸工作表面与活塞之间的密封零件，同时起布油和散热的作用。活塞环上有一开口，称为切口。自由状态下，活塞环的外径大于气缸的内径，环的内径小于

活塞外径。当套在活塞环槽上装入气缸后，环体收缩，切口处留有供环热膨胀的间隙。活塞环有一定的张力，靠此张力使环的外圆能紧压在气缸工作表面上。切口的形式有直切口、斜切口（成45°或60°）和搭接口三种，以45°的斜切口用得较多。

每个活塞需装活塞环的数量与气体压力成正比。

活塞环一般用铸铁制成。但在高压活塞上，为了延长环的使用寿命和防止气缸被"拉毛"，常在铸铁环上镶嵌青铜或轴承合金，或者镶填聚四氟乙烯。在单作用的活塞上，为了防止窜油，均装有锋口朝向曲轴箱的刮油环，并在活塞上设有回油孔，如图5-7所示。

（3）活塞杆 活塞杆一般采用优质碳素钢或合金钢制成，其一端与十字头、另一端与活塞连接。活塞杆与活塞的连接方式有两种：

1）圆柱凸肩连接。运转时，活塞杆的圆柱凸肩和锁紧螺母同时传递活塞力，因此，活塞螺母的连接要紧密牢固并有防松装置，活塞轴线与活塞杆轴线的同轴度，靠圆柱面的加工精度来保证，故活塞与凸肩的支承表面在加工时要配磨，以保证接触良好。

2）锥面连接。如图5-9所示，这种连接形式的特点是拆装方便，连接处的接触面积大、摩擦力增大而使联接更可靠，但锥度的配合要求高，加工难度也较大。

4. 十字头

十字头是连接连杆与活塞杆的零件，按其与连杆的连接方式的不同，可分为开式和闭式两种。

（1）开式 连杆小头的叉形位于十字头体的两侧。该结构常用于立式空压机。

（2）闭式 连杆小头位于十字头体内。十字头与滑履的连接有整体式和剖分式（图5-10）。整体式结构简单，重量轻，用于高速小型空压机；剖分式可调整十字头和活塞杆的同轴度，也可调整十字头和滑道的径向间隙，用于大型空压机。

5. 气阀

它是利用气阀两侧的气压差，加上弹簧的作用力使阀片及时自动地开启和关闭，让空气能顺利地吸入和排出气缸。因此，气阀应达到如下要求：密封性能好，阻力小，阀片的启闭要及时、迅速和完全，气阀所造成的余隙容积要小，结构简单。

气阀的种类很多，但按其功能只有进气阀和排气阀两种，按气流特点又分为回流阀和直流阀两大类。回流阀中，以环状阀的应用最为普遍。

（1）环状阀 如图5-11所示，它由阀座、阀片、弹簧、阀盖、连接螺栓和螺母等组成。进、排气阀结构的不同在于进气阀只能向气缸内开启，排

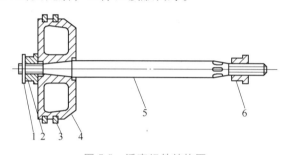

图5-9 活塞组件结构图

1—开口销 2、6—螺母 3—活塞环
4—活塞 5—活塞杆

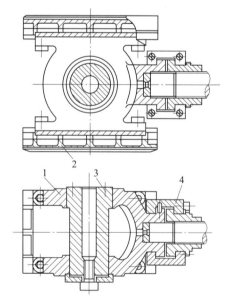

图5-10 剖分式十字头结构

1—十字头体 2—滑履
3—十字头销 4—连接器

气阀只能向气缸外开启。

图 5-12 所示为单阀片环状排气阀的分解立体图。

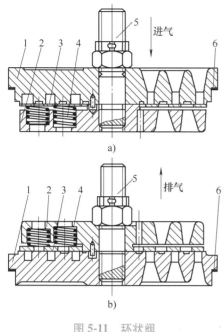 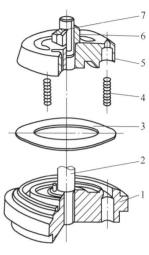

图 5-11　环状阀

a) 进气阀　b) 排气阀

1—阀座　2—阀盖　3—阀片　4—弹簧

5—螺栓　6—密封圈

图 5-12　环状阀分解立体图

1—阀座　2—螺栓　3—阀片

4—弹簧　5—阀盖　6—螺母

7—开口销

1) 阀座　它的座面上有几个同轴的环形通道组成的圆盘形，及对应于阀片数目的圆环形密封面，气阀关闭时，阀片在弹簧的作用力和气体的压差作用下紧贴在阀座密封面上，截断气流通道。因此，对阀座密封面和阀片的平面度、相互贴合的密切程度的要求很高。

2) 阀盖　它的结构与阀座相似，其通道和阀座是错开的。主要作用是控制阀片升起的高度。阀盖上设若干支承弹簧的座孔，孔底常开有便于润滑油排出的小孔，防止阀片被黏附而动作失灵。

3) 阀片　为简单的圆环形薄片结构，加工容易，便于标准化。每组阀上的阀片数根据气流速度和排气量来定，一般为 1~5 片，有的可达 8~10 片。

4) 弹簧　通过弹簧作用于阀片上的预紧力，使阀片与阀座密封，并减缓阀片在启闭时的冲击力。环状阀一般采用多个小弹簧均匀地布置在阀片上，在安装和维修时要注意同组阀乃至同级阀上所有弹簧的自由高度和弹力应一致。

5) 连接螺栓和螺母　气阀的各零件是用螺栓来连接的，拧紧螺母后应采取防松措施，进气阀的螺母在阀座一侧、排气阀的螺母在阀盖一侧，这是识别和安装进、排气阀时的标志之一；另一标志是进气阀只能向气缸内开启，排气阀只能向气缸外开启。

环状阀的特点是结构简单，制造容易，安装方便，工作可靠；改变阀片环数，就能改变排气量，而不受压力和转速的限制。但由于阀片是分开的，各弹簧的弹力不一致，阀片启闭时就不易同步、及时和迅速，从而降低气体流量，影响空压机的工作效率；同时，阀片的缓冲作用较差，冲击力大；弹簧在阀片上只有几个作用点，使阀片在气体作用力下产生附加弯曲应力，这都将加快阀片和凸台的磨损。

（2）组合阀 其结构是将进排气阀制成一个整体，这样就能增大气体的流通面积和扩大气阀的通用性。它分为低压和高压两种组合阀。

低压组合阀的进气与排气容积之间为无冷却的结构，排出的高温气体会加热吸进的气体，使吸气量减少，故多用于小型单作用空压机。

高压组合阀通常将高压排气通道设在气缸容积外或缸盖中，不但减小了气流波动，还能改善气缸受力和简化气缸结构。

（3）直流阀 图5-13所示为直流阀示意图，它由阀片和兼有阀座与升程限制作用的阀体组成。气阀关闭时，阀片紧贴阀座上，开启时，阀片反贴到升程限制的圆弧面上。由于阀片质量小、阻力小、气体流速较高，故适宜高转速、高活塞速度的低压空压机。但该阀结构复杂、精度要求高，阀片密封性差，故应用不多。

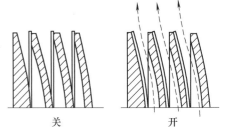

关　　　　开

图5-13 直流阀示意图

6. 安全阀

安全阀是空压机上最重要的安全保护装置之一。当负荷调节器失灵，排气压力超过规定的安全压力时，安全阀就自动开启，排出过量气体而释压，当压力降到规定值时则自动关闭，保证了空压机的正常运行。

安全阀的种类很多，常用的有弹簧式、重锤式和脉冲式三种。

图5-14所示为弹簧式安全阀结构图。弹簧式安全阀的阀瓣与阀座的密封是靠弹簧力的作用。当气体压力超过弹簧作用力时，阀自动开启，卸压后，阀瓣在弹簧力作用下落座为关闭状态。弹簧式安全阀的结构简单，调整方便，可直立安装在任何场合，应用较广，低压空压机多采用弹簧式安全阀。

通常规定安全阀的开启压力值不得大于空压机工作压力值的110%，允许偏差±3%；关闭压力值为工作压力值的90%~100%，启闭压差一般应≤15%工作压力值。实际应用中，常将两级压缩空压机安全阀的开启压力规定为：一级在排气压力值上加20%、二级加10%；一、二级的关闭压力都为额定排气压力值。

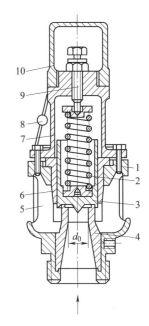

图5-14 弹簧式安全阀
1—阀体 2—弹簧 3—阀瓣 4—阀座
5—排气口 6—阀套 7—上体 8—铅封
9—压力调节螺钉 10—上盖

四、空压机的附属装置

空压机的附属装置有润滑系统、冷却系统、空气过滤器、气罐等。

1. 润滑系统

空压机需要润滑的部位有气缸、填料箱、曲轴轴颈、连杆大小头以及十字头滑道等。图5-15所示为L型空压机润滑系统。

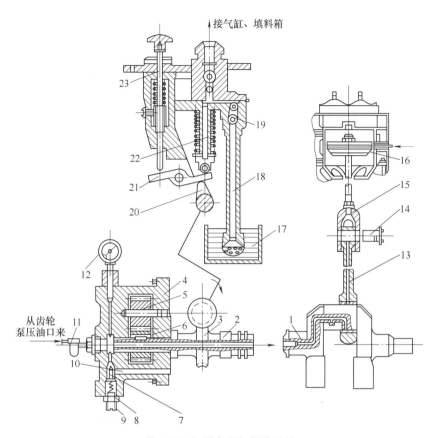

图 5-15 L 型空压机润滑系统

1—曲轴　2—空心轴　3—蜗杆副　4—齿轮泵外壳　5—从动齿轮　6—主动齿轮　7—压力调节阀　8—螺母
9—调节螺钉　10—回油管　11—过滤器　12—压力表　13—连杆　14—十字头销　15—十字头　16—活塞
17—注油器油池　18—注油器吸油管　19—单向阀　20—注油器凸轮　21—杠杆　22—柱塞　23—顶杆

（1）气缸和填料箱的润滑　气缸和填料箱是用注油器进行润滑的，柱塞 22 由注油器凸轮 20 带动上下运动，将润滑油从注油器油池 17 中吸入，经过吸入口和排出口两个单向阀 19 后，送入气缸和填料箱。油量多少可旋转顶杆 23 改变柱塞行程来调节。顶杆还可以作为空压机起动前的手动供油把手。

（2）运动机构的润滑　齿轮泵由曲轴 1 通过空心轴 2 驱动，将润滑油从油池中吸入，并按齿轮泵压油口→过滤器 11→空心轴 2 中心孔→曲轴中心孔→曲轴轴颈→连杆大头→连杆小头→十字头销→十字头滑道的油路压送至各运动部分进行润滑。油压大小可用压力调节阀 7 调节。

（3）润滑油　空压机对润滑油性能要求比较高，可选用 GB/T 3141—1994 规定的几种牌号的油，轻载用 L—TSA 和 L—DAA；中载用 L—DAB；重载用 L—DAC。润滑油选用的黏度等级夏季与冬季有所不同，气缸润滑油：夏季 150，冬季 100；运动部件润滑油：夏季 68，冬季 46。

2. 冷却系统

空压机中的压缩空气、润滑油都需要进行冷却，L 型空压机要求各级排气温度不超过 160℃，曲轴箱油温不超过 60℃，冷却水最高排水温度不超过 40℃。

空压机的冷却系统由水池、水泵、中间冷却器、后冷却器，润滑油冷却器，气缸水套、冷却塔和管路组成，如图 5-16 所示，当水温过高时，可起动备用泵，增加冷却水流量，降低温度。

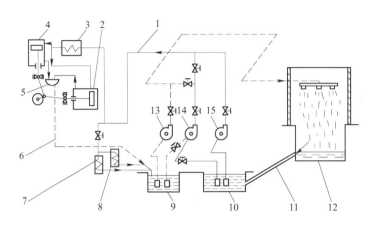

图 5-16　空压机冷却系统

1—总进水管　2、4——、二级气缸　3—中间冷却器　5—回水漏斗　6—回水管

7—后冷却器　8—润滑冷却器　9—热水池　10—冷水池　11—水管

12—冷却塔　13—热水泵　14—备用泵　15—冷水泵

冷却器是冷却系统中的重要部件，按其在系统中的位置分为中间冷却器和后冷却器。L型空压机中间冷却器如图 5-17 所示，它由外壳、冷却水管芯、油水分离器等组成。冷却水管芯 2 由无缝钢管与散热片组成。冷却水在管内流动，压缩空气在管外沿垂直管芯方向冲

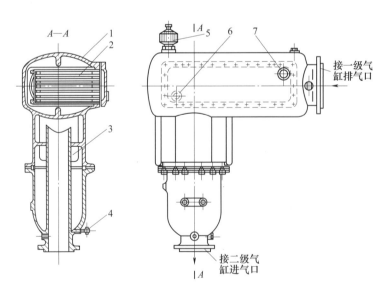

图 5-17　中间冷却器

1—外壳　2—冷却水管芯　3—油水分离器　4—排水阀　5—安全阀

6—冷却水进口　7—冷却水出口

刷，进行热交换，使高温的压缩空气冷却下来，冷却后的压缩空气经油水分离器 3 分离油水后，再进入二级气缸压缩，分离出来的油水可定期由排水阀 4 排出。

3. 空气过滤器

空气过滤器的作用是清除空气中的灰尘和杂质，以保护气缸和阀门。

空气由空气过滤器进气口吸入后经过滤芯的过滤再进入气缸。滤芯有金属网滤芯、纸质滤芯、织物滤芯、塑料滤芯等多种形式。

4. 气罐

气罐的作用是：

1）稳定压力，消除空压机周期性排气造成的压力脉动。

2）分离油水，提高压缩空气的质量。

3）储备压缩空气，维持供需平衡。

空压机的气罐一般为立式圆筒形结构，如图 5-18 所示。它占地面积小，安装简单，操作容易。气罐上开有进气口 3、排气口 6、安全阀接口 1、压力表接口 2、油水排泄阀 4 和检修孔 5。进气口内接有一段呈弧形而出口向倾斜并弯向罐壁的进气管，使空气进入罐内沿罐壁旋转，利用离心和重力分离压缩空气中的油和水。分离出来的油和水落入罐的底部，借助压缩空气中的压力，由伸入罐底的油水排泄管经油水排泄阀 4 排出。检修孔是供内部检查和清扫修理用的。底部短支脚放在水泥基础上，用地脚螺钉固定。

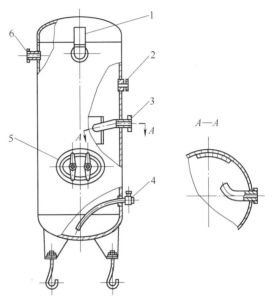

图 5-18　气罐

1—安全阀接口　2—压力表接口　3—进气口
4—油水排泄阀　5—检修孔　6—排气口

第四节　空压机工作的调节

活塞式空压机在运行中常见排气量、进排气压力与设计的额定值不符的情况，称为空压机的非额定工况。本节就单级空压机排气量调节方法加以说明。

空压机的选用一般是根据最大耗气量来决定。然而在使用中所消耗的气量是变化的，用气量多于空压机排气量时，系统中的压力就会降低；用气量少于空压机的排气量时，系统中的压力就会升高。要使系统中压力基本保持不变，必须调节空压机的排气量，使排气量与用气量相对平衡。

空压机排气量调节有以下几种方法。

一、转速调节法

空压机的排气量与转速成正比，故改变空压机的转速，就可达到调节排气量的目的。转速调节时，排气量按转速成比例地下降，功率也成比例地下降，当空压机停转时，排气量为零，空压机轴功率也为零。因此，在调节幅度不大时，转速调节的经济性是好的。结构上，转速调节法不需设专门的调节机构，但其驱动变速机构复杂。

转速调节一般是利用气罐压力的变化、操纵原动机（主要为内燃机）的油门以改变转速而改变空压机的转速。转速调节也可用变速电动机来实现。此法操作简单、使用方便。当转速降低时，能减少机械磨损，降低功率消耗。但调节粗糙，转速只能在60%～100%范围内变动，多用于小型、微型移动式、内燃机驱动的空压机。

二、空压机停转调节法

空压机采用图5-19所示的压力调节继电器实现停转调节。压力调节继电器与气罐相连，并控制放气阀的开闭。当罐压升到额定值时，膜片11变形内凹推动推杆13带动杠杆10顺时针方向摆动，微动开关9常闭触点断开，切断电动机电路而自动停机，并使放气阀打开。当罐压降低到一定值时，弹簧力使触点闭合，接通电路关闭放气阀。空压机停转时的压力通过调节螺钉8调整弹簧的预紧力来控制。

这种调节方法由于起停电动机频繁，故多用于需长时间停止工作，并由电动机驱动的微型空压机和少数小型空压机。

多机运转的压缩空气站，也用开、停部分空压机的方法进行调节。

三、控制进气调节法

控制进气调节法分为节流进气调节法和切断进气调节法，常用的是切断进气调节法。它是隔断空压机进气通路，使空压机空转而排气量等于零的调节方法。

调节装置由图5-20所示的减荷阀和图5-21所示的负荷调节器两部分组成，负荷调节器安装在减荷阀的侧壁上（图5-4）。当气罐中的压力高于标定值时，气罐中的压缩空气经管路进入负荷调节器，推动阀芯2，打开通向减荷阀的通路，使压缩空气经接管进入减荷阀的气缸，推动气缸的活塞上行，使双层阀芯向上移动与阀体密切贴合，隔断空气进入一

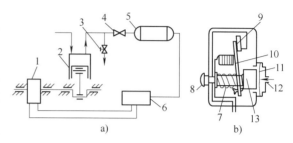

图5-19 停转调节装置

a）调节系统 b）压力继电器

1—电动机 2—压缩机 3—放气阀 4—止回阀 5—气罐
6—压力继电器 7—弹簧 8—螺钉 9—微动开关
10—杠杆 11—膜片 12—进气口 13—推杆

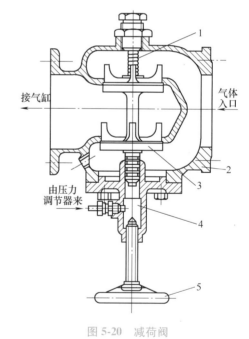

图5-20 减荷阀

1—弹簧 2—阀体 3—双层阀芯 4—气缸 5—手轮

级气缸的通路，空压机处于空转状态而不再排气。当气罐中的压力下降到规定值时，负荷调节器中的弹簧4把阀芯2顶回，切断压缩空气通往减荷阀的通路，减荷阀活塞缸内的压缩空气便返回调节器，从负荷调节器中弹簧腔一侧开通的气路排到大气中，减荷阀上的双层阀芯在弹簧作用下重新打开，空压机恢复正常吸、排气。减荷阀的开启压力可分别调整减荷阀上弹簧的调节螺母和负荷调节器上的调节螺套6来实现。另外拉动负荷调节器

上的拉环手柄 7，通过拉杆 3 可使弹簧压缩，从而打开阀芯 2 接通减荷阀实现手动调节。

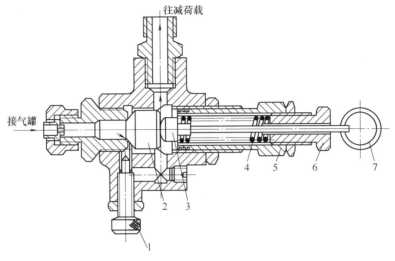

图 5-21 负荷调节器

1—节流螺钉 2—阀芯 3—拉杆 4—弹簧 5—外调节套 6—调节螺套 7—拉环手柄

操作减荷阀（图 5-20）上的手轮 5，推动活塞上移，使双层阀芯 3 与阀体 2 贴合，关闭进气口，可人工空载起动空压机；起动完毕，再反转手轮 5 把双层阀芯 3 打开，进入正常运转。

四、气阀调节法

气阀调节法是利用压开装置，将进气阀强行打开，使从进气行程吸入的空气在活塞返回时再由进气阀排出，没有压缩过程，此时空压机泄漏量最大，排气量为零。若在活塞返回部分行程压开进气阀，排气量则由进气阀被强制压开的时间而定，通过改变空压机泄漏量来实现调节排气量，可实现连续或分级调节。

1. 完全压开进气阀调节

图 5-22 所示为无压缩调节装置。它由膜片、顶板、顶杆、顶脚等零件组成，安装在进气阀前面，其气室与负荷调节器相通。当气罐中的压力超过标定值时，压缩空气经负荷调节器和导管进入由上盖 12 与橡皮膜片 11 组成的气室，压迫膜片下凹，推动顶板 13 下移，并通过顶杆 14 和顶杆座 17 将

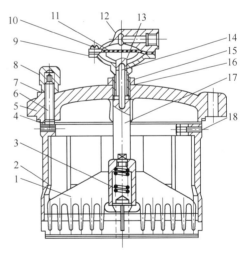

图 5-22 无压缩调节装置

1—顶脚 2—制动圈 3—弹簧 4、7、16—垫片 5—阀盖 6—气阀压紧螺钉 8—气阀压紧螺母 9—接管下座 10—螺钉 11—膜片 12—上盖 13—顶板 14—顶杆 15—锁紧螺母 17—顶杆座 18—止紧螺钉

顶脚 1 压向进气阀的环状阀片，使进气阀处于开启状态。这样进入进气阀的空气又可由进气阀排出，不再被压缩，故空压机无压缩空气排出，空压机处于空转状态。当气罐中的压力降低到标定值，负荷调节器切断通往气室的气流通道，膜片上部气室的余气从负荷调节器排放到

大气中，顶脚1在弹簧3作用下向上托起，进气阀又处于正常工作状态，空压机恢复向气罐供气。

这种调节方法比较经济，但阀片受额外的负荷，寿命较短，密封性较差。

2. 部分行程压开进气阀调节

该方法是当吸气终了时，阀片在调节装置的弹簧力作用下保持开启状态。当活塞反向运动时，被压缩的气体有一部分由开启的进气阀被排回进气管道；当活塞继续反向移动使阀片上的压力值达到能克服弹簧作用力时，进气阀自动关闭，气缸内剩余气体开始正式被压缩，从而达到定量调节。

此法由于功率消耗与排气量成正比而较经济，排气量可从0～100%的范围内进行有效调节，故应用较普遍。

五、余隙调节法

余隙调节法就是使气缸和补助容积（余隙缸或余隙阀）连通，加大余隙容积，气缸吸气时，余隙中的残留气体的膨胀，气缸工作容积减少，降低排气量。若补助容积的大小可连续变化，排气量也可连续调节。若补助容积为若干固定容积，则可分级调节。

图5-23所示为分级调节装置的示意图。在双作用气缸上设置4个容积相等的补助容器和卸荷器，当气罐中的压力增加到一定值时，压缩空气经调节器（图中未画出）由进气管4进入卸荷器1内，推动小活塞将阀2打开，此时补助容器腔室3与气缸连通，一部分压缩空气进入腔室中，加大了余隙容积，当排气完毕活塞返回时，补助容器腔室3中的压缩空气与气缸中的余气一起膨胀，因此进气量减少，相应的排气量也减少了。随着压力的变化，若连通补助容器的个数依次为0、1、2、3、4个，则气缸排气量相应为100%、75%、50%、25%、0。

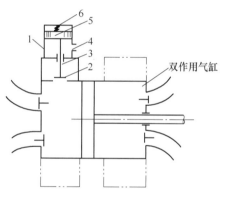

图5-23 分级调节装置示意图

1—卸荷器 2—阀 3—补助容器腔室
4—进气管 5—活塞 6—弹簧

此外，常见的调节法还有进、排气连通调节、压开进气阀和补助容积的综合调节、调节器调节和射流调节等。

第五节 空压机常见故障及排除方法

空压机的故障主要由机件的自然磨损、零部件选料不当或加工精度误差、安装误差以及操作失误、维修维护不到位等因素造成。及时排除故障，减少故障的影响，需要有关人员熟悉设备结构、性能，掌握正确的操作和维修方法，积累经验，才能及时、准确判断故障原因和部位，迅速排除，确保设备的正常运行。

空压机常见的故障，大致有润滑系统故障、冷却系统故障、压力异常、排气温度过高、机件破坏、异常声响以及示功图显示的故障。表5-2列举了常见空压机故障及排除方法。

表 5-2　空压机常见故障及排除方法

故障类型	故障及其原因	排除方法
润滑系统故障	一、油压突然降低 1. 油池油量不足 2. 油压表失灵 3. 管路堵塞 4. 液压泵机械故障	加油 更换 清洗 检修
	二、油压逐渐降低 1. 压油管漏油 2. 过滤器堵塞 3. 连杆、液压泵等机械磨损 4. 油液性能不符	检修 清洗 检修，更换 更换
	三、润滑油温度过高 1. 润滑油供应不足 2. 润滑油性能差 3. 运动机构磨损或配合过紧 4. 冷却系统故障	添加润滑油，检查油路 清洗油箱，更换润滑油 检修 检修
	四、润滑油消耗量过大 1. 润滑部位漏油 2. 注油器供油过多 3. 刮油效果差	更换密封圈，紧固联接件 调节 检修或更换刮油环
冷却系统故障	一、冷却水温正常，排气温度过高 1. 供水不足、漏水 2. 管路积垢 3. 冷却器效率低	调整供水，检修管路 清洗水路 检修冷却器
	二、出水温度高，冷却效果差 1. 供水不足、漏水 2. 进水温度高	调整供水，检修管路 控制进水温度
	三、气缸内有水 1. 缸密封垫片破裂 2. 中间（后）冷却器密封不严或管子破裂	检修 检修
压力异常	一、排气压力过高 1. 负荷调节器失灵或调整不当 2. 减荷阀失灵	吹洗、检修和调整 吹洗、检修和调整
	二、排气压力过低 1. 安全阀故障 2. 气阀座泄漏或活塞环磨损 3. 空气过滤器严重堵塞	检修 检修 检修
	三、进、排气阀漏气 1. 阀片断裂 （1）弹簧折断，阀片受力不均 （2）弹簧不垂直或同一阀片上各弹簧的弹力相差过大，使阀片受力不均 （3）弹簧弹力过小，使阀片受到较大冲击 （4）阀片材料不良或制造质量不良 （5）润滑油过多，影响阀片正常启闭，同时容易积炭结垢，使阀片脏污 2. 阀片与阀座密封不严 （1）阀片与阀座密封结合面不平 （2）进气不清洁，积尘结垢 （3）阀片支承面密封垫损坏	更换检修 研磨结合面 清洗并研磨 更换
	四、压力分配失调 1. 一级吸气阀或排气阀漏气 2. 二级吸、排气阀漏气	检修 检修

（续）

故 障 类 型	故障及其原因	排 除 方 法
异常声响和过热	一、运动部件异常声响 1. 气缸内有异物 2. 气缸进水 3. 活塞或气缸磨损 4. 活塞和活塞杆的紧固螺母松动 5. 活塞杆与十字头的紧固螺母松动 6. 连接销与销孔配合不当 7. 曲轴连杆或活塞组件机械损伤 8. 带轮、飞轮不平衡	判断位置停车检修 判断位置停车检修 修配 紧固 紧固 调整间隙 修配，更换 调整
	二、工作摩擦面过热 1. 供油不足、润滑油太脏、油质不好、油中含水过多、油膜破坏等 2. 摩擦面被拉毛 3. 连杆大头轴瓦抱得太紧	根据检查结果采取相应措施消除 用油石磨光 用垫片调整达到规定间隙
	三、空压机过热 1. 冷却不良，气阀故障或缸内积炭严重 2. 运动部件之间间隙太小，造成摩擦阻力大 3. 润滑油被吸入气缸而燃烧 4. 润滑油不合规定或供油不足	改善冷却条件、检修 调整间隙 检修密封，调整供油 换油，调整供油
安全阀故障	一、不能适时开启 1. 阀内有脏物 2. 弹簧压力调整不合适	清洗、吹除脏物 重新调整弹簧
	二、阀芯密封不严 1. 阀内有脏物 2. 阀芯磨损	清洗、吹除脏物 研磨或更换阀芯
	三、安全阀开启后压力继续升高，阀芯内有脏物或开启度不够所致	拆卸清洗、重新调整
主要零、部件损坏	一、活塞环磨损过快 1. 材质松软，硬度不够，金相组织不合要求 2. 润滑油质量低劣 3. 供油量不足或过多，形成积炭结垢 4. 吸入空气不干净，灰尘进入气缸 5. 活塞环或气缸壁表面粗糙度变坏，加剧磨损	更换活塞环 换油 清洗积炭、调整供油量 清洗空气过滤器 检修
	二、连杆与连杆螺栓损坏、断裂 1. 拧得过紧而承受过大的预紧力 2. 松动而导致大、小头瓦的严重松动、损坏 3. 精度差或装配不当而承受不均匀载荷 4. 大头瓦温度过高、引起螺栓膨胀伸长 5. 活塞在缸内"卡死"或超负荷运转、使螺栓承受过大应力 6. 经长时间运转后疲劳强度下降 7. 轴瓦间隙过大、磨损过大或损坏	调整 调整更换 检修调整 检修调整 检修 更换 调整、更换
	三、活塞咬死和损坏 1. 气缸内断油或油质太差，吸入空气含有杂质，积炭太多 2. 因冷却水量不足、气缸过热、润滑油氧化分解 3. 过热气缸采用强行制冷使气缸急剧收缩，但活塞尚未冷却收缩，致使活塞突然咬死 4. 安装时运动机构未校正使活塞卡死 5. 气缸与活塞的间隙过小 6. 活塞环磨损过大或断裂 7. 缸内有异物 8. 活塞和气缸材料不符合线性膨胀要求及硬度要求	换油，防尘 改善冷却 修配 检修 修配 更换 检修 更换

思　考　题

5-1　空压机应用的特点有哪些?

5-2　单作用空压机与双作用空压机的工作原理有什么区别?

5-3　说明活塞式空压机的工作循环过程。

5-4　空压机理论工作循环与实际工作循环有什么不同?

5-5　活塞式空压机由哪些主要部件构成?

5-6　活塞环有什么作用?如果活塞环在运行中断裂,会产生什么后果?

5-7　简述环状气阀的工作原理。

5-8　说明安全阀的作用和空压机中的安全阀通常安装位置。

5-9　空压机如何进行排气量调节?常用的调节方法有哪几种?

5-10　L型空压机的润滑系统组成部件有哪些?气缸和运动部件是怎样润滑的?

5-11　空压机的冷却系统组成部件有哪些?中间冷却器有什么作用?其构造是怎样的?

5-12　润滑系统出现油压过低、供油不足等故障,试分析其原因。

5-13　试分析冷却系统水温过高的原因。

 素 养 提 升

蛟龙号首席装配钳工——顾秋亮

　　顾秋亮在中国船舶重工集团公司第七〇二研究所从事钳工工作四十多年,先后参加和主持过数十项机械加工和大型工程项目的安装调试工作,是一名安装经验丰富、技术水平过硬的钳工技师。在蛟龙号载人潜水器的总装及调试过程中,顾秋亮同志作为潜水器装配保障组组长,工作兢兢业业,刻苦钻研,对每个细节进行精细操作,任劳任怨,秉承严谨的科学态度和踏实的工作作风,凭借扎实的技术技能和实践经验,主动勇挑重担,解决了一个又一个难题,保证了潜水器顺利按时完成总装联调。诚如顾秋亮所说,每个人都应该去寻找适合自己的人生之路。知识重要,手上的技艺同样重要,作为21世纪的主人,年轻一代应当知道:自己人生的价值体现其实不必拘泥于书本。接受大国工匠的人生故事感召,成为各种高精尖技艺的接班人,幸甚至哉!

第六章

内 燃 机

第一节 概 述

将燃料燃烧所产生的热能转化为机械能的装置称为热力发动机，简称为热机。内燃机（Diesel-Engines）是热机的一种，其特点是燃料在机器内部燃烧，燃烧的气体所含的热能直接转变为机械能。另一种热机是外燃机，其特点是燃料在锅筒外部的炉膛内燃烧，其热能将锅筒内的水加热成为高温高压的水蒸气，再由水蒸气转变为机械能。

由于内燃机具有结构紧凑、热效率高、体积小、质量小等特点，因而广泛应用于飞机、火车、汽车、船舶、农用机械、石油钻采及发电设备。但是，目前内燃机主要是以石油产品作为燃料，燃烧后排出的废气含有较高的有害成分，对环境会造成较大污染，同时石油资源远不能满足人类社会发展的需求，为实现"碳达峰，碳中和"，我国正大力发展新能源发动机。

一、内燃机的分类及其表示方法

1. 内燃机的分类

内燃机按其将热能转化为机械能的主要构件形式，可分为活塞式内燃机和燃气轮机两大类，而活塞式内燃机按活塞的运动方式又可分为往复活塞式内燃机和旋转活塞式内燃机两种。本章主要介绍应用最为广泛的往复活塞式内燃机。

往复活塞式内燃机常见的分类方法如下：

1）按燃料着火方式，可分为压燃式内燃机和点燃式内燃机两类。压燃式内燃机是由雾状燃料与空气的混合气，在压缩过程形成的高压高温而自燃着火燃烧做功的发动机，如柴油机。点燃式内燃机是由电火花将燃烧室中的混合气点燃后燃烧做功的发动机，如汽油机。

2）按活塞在完成一个做功工作循环上下往复行程次数（习惯上也称为冲程数），可分为四冲程内燃机和二冲程内燃机。

3）按燃料种类，可分为使用液体燃料的内燃机、使用气体燃料的内燃机以及使用多种燃料的内燃机。常用的液体燃料有汽油、柴油和煤油等；气体燃料有煤气、液化石油气和天然气。气体燃料虽然存储和携带不很方便，但由于其燃烧后污染小、成本低，受到近距离运输和城市交通车辆使用者的普遍欢迎，特别是我国天然气资源蕴藏量十分丰富，压缩天然气在车辆中的应用研究在我国得以长足发展。此外，还有以甲醇、乙醇、氢气等作为燃料的多种燃料内燃机。

4）按燃料供给方式可分为化油器式内燃机和喷射式内燃机。化油器式内燃机用化油器将燃料（汽化气）与空气混合成一定成分比例的混合气，经进气歧管送入气缸燃烧做功；喷射式内燃机是用喷射装置产生的压力将燃料直接喷入气缸或进气管，与空气形成混合气后燃烧做功。

5）按内燃机气缸排列的形式可分为单列式内燃机、双列式内燃机。其中单列式内燃机又可分为气缸成直立布置内燃机或卧式布置内燃机，双列式内燃机又可分为 V 形布置内燃机或对置式布置内燃机。

6）按气门的布置形式可分为顶置式内燃机、侧置式内燃机和混合式内燃机。

7）按气门数量可分为单气门内燃机（仅用于二冲程内燃机）、双气门内燃机（进、排气门各一）、三气门内燃机（二个进气门、一个排气门）、四气门内燃机（进、排气门各二个）、五气门内燃机（三个进气门、二个排气门）。

8）按冷却方式的不同可分为水冷式内燃机和风冷式内燃机。

此外，还可按进气方式不同分为自然进气式内燃机和增压式内燃机。

2. 内燃机型号表示方法及其应用举例

（1）内燃机型号的表示方法 为了生产、使用、购销和识别不同类型的内燃机，我国国家标准（GB/T 725—2008）规定了内燃机型号由四个部分组成：

第一部分由制造商代号或系列符号组成。该部分代号由制造商根据需要选择 1~3 个字母表示。

第二部分由气缸数、气缸布置型式符号、冲程型式符号、缸径符号组成。

第三部分由结构特征符号、用途特征符号组成。

第四部分为区分符号。同系列产品需要区分时，允许制造商选用适当符号表示。

内燃机型号表示方法如下：

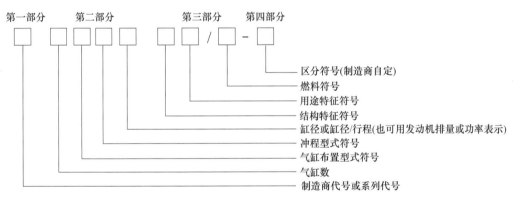

气缸布置型式符号见表 6-1。

表 6-1 气缸布置型式符号

符 号	含 义
无符号	多缸直列及单缸
V	V 形
P	卧式
H	H 形
X	X 形

注：其他布置型式符号见 GB/T 1883.1—2005。

结构特征符号见表 6-2。

表 6-2 结构特征符号

符 号	结构特征
无符号	冷却液冷却
F	风冷
N	凝气冷却
S	十字头式
Z	增压
ZL	增压中冷
DZ	可倒转

用途特征符号见表 6-3。

表 6-3 用途特征符号

符 号	用 途
无符号	通用型及固定动力（或制造商自定）
T	拖拉机
M	摩托车
G	工程机械
Q	汽车
J	铁路机车
D	发电机组
C	船用主机、右机基本型
CZ	船用主机、左机基本型
Y	农用三轮车（或其他农用车）
L	林业机械

注：内燃机左机和右机的定义按 GB/T 726—1994 的规定。

（2）内燃机型号表示方法举例

1）柴油机型号。

① G12V190ZLD——12 缸、V 形、四冲程、缸径 190mm，冷却液冷却、增压中冷、发电用（G 为系列代号）。

② R175A——单缸、四冲程、缸径 75mm、冷却液冷却、（R 为系列代号、A 为区分符号）。

③ YZ6102Q——六缸直列、四冲程、缸径 102mm、冷却液冷却、车用（YZ 为扬州柴油机厂代号）。

④ 8E150C-1——8 缸、直列、二冲程、缸径 150mm，冷却液冷却、船用主机、右机基本型（1 为区分符号）。

⑤ JC12V26/32ZLC——12 缸、V 形、四冲程、缸径 260mm、行程 320mm、冷却液冷却、增压中冷、船用主机、右机基本型（JC 为济南柴油机股份有限公司代号）。

⑥ 12VE230/300ZCZ——12 缸、V 形、二冲程、缸径 230mm、行程 300mm，冷却液冷却、增压、船用主机、左机基本型。

⑦ G8300/380ZDZC——8 缸、直列、四冲程、缸径 300mm、行程 380mm、冷却液冷却、增压可倒转、船用主机、右机基本型（G 为系列代号）。

2）汽油机型号。

① IE65F/P——单缸、二冲程、缸径 65mm、风冷、通用型。

② 492Q/P-A——四缸、直列、四冲程、缸径 92mm、冷却液冷却、汽车用（A 为区分符号）。

3）燃气机型号。

① 12V190ZL/T——12 缸、V 形、四冲程、缸径 190mm、冷却液冷却、增压中冷、燃气为天然气。

② 16V190ZLD/MJ——16 缸、V 形、四冲程、缸径 190mm、冷却液冷却、增压中冷、发电用、燃气为焦炉煤气。

4）双燃料发动机。

① G12V190ZLS——12 缸、V 形、缸径 190mm、冷却液冷却、增压中冷、燃料为柴油/天然气双燃料（G 为系列代号）。

② 12V26/32ZL/SCZ——12 缸、V 形、缸径 260mm、行程 320mm、冷却液冷却、增压中冷、燃料为柴油/沼气双燃料。

3. 单缸四冲程内燃机的构造

单缸四冲程汽油机的基本结构如图 6-1 所示，气缸 25 内装有活塞 1，活塞通过活塞销 4，连杆 6 与曲轴相连接，活塞能在气缸内做直线往复运动，并通过连杆推动曲轴 9 旋转。反之，曲轴旋转也可带动连杆，连杆通过活塞销带动活塞做直线往复运动。这是曲柄滑块机构在汽车发动机中的应用。

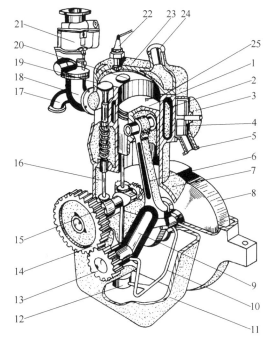

为了实现发动机工作循环的进气、压缩、膨胀做功和排除废气四个行程，设置了进气门 19、排气门 20、化油器 21 及进气管 18。为了准确控制进、排气门的适时开启和关闭，曲轴通过齿轮驱动凸轮轴，利用凸轮和挺杆来推动进、排气门。气缸体上装有气缸盖 23 来实现燃烧室封闭，用水泵 3 使冷却液不断循环，实现发动机在一定温度下工作。为提高发动机的工作稳定性，实现转矩输出，在曲轴末端装有飞轮 8。此外，曲轴所在的空间部位称

图 6-1 单缸四冲程汽油机结构示意图

1—活塞 2—水套 3—水泵 4—活塞销 5—进水口 6—连杆
7—曲轴箱 8—飞轮 9—曲轴 10—机油管 11—油底壳
12—机油泵 13—曲轴正时齿轮 14—凸轮轴正时齿轮 15—凸轮轴
16—挺杆 17—排气歧管 18—进气管 19—进气门 20—排气门
21—化油器 22—火花塞 23—气缸盖 24—出水口 25—气缸

为曲轴箱 7，油底壳 11 用来储存润滑油，由机油泵 12、机油管 10 将润滑油输送到各运动副工作表面并不断循环。火花塞22产生的火花点燃燃油与空气混合气以产生热能。

二、发动机技术术语和计算公式

（1）活塞上止点 活塞移动顶面处于离曲轴回转中心最远的位置，称为上止点。

（2）活塞下止点 活塞移动顶面处于离曲轴回转中心最近的位置，称为下止点。

（3）活塞行程 活塞由一个止点向另一个止点移动的距离，称为活塞行程，用 S 表示。

（4）曲柄半径 曲轴上连杆轴颈中心至曲轴回转中心之间的距离 R，称为曲轴半径。它等于活塞行程的一半，即 $S=2R$。

（5）气缸工作容积 活塞在一个行程内所扫过的容积，也称气缸排量，用 V_S 表示，单位为 L。多缸发动机各气缸工作容积的总和，称为发动机排量，用 V_L 表示，如图 6-2 所示。

$$V_L = V_S i = \frac{\pi D^2}{4 \times 10^6} S i \qquad (6-1)$$

式中，D 是气缸直径（mm）；S 是活塞行程（mm）；i 是一台发动机的气缸数。

（6）燃烧室容积 活塞在上止点时，活塞顶面至气缸盖底面之间的空间，其容量称为燃烧室容积，用 V_C 表示，单位为 L。

（7）气缸总容积 活塞在下止点时，活塞顶以上的空间容量称为气缸总容积，等于气缸工作容积 V_S 与燃烧室容积 V_C 之和，用 V_a 表示，即

$$V_a = V_S + V_C \qquad (6-2)$$

（8）压缩比 单个气缸的总容积与燃烧室容积之比，用 ε 表示

$$\varepsilon = \frac{V_a}{V_C} = \frac{V_S + V_C}{V_C} = 1 + \frac{V_S}{V_C} \qquad (6-3)$$

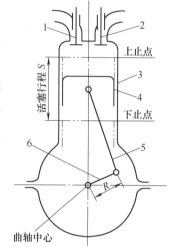

图 6-2 发动机示意图
1—进气门 2—排气门 3—气缸
4—活塞 5—连杆 6—曲柄

三、四冲程发动机的工作原理

四冲程发动机是指发动机每完成一个工作循环，需经过进气、压缩、做功（膨胀）和排气四个过程，对应着活塞上下的四个行程，曲轴要旋转 720°。

1. 四冲程汽油机的工作原理

（1）进气行程 进气行程包括从进气门开启直至进气结束，进气门关闭为止的全过程。如图 6-3a 所示，这一过程实际上超过了一个活塞行程，它包括活塞上行至上止点前进气门提前打开而排气门尚未关闭时的扫气阶段；待排气门关闭，扫气即结束，活塞继续下行，气缸内形成真空吸力，这时为充气期；直至活塞行过下止点，此时进气门尚未完全关闭，活塞由下止点后至进气门关闭前，气流在惯性下继续充入气缸体内，这一时期称为过后充气阶段（曲轴转角 0°~180°）。

在进气行程气缸内充气量的多少，意味着缸内吸入助燃氧气量的多少，它将直接影响到发动机功率和转矩的大小。对化油器式发动机和一般结构的汽油喷射式发动机而言，其吸入气缸的都是可燃气混合气。对向气缸内直接喷入汽油的直喷式发动机而言，其吸入气缸的是纯净的空气。

（2）压缩行程 为使吸入气缸的可燃混合气能够迅速地完全燃烧，以产生更强的爆发压力，从而使发动机发出较大功率，必须将进入气缸内的可燃混合气的温度和压力上升到一定的程度。压缩行程就是使充入气缸的可燃混合气进行压缩的过程。随着进气过程的结束，进、排气门关闭、活塞由下止点向上止点继续运行，使气缸内的容积逐渐缩小，在活塞行至上止点压缩行程终了（曲轴转角为 180°~360°）时，混合气被压缩到活塞上方很小的空间，即燃烧室中，其温度可达 600~700K，压力升至 0.6~1.2MPa，如图 6-3b 所示。

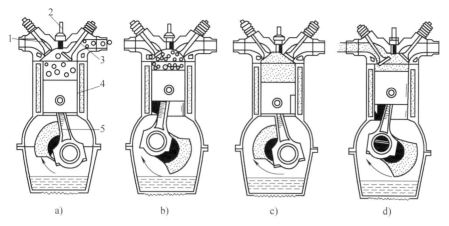

四冲程汽油机
工作原理

图 6-3 四冲程汽油机工作原理

a) 进气行程 b) 压缩行程 c) 做功行程 d) 排气行程

1—排气门 2—火花塞 3—进气门 4—活塞 5—曲轴连杆

（3）做功（膨胀）行程 如图 6-3c 所示，做功行程中，进、排气门仍然处于关闭状态，被压缩的混合气在上止点前开始被装在气缸盖上的火花塞发出的电火花点燃，可燃混合气燃烧后，放出大量的热能，燃气在气缸内的压力和温度迅速增高，最高压力可达 3~5MPa，温度达到 2200~2800K。高温高压的燃气作用在活塞顶推动活塞从上止点向下止点运动，通过曲柄连杆机构使曲轴做旋转运动，输出机械能，除用于维持发动机本身继续运转外，其余用来对外做功。随着活塞下移，气缸容积增加，气体压力和温度不断降低，在活塞行至下止点、做功行程终了时（曲轴转角 360°~540°），气缸内压力降至 0.3~0.5MPa，温度为 1300~1600K。

（4）排气行程 如图 6-3d 所示，当做功接近终了时，排气门打开，气缸内的废气靠尚存的压力向外界自由排气，直至活塞运行到下止点，活塞过了下止点后，由于活塞上行，将气缸内的废气推出气缸进行强行排气。活塞移至上止点附近时，进气门开启，排气行程结束（曲轴转角为 540°~720°）。

由于活塞行至上止点时，活塞顶与气缸盖间仍有一定的容积，即燃烧室容积。因此必然存留有部分废气，称为残余废气，它将和吸入的新鲜空气混合，提高了燃气温度，但却降低了可燃混合气含氧量。显然，残余废气越少越好。

2. 四冲程柴油机的工作原理

与四冲程汽油机一样，四冲程柴油机的工作循环也有进气、压缩、做功（膨胀）和排气四个行程。所不同的是四冲程柴油机的进气行程中吸入的是新鲜空气而不是可燃混合气。此外，由于柴油机所用柴油黏度大于汽油，其自燃温度却低于汽油，因而可燃混合气的形成及点火方式都不同于汽油机。四冲程柴油机工作原理如图 6-4 所示。

当柴油机进气行程吸入的新鲜空气在压缩行程接近终了时，柴油机喷油泵 1 将燃油压力提高到 10~15MPa，并通过喷油器 2 强行以雾状形态喷入气缸内，在极短时间里与压缩后的高温空气混合形成可燃混合气。其混合过程是在气缸内部完成的。由于柴油机压缩比高（一般为 16~22），气缸内空气在压缩终了时压力可达 3.5~4.5MPa，温度可高达 750~1000K，大大超过柴油的自燃温度（603K），因而雾状柴油喷入气缸后在很短时间即可与空气混合，并自行着火燃烧，气缸内压力急剧上升到6~9MPa，温度也升到2000~2500K。在高压气体推动下，活塞向下运动并带动曲轴旋转而做功。废气经排气管排入大气中。

四、二冲程发动机的工作原理

二冲程发动机的工作循环是在活塞的两个行程内，即曲轴旋转一圈（360°）的时间内完成的。

1. 二冲程汽油机的工作原理

图6-5所示为一种用曲轴箱换气的二冲程化油器式汽油机的工作示意图。发动机气缸上有三个孔，这三个孔分别在一定时刻被活塞关闭，如图6-5a所示。进气孔2与化油器相连通，可燃混合气经进气孔2流入曲轴箱，继而由换气孔3进入气缸中，废气则可经过与排气管相连通的排气孔1被排出。

（1）第一行程 活塞由下止点向上移动，事先已充入活塞上方气缸内的混合气被压缩，新的可燃混合气由于活塞下方曲轴箱容积由小到大，形成一定压差而被吸入曲轴箱内，如图6-5b所示，进气结束，压缩行程终了。

（2）第二行程 活塞由上止点下移，活塞上方火花塞点燃的可燃混合气迅速膨胀推动活塞下行做功，如图6-5c所示。当活塞下行约三分之二行程时，排气门开启，废气在剩余压力的作用下，由排气孔1冲出气缸，如图6-5d所示。此后，气缸内压力降低，活塞继续下行，换气孔3开启，因活塞下行曲轴箱压力升高产生的压差将曲轴箱内的可燃混合气经换气孔3进入活塞上方，直至活塞再由下止点向上移动三分之一行程，将换气孔3关闭为止。

为防止新鲜混合气在换气过程中与废气混合和随废气排出造成浪费，二冲程汽油机的活塞顶通常做成特殊的形状，使新鲜可燃混合气流被引向上方，并以此气流扫出废气，使排气更加彻底。但二冲程发动机换气时可燃混合气损失大大高于四冲程发动机。

图6-6所示为二冲程汽油发动机的示功图，它的工作循环如下：

活塞由下止点向上运动到a点，将排气孔关闭，此时压缩行程开始，活塞继续向上运动，气缸内压力逐渐升高，接近上止点时，开始点火（或喷油）燃烧，缸内压力迅速升高，示功图上c~f段即燃烧过程。燃烧膨胀做功，活塞下行至b点，排气孔打开并开始排气。这时气缸内压力仍较高，为0.3~0.6MPa，故废气以声速从气缸内排出，压力急速下降。当活塞继续下移至

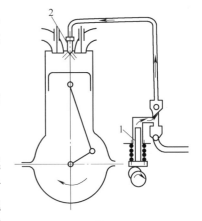

图6-4 四冲程柴油机工作示意图
1—喷油泵 2—喷油器

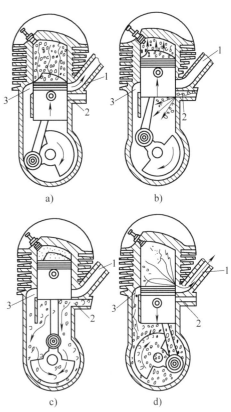

图6-5 二冲程汽油机工作示意图
a）压缩 b）进气（可燃混合气）
c）燃烧膨胀 d）换气
1—排气孔 2—进气孔 3—换气孔

将换气孔打开位置，曲轴箱内的新鲜可燃混合气进入气缸，这段时间的排气称为自由排气。排气一直延续至活塞下行到下止点后再向上将排气孔关闭为止。示功图上的 *bda* 曲线即是二冲程发动机的换气过程，为 130°~150° 曲轴转角。接着，活塞继续上行重复压缩过程，进行再一次工作循环。

2. 二冲程柴油机的工作原理

二冲程柴油机的工作过程和二冲程化油器式发动机的工作过程基本相似，不同之处是进入柴油机气缸的不是可燃混合气，而是空气。由图 6-7 分析二冲程柴油机工作原理如下：空气由扫气泵提升压力（0.12~0.14MPa）后，进入气缸；废气由排气门排出。

（1）第一行程　活塞自下止点向上止点移动。行程开始前，活塞顶位于进气口下面，进气孔和排气孔均处于开启状态，由扫气泵将升压后（0.12~0.14MPa）的空气压入气缸，驱使废气由排气孔排出形成换气过程，如图 6-7a 所示。当活塞上行，进气孔被遮闭，排气孔也即关闭，进入气缸的空气即受到压缩，如图 6-7b 所示。活塞继续上行接近上止点时，气缸内压力增至约 3MPa、温度升到 850~1000K 时，柴油经喷油泵增压到 17~20MPa，由喷油器喷入气缸，在缸内高于柴油自燃温度的条件下自行着火燃烧膨胀，使缸内压力增高，如图 6-7c 所示。

（2）第二行程　活塞受燃烧气体的作用由上止点向下止点运动做功，活塞下行三分之二行程时，排气门开启，排出废气（图 6-7d），此后气缸内压力降低，活塞继续下行，进气孔打开进行换气，直至活塞再由下止点向上移动三分之一行程，将进气孔遮盖住为止。由此可知，二冲程柴油发动机的第一行程为进气、压缩，第二行程为做功、排气。

五、二冲程发动机与四冲程发动机的比较

二冲程发动机与四冲程发动机相比，具有以下优点：

1）二冲程发动机完成一个工作循环曲轴旋转一周，而四冲程发动机完成一个工作循环

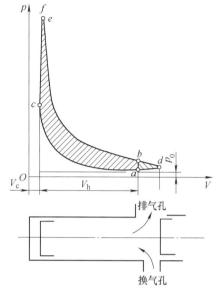

图 6-6　二冲程汽油发动机示功图

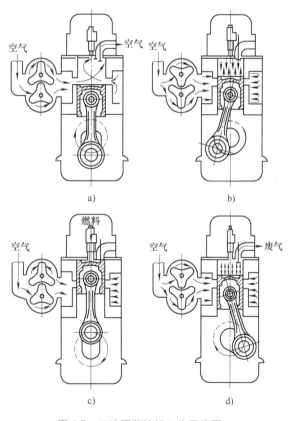

图 6-7　二冲程柴油机工作示意图
a）换气　b）压缩　c）燃烧　d）排气

曲轴要转两周，因而当发动机转速、压缩比、工作容积相同时，理论上讲二冲程发动机的做功次数是四冲程发动机做功次数的二倍，其发出的功率也应是四冲程发动机的二倍。

2）由于二冲程发动机曲轴旋转一周做一次功，发生做功的频率高，因而运转比较均匀平稳。

3）由于二冲程发动机不设置专门的配气机构，所以结构较简单，质量也较小。

但由于二冲程发动机结构上的原因，因此存在以下缺点：

1）燃烧后废气不易从气缸内排除干净。

2）由于换气，减少了有效工作行程，因此在同样曲轴转速和工作容积情况下，二冲程发动机的功率不等于四冲程发动机的二倍，一般只有1.5~1.6倍。

3）二冲程发动机的经济性不如四冲程发动机，原因在于换气时有一部分新鲜可燃混合气随同废气排出。二冲程柴油机和二冲程直喷燃气或汽油机由于换气时是由纯空气扫除废气，因而不存在燃油在换气时随废气排出。

六、内燃机的总体构造

随着不同用途的需求和现代制造技术的不断提高，各种新型内燃机不断涌现，即使是同类型的内燃机，其具体构造也会各不相同，但无论怎样发展，就现阶段来说，国内外生产和使用的内燃机的总体结构还是大同小异的。因此我们可以通过一些典型内燃机的结构实例来了解和分析内燃机的总体构造。人们一般也习惯地将内燃机统称为发动机。

下面以我国生产的东风EQ1090E型汽车用的EQ6100-1型汽油机为例，介绍四冲程汽油发动机的一般构造，如图6-8所示。

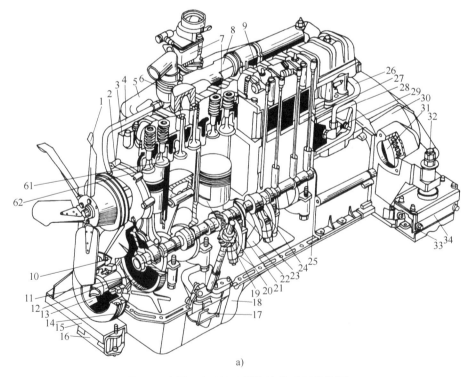

图6-8 东风EQ6100-1型汽油发动机构造图

a）轴测图

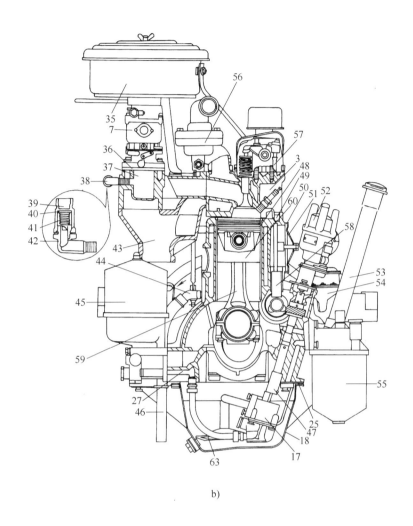

b)

图 6-8 东风 EQ6100-1 型汽油发动机构造图（续）

b）剖视图

1—风扇　2—水泵　3—气缸盖　4—小循环水管　5—进、排气支管总成　6—曲轴箱通风装置　7—化油器

8—气缸盖出水管　9—摇臂机构　10—空气压缩机传送带　11—曲轴正时齿轮　12—凸轮轴正时齿轮

13—正时齿轮室盖及曲轴前油封　14—风扇胶带　15—发动机前悬置支架总成　16—发动机前悬置软垫总成

17—机油泵　18—油底壳　19—活塞、连杆总成　20—机油泵、分电器总成　21—主轴承盖　22—曲轴

23—曲轴止推片　24—凸轮轴　25—油底壳衬垫　26—曲轴箱通风管　27—气缸体　28—后挺杆室盖

29—曲轴箱通风挡油板　30—飞轮壳　31—飞轮　32—发动机后悬置螺栓、螺母　33—发动机后悬置软垫

34—限位板　35—空气滤清器　36—绝热垫及衬垫　37—进气管　38—曲轴箱通风单向阀　39—阀体

40—单向阀　41—弹簧　42—弯管接头　43—排气管　44—放水阀　45—机油细滤器　46—出水软管

47—联轴套　48—气缸套　49—定位销　50—挺杆室衬垫　51—挺杆室盖　52—分电器

53—加机油管和盖　54—汽油泵　55—机油粗滤器　56—出水管节温器　57—推杆

58—挺杆　59—连杆　60—活塞　61—进气门　62—排气门　63—集滤器

1. 曲柄连杆机构

曲柄连杆机构是发动机的主体，它由机体组、活塞连杆组和曲轴飞轮组三部分组成。东风 EQ6100-1 型汽油发动机的机体组包括气缸盖 3、气缸体 27 及油底壳 18 等主要件。有的发动机将气缸体沿曲轴主轴承中心水平面分铸成上下两部分，上部称为气缸体，下部称为曲轴箱，机体组是发动机各系统、各机构的装配基本体，同时其本身的某些部分又分别是曲柄连杆机构、配气机构、供给系、冷却系和润滑系的组成部分。气缸盖和气缸体的孔壁共同组成燃烧室的一部分，是承受高压、高温和传导热量的机件。

发动机中活塞 60、连杆 59、带有飞轮的曲轴 22 等机件的功用是把活塞所做的直线往复运动转变为曲轴旋转运动并输出动力。

2. 配气机构

配气机构包括进气门 61、排气门 62、挺杆 58、推杆 57、摇臂机构 9、凸轮轴 24、凸轮轴正时齿轮 12（由曲轴正时齿轮 11 驱动）。配气机构的作用是依靠凸轮凸缘线运动轨迹使气门按一定规律开启或关闭，以使可燃混合气及时充入气缸或从气缸内排除废气。

3. 点火系

点火系由供给低压电流的蓄电池和发电机、分电器、点火线圈及火花塞等组成，其功用是按规定的顺序和时刻及时点燃气缸中被压缩的可燃混合气。

4. 润滑系

润滑系主要由机油泵 17、集滤器 63、限压阀、机油粗滤器 55、机油细滤器 45 和机油冷却器以及润滑油道等构成。其功用是将润滑油供给到发动机上有相对运动需要润滑的零件表面，以减少摩擦阻力、冲洗运动磨损产生的金属微粒、带走摩擦热量。

5. 冷却系

冷却系主要由水泵 2、散热器、风扇 1、分水管及气缸和气缸盖中的空腔（水套）等组成，其功用是通过循环流动的冷却液带走受热机件传导的热量，并将热量散发到大气中，以保证发动机能正常工作。

6. 燃料供给系

供给系主要由汽油箱、汽油泵 54、汽油滤清器、化油器 7（现代汽车中已采用电控喷油装置取代了传统化油器）、空气滤清器 35、进气管 37、排气管 43、尾气消声器等组成，其功用是将燃料（汽油机是可燃混合气，柴油机则分别是空气和高压状态下经雾化的柴油）供入气缸供燃烧，并将燃烧后的废气排出。

7. 起动系

起动系由起动机及附属装置组成，其功用是利用起动机的动力使发动机起动并进行运转。

图 6-9 所示为一汽奥迪 100 型轿车发动机的构造图，其结构特点是凸轮轴直接安装在气缸盖上方，进、排气门的开闭由凸轮轴直接驱动，简化了配气传动机构，省去了摇臂。这种装置很适合于高速发动机。

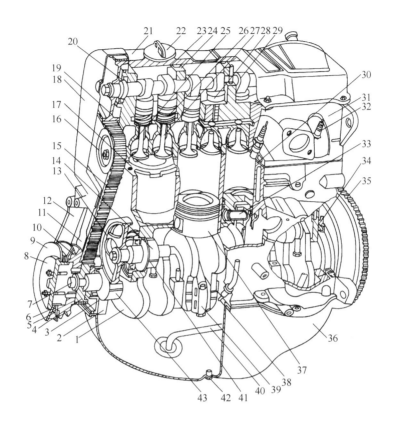

图 6-9　一汽奥迪 100 型轿车发动机

1—曲轴　2—曲轴轴承盖　3—曲轴前端油封挡板　4—曲轴正时齿轮　5—压缩机传送带轮　6—调整垫片
7—正时齿轮拧紧螺栓　8—压紧盖　9—压缩机曲轴带轮　10—水泵、电动机曲轴带轮　11—正时齿轮下罩盖
12—压缩机支架　13—中间轴正时齿轮　14—中间轴　15—正时齿轮传送带　16—偏心轮张紧机构
17—气缸体　18—正时齿轮上罩盖　19—凸轮轴正时齿轮　20—凸轮轴前端油封　21—凸轮轴罩盖
22—机油加油口盖　23—凸轮轴机油挡油板　24—凸轮轴轴承盖　25—排气门　26—气门弹簧　27—进气门
28—液压挺杆总成　29—凸轮轴　30—气缸密封垫片　31—气缸盖　32—火花塞　33—活塞销
34—曲轴后端封油挡板　35—飞轮齿环　36—油底壳　37—活塞　38—油标尺　39—连杆总成
40—机油集滤器　41—中间轴轴瓦　42—放油螺塞　43—曲轴主轴瓦

图 6-10 所示为我国自行设计的为黄河 JN1181C13 型汽车配套的 6135Q 型六缸、四冲程柴油发动机，其结构特点是曲轴为每缸分段式组合曲轴且主轴承采用圆柱滚子轴承，摩擦损失很小，气缸体采用隧道式结构，刚度大，曲轴可沿主轴承孔轴线整体由气缸体端面拆装，维修十分方便。

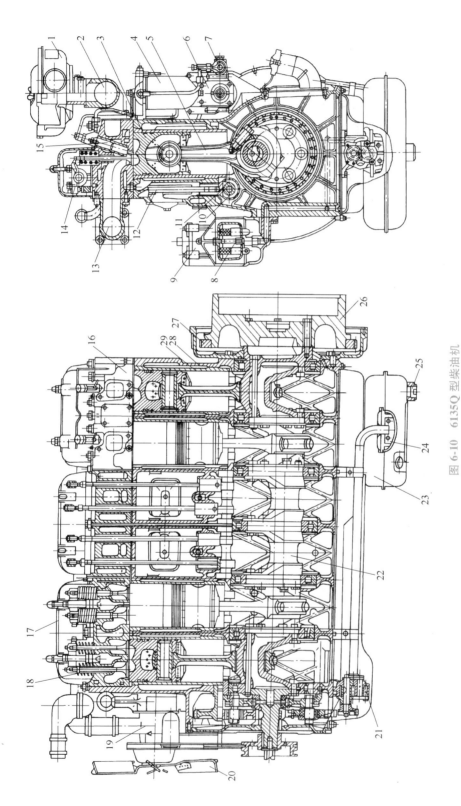

图 6-10 6135Q 型柴油机

1—空气滤清器 2—进气管 3—活塞 4—柴油滤清器 5—连杆 6—喷油泵 7—输油泵 8—机油粗滤器 9—机油精滤器
10—凸轮轴 11—挺杆 12—推杆 13—排气管 14—摇臂 15—喷油器 16—气缸盖 17—气门室罩 18—气门 19—水泵
20—风扇 21—机油泵 22—曲轴 23—油底壳 24—集滤器 25—放油塞 26—飞轮 27—齿圈 28—机体 29—气缸套

第二节 曲柄连杆机构

曲柄连杆机构的功用，是将活塞的往复运动转变为曲轴的旋转运动，并将燃气作用在活塞顶上的力转变为曲轴的转矩，由曲轴向外输出做功。**曲柄连杆机构由机体组、活塞连杆组和曲轴飞轮组三部分组成。**

一、机体组

机体组包括气缸体、上下曲轴箱、气缸盖和气缸垫及油底壳等。下面介绍它的几个主要组成部分。

1. 气缸体

作为发动机主要骨架的气缸体，是发动机各个构件和系统的装配基体，其中的某些部分也是各机构和系统的组成部分，如气缸体中制有冷却水道和润滑油道。气缸体应具有足够的强度。其结构形式一般有三种，如图 6-11 所示。

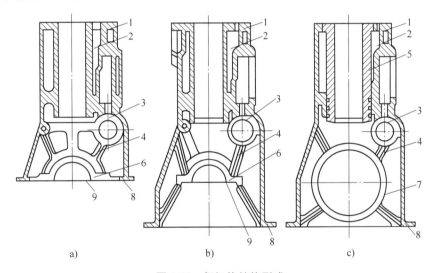

图 6-11 气缸体结构形式

a）一般形式 b）龙门式 c）隧道式

1—气缸体 2—水套 3—凸轮轴孔座 4—加强肋 5—湿缸套 6—主轴承座 7—主轴承座孔
8—安装油底壳的加工面 9—安装主轴承盖的加工面

多缸发动机气缸体的排列形式决定了发动机外形尺寸和结构特点。常见的多缸发动机排列形式如图 6-12 所示。

单列式发动机的各个气缸排成一排，通常为竖直布置，如图 6-12a 所示。也有设计成倾斜或水平布置以降低高度的。双列式发动机左右两列气缸中心线的夹角小于 180° 的称为 V 形发动机，如图 6-12b 所示；等于 180° 的称为对置式发动机，如图 6-12c 所示。

单列式多缸发动机气缸体结构简单，加工容易，但长度和高度较大。六缸以下发动机一般多采用单列式。

V 形发动机长度和高度均较小，刚性增加，重量降低，但增加了宽度，而且形状复杂，加工难度较高，因此主要用于缸数较多、体积要求较小的大功率发动机，如 12V135 柴油发

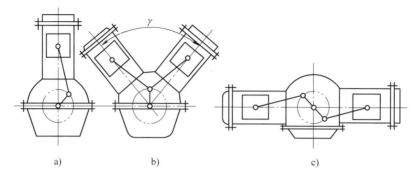

图 6-12　多缸发动机排列形式

a）单列式　b）V形　c）对置式

动机、红旗牌高级轿车用 CA72218V100 型等发动机。

对置式发动机（图 6-13）高度比其他形式的小得多，非常有利于轿车及大型客车的总体布置。

气缸体的材料一般用优质灰铸铁制成，并广泛采用镶入耐磨性能较好的合金铸铁制造的气缸套的方法来提高气缸使用寿命。

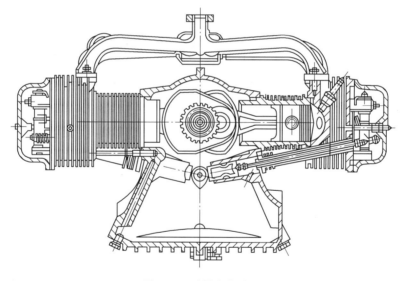

图 6-13　对置式发动机

2. 气缸套

气缸套与活塞、气缸盖构成燃烧室工作空间。其功用是保证活塞往复运动有一个良好的导向，并向周围冷却介质传导热量，以保证活塞组件和气缸套自身在高温、高压条件下能正常工作。

气缸套分为干式气缸套和湿式气缸套两种。干式气缸套不直接与冷却液接触，壁厚一般为 1~3mm；湿式气缸套外侧则与冷却液直接接触，壁厚一般为 5~9mm。

3. 气缸盖

气缸盖的主要功用是密封气缸上部，与活塞顶部和气缸壁构成燃烧室空间。气缸盖内部还具有进、排气通道及冷却液通道。缸盖上通常装有进、排气门及气门座、摇臂及摇臂座、喷油器（或火花塞）等。

多缸发动机的一列中，只覆盖一个气缸的气缸盖称为单体气缸盖。能覆盖部分（两个以上）气缸的，称为块状气缸盖。能覆盖全部气缸的称为整体式气缸盖。图 6-14 所示为国产解放 CA6102 型发动机整体式气缸盖。

气缸盖由于形状复杂，一般都采用灰铸铁或合金铸铁铸成，汽油机气缸盖也有用铝合金铸造的，因铝的导热性好，有利于提高压缩比。但铝合金缸盖存在刚度低、易变形的缺点。

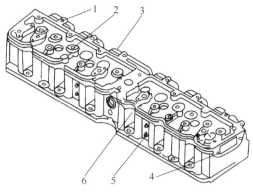

图 6-14　解放 CA6102 型发动机整体式气缸盖
1—螺栓孔　2—气门弹簧座　3—进、排气道进出口法兰
4—出水口　5—火花塞螺栓孔　6—摇臂轴支座安装法兰

4. 气缸垫

气缸垫位于气缸盖与气缸体之间，起密封气缸，防止漏气、漏液和窜油的作用。对气缸垫要求：在高温和有腐蚀情况下应有足够的强度，并有良好的弹性，以补偿接合面的不平度，保证密封。目前应用最广泛的是金属-石棉气缸垫，厚度为 1.2~2.2mm。气缸垫的中间是石棉纤维，外面包以铜皮或钢皮，水道孔周围另加铜皮镶边，燃烧室周围另用镍钢皮镶边，以增加强度和防止被高温燃气烧坏。近年来也有用特种密封胶来代替传统的气缸垫结构。

二、活塞连杆组

活塞连杆组由活塞、活塞环、活塞销、连杆等主要机件组成，如图 6-15 所示。

1. 活塞

活塞的主要功用是承受气缸中的气体压力，并通过活塞销将力传给连杆，从而推动曲轴旋转。活塞顶部与气缸盖、气缸壁共同形成燃烧室。

发动机工作时，活塞在高温高压条件下进行高速往复运动，承受着由周期性的燃烧压力和惯性力引起的交变的拉伸、压缩和弯曲载荷，以及因活塞各部分温度分布不均匀而引起的热应力。恶劣的工作条件，决定了活塞材料必须具有重量轻、强度高、热膨胀系数小、导热性和耐磨性好的特点。目前，小型发动机，如汽车、农机所用的高转速汽油机、柴油机的活塞广泛采用铝合金制造。大中型转速稍低的柴油机活塞则多采用优质铸铁或耐热钢制造。铝合金具有密度小、导热性好的优点，但它的线膨胀系数较大，高温下的强度、硬度和耐磨性较低。铝合金的这些缺点可以通过优化材料合金成分、改进结构设计和制造工艺等措施加以弥补。

活塞的基本构造可分为顶部、头部和裙部三部分，如图 6-16 所示。

2. 活塞环

活塞环有气环和油环两种，气环的作用是保证活塞与气缸壁间的密封，防止气体大量漏入曲轴箱（见图 6-15 件号 7、8）；同时还将活塞顶部吸收的大部分热量传导至气缸壁。油环的作用是将气缸壁上多余的润滑油刮下，防止窜入燃烧室，气环和油环都嵌装在活塞头部的环槽内。

活塞环一般用合金铸铁制成。第一道气环工作表面镀有多孔性铬以提高其耐磨性能。

3. 活塞销

活塞销的功用是连接活塞和连杆小头，将活塞承受的气体作用力传给连杆。活塞销一般

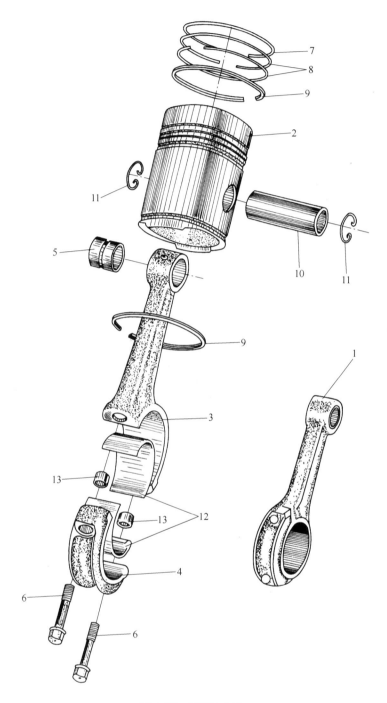

图 6-15 活塞连杆组

1、3—连杆 2—活塞 4—连杆盖 5—连杆衬套 6—连杆螺钉 7—第一道气环 8—第二、三道气环
9—油环 10—活塞销 11—活塞销卡环 12—连杆轴瓦 13—定位套筒

采用低碳钢或低合金钢制成，表面经渗碳淬火，具有很高的硬度和耐磨性，内部则保持较高的韧性，以利于承受冲击载荷。其心部为空心圆孔，以减小质量，如图 6-17 所示。

活塞销与销座孔及连杆小头的连接采用全浮式，工作时活塞销可在销座孔和连杆小头衬套孔内缓慢地转动，使磨损均匀。为防止活塞销因浮动产生轴向窜动刮伤气缸壁，在其两端销座孔内装有挡圈。

4. 连杆

连杆的作用是连接活塞与曲轴，是将活塞的往复直线运动转变为曲轴的旋转运动的重要部件。连杆一般用中碳钢或合金钢经模锻或辊锻成形后加工制成。连杆由小头、杆身和大头组成，如图 6-18 所示。

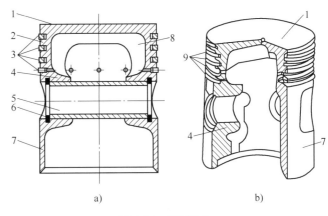

图 6-16　活塞结构

a）剖视图　b）轴测剖视图

1—活塞顶　2—活塞头　3—活塞环　4—活塞销座　5—活塞销

6—活塞销锁环　7—活塞裙部　8—加强肋　9—环槽

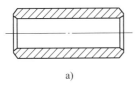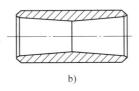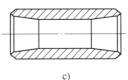

图 6-17　活塞销内孔的形状

a）圆柱形　b）两段截锥形　c）组合形

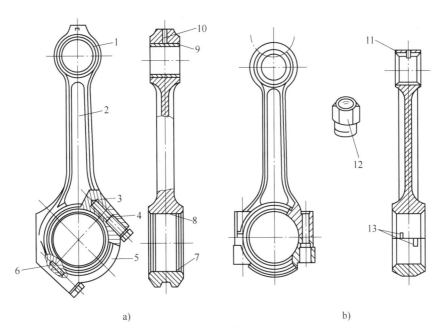

图 6-18　连杆的构造

a）斜切口式　b）平切口式

1—连杆小头　2—连杆杆身　3—连杆大头　4—连杆螺栓　5—连杆盖　6—定位销　7—连杆下轴瓦

8—连杆上轴瓦　9—连杆衬套　10—集油孔　11—集油槽　12—自锁螺母　13—轴瓦定位槽

连杆小头与活塞销相连，小头内孔压配有减摩的青铜衬套。活塞销与衬套摩擦面的润滑一般有飞溅润滑和强制润滑两种方式。连杆大头与曲轴的曲柄销相连，通常做成剖分式。分开的部分称为连杆盖，依靠特别的连杆螺栓紧固在连杆大头上。连杆大头体盖是组合后再进行镗孔的，为防止装拆中配对错误，在同一侧刻有记号。连杆大头剖分面按其方向可分为平切口和斜切口两种。为保证连杆大头内孔的精确尺寸和正确形状，两半装合时，必须有严格牢靠的定位，定位方式一般采用套筒、止口或带定位销螺栓定位。

连杆大头轴承也采用剖分式，称为连杆轴瓦。连杆轴瓦的中分面瓦背处有一凸键，安装时嵌入相应的座孔凹槽中，用以防止轴瓦转动。

对于V形发动机，其左右两侧气缸的两个连杆是装在曲轴的同一个曲柄轴颈上的，其结构型式如图6-19所示。

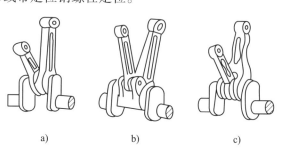

a)   b)   c)

图6-19 V形发动机连杆示意图

a) 并列式 b) 主副式 c) 叉式

三、曲轴飞轮组

曲轴飞轮组主要由曲轴和飞轮以及其他不同功用的零件和附件组成，典型的曲轴飞轮组结构如图6-20所示。

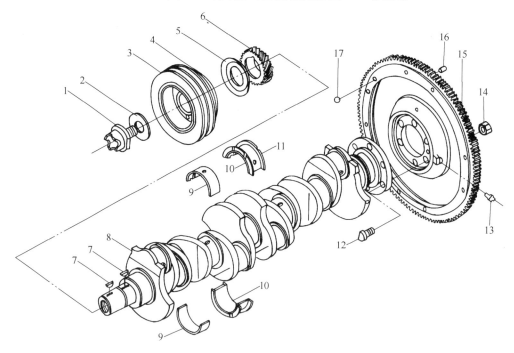

图6-20 EQ6100Q-1型发动机曲轴飞轮组分解图

1—起动爪 2—起动爪锁紧垫圈 3—扭转减振器 4—带轮 5—挡油片 6—定时齿轮 7—半圆键
8—曲轴 9—主轴承上下轴瓦 10—中间主轴瓦 11—止推片 12—螺柱 13—润滑脂嘴
14—螺母 15—齿圈 16—圆柱销 17—第一、六缸活塞处在上止点时的记号

1. 曲轴

曲轴的功用是承受连杆传来的力并输出转矩，从而带动其他工作机械和发动机自身的辅

助系统运转。

发动机工作中，曲轴在旋转质量的离心力、周期性变化的气体压力和往复惯性力的共同作用下，容易产生弯曲和扭转变形等疲劳损坏。因而要求曲轴具有足够的刚度和强度，其轴颈和轴承应耐磨并润滑良好。

为满足曲轴合理的应力分布条件和必须的复杂结构形状，曲轴毛坯通常采用高强度稀土球墨铸铁铸造成形或用优质合金钢模锻制造。

曲轴由曲轴前端、若干个曲拐和曲轴后端组成，如图6-21所示。

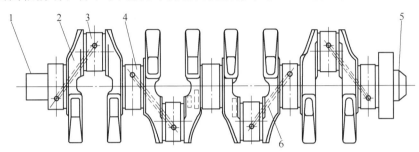

图 6-21　典型曲轴构造

1—曲轴前端　2—曲柄　3—连杆轴颈　4—主轴颈　5—曲轴后端　6—油道

（1）曲轴前端　又称为自由端，一般做成台肩圆柱形，其上有键槽，通过键带动轴上的齿轮及带轮以驱动配气机构、机油泵、燃油泵、冷却液泵、发电机、空调压缩机等。

（2）曲轴后端　又称输出端，是最末一道主轴颈以后的部分，其上有挡油盘和回油螺纹，同时可用于安装曲轴后油封和连接凸缘盘及飞轮等。

（3）主轴颈　用来支承曲轴绕曲轴轴线回转的工作部位，一根曲轴可有多个主轴颈。

（4）连杆轴颈　又称曲柄销，与连杆大头配合，其个数与气缸数相同。

（5）曲柄　用于连接连杆轴颈和主轴颈，是构成偏心的连接臂，又称曲拐。它与轴颈连接处均为圆弧过渡，避免应力集中。曲轴中的油道通过曲柄与连杆轴颈和主轴颈的油道相通。

（6）平衡块　用来平衡连杆大头、连杆轴颈和曲柄等机件高速旋转产生的离心力，以及活塞连杆组做往复运动时所产生的惯性力。其形状多为扇形，这是因为扇形重块的重心距曲轴旋转轴线较远，较小的质量便能产生较大的平衡离心力。加工合格的曲轴出厂前还必须进行动平衡检验。

2. 飞轮

飞轮的功能是储存发动机做功行程的部分能量，以克服其他行程中的阻力，带动曲柄连杆机构越过上、下止点，保证曲轴在工作行程和非工作行程具有均匀的旋转角速度和输出转矩（尤其是在最低转速下能稳定地工作），并使发动机有可能克服短时间的超载。

飞轮一般用灰铸铁制成，但当轮缘的线速度大于50m/s时，则采用强度较高的球墨铸铁或铸钢制造。飞轮呈圆盘状，其轮缘通常做得宽而厚，以使它在较小的质量下，具有足够的转动惯量。飞轮轮缘上压装有起动齿圈，与起动机齿轮啮合，供起动发动机用。在飞轮轮缘的外表面上，通常还刻有第一缸的活塞位于上止点时的对应刻线标记，供检验调整点火（供油）正时之用。

飞轮除本身需经过平衡检验外，与曲轴组装后还应与曲轴一起进行动平衡检验。

四、曲柄连杆机构常见损伤及修理

（1）气缸体、气缸盖工作平面变形　其产生的原因主要是应力影响、未按规定的顺序和拧紧力矩拆装螺栓。其变形值可用钢直尺（或刀口形直尺）靠在被检平面，用塞尺测值，也可将被检表面擦净放在平板上用塞尺测值。根据变形量多少来决定是采用机械加工方法还是反变形法修复。

（2）气缸体、气缸盖裂纹　产生裂纹的主要原因是使用保养不当，如长时间高负荷运转，热应力大，热机缺水时快速加入冷水、北方冬季未及时排水、撞击等。裂纹部位可采用密封出水口后，用水泵注水加压的方法检验，检验压力为 290～380kPa，保持 5min，试压前应除去水垢。找出裂纹情况后可用焊接、粘接或螺钉填补等方法修复。

（3）螺纹损坏　通常气缸体螺栓孔螺纹经多次拆装后易损坏。修理的方法可将原螺孔扩钻、攻螺纹装上螺塞后再钻孔攻螺纹，或加大螺栓直径。

（4）气缸与活塞磨损　气缸与活塞磨损较大的原因有润滑条件差、燃气腐蚀和机械磨损等。气缸及活塞磨损超过规定的修理尺寸后，可将气缸孔镗削加工后更换活塞。

（5）活塞环槽、活塞环、活塞裙部的磨损　当磨损超过修理值时，会造成气缸内上窜油、下窜气、导向不良、敲缸和润滑油消耗增加等现象，使有效功率下降。当出现这些现象时，应及时检查磨损情况，选配更换相应组件。

（6）连杆弯曲、扭曲变形　产生的主要原因有：连杆杆身断面偏心不对称；曲轴轴向间隙过大；曲轴连杆轴颈圆柱度超差过大；活塞与气缸壁间隙过大等。连杆弯曲、扭曲变形可采用反变形校正方法，校正分冷校和加热校正，一般应先校正扭曲，再校正弯曲。

（7）连杆小头、连杆大头轴瓦磨损大　主要为润滑不良或润滑油有杂质造成。可更换铜套或轴瓦后铰削和刮瓦进行修复。

（8）曲轴裂纹和折断　通常发生在曲柄与轴颈之间应力较集中的过渡圆角处及油孔处。裂纹的检查方法是将曲轴用汽油洗净后，用超声波检测仪、磁粉检测仪进行检测。也可撒上滑石粉后轻轻敲击，观察有无油渍浸出。小的裂纹可沿裂纹处开 V 形槽，用直流电弧焊修补；裂纹严重时通常必须更换新曲轴。

（9）曲轴弯曲和扭曲　其产生原因主要是受到交变载荷的作用。其校正方法一般采用冷压校正法、表面敲击法和氧-乙炔焰热点校正法。

（10）飞轮常见损伤　飞轮常见损伤有飞轮齿圈磨损、飞轮螺栓孔损坏及飞轮端面磨损。飞轮齿圈磨损后可翻面再用，也可补焊后修复。当连续损坏三个齿以上或齿圈双面严重磨损时，应予更换新齿圈。

第三节　配气机构

配气机构的功用是按照发动机各缸的工作循环和点火顺序，定时开启和关闭进、排气门，使新鲜的可燃混合气（汽油机）或空气（柴油机）得以及时进入气缸，废气得以及时排出。同时，在气门关闭时能封住气缸内的高压气体。目前应用最广泛的配气机构是气门-凸轮式配气机构，简称气门式配气机构。

一、气门式配气机构的布置及传动

气门式配气机构由气门组和气门传动组构成。配气机构一般有以下几种分类方法。

1）按气门的位置不同，可分为顶置式气门和侧置式气门两大类。

2）按凸轮轴的布置，可分为凸轮轴下置式、凸轮轴中置式和凸轮轴上置式。

3）按曲轴和凸轮轴的传动方式，可分为齿轮传动式、链传动式和带传动式。

4）按每气缸气门数目，可分为二气门式、四气门式、五气门式等。

1. 气门的布置形式

（1）气门顶置式配气机构　气门顶置式配气机构应用特别广泛，其进、排气门大头朝下，倒挂在气缸盖上，如图6-22所示。其中，气门组由气门、气门导管、气门弹簧、气门弹簧座、锁片等组成，气门传动组则包括摇臂轴、摇臂、推杆、挺杆、挺柱、凸轮轴和定时齿轮等。发动机工作时，曲轴上的正时齿轮驱动凸轮轴旋转。当凸轮转动到凸起部分顶起挺柱时，通过推杆和调整螺钉使摇臂绕摇臂轴摆动，压缩气门弹簧，使气门离座，即气门开启。当凸轮凸起部分滑过挺柱后，气门便在气门弹簧力作用下落座，即气门关闭。

四冲程发动机每完成一个工作循环，曲轴旋转两周，各缸进、排气门各开启一次，此时凸轮轴只转一周，因此曲轴与凸轮轴的传动比为2：1。

（2）气门侧置式配气机构　侧置式气门配气机构的进、排气门都布置在气缸的一侧，由于气门侧置，使燃烧室延伸至气缸直径以外，限制了压缩比的提高，既不利于燃烧又增大了热量损失，目前已被淘汰。

2. 凸轮轴的布置形式

凸轮轴的布置形式可分为下置、中置和上置三种，均可用于气门顶置式配气机构。

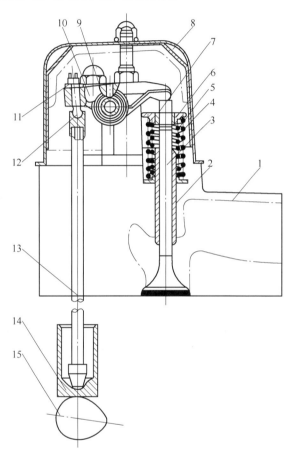

图6-22　气门顶置式配气机构

1—气缸盖　2—气门导管　3—气门　4—气门主弹簧
5—气门副弹簧　6—气门弹簧座　7—锁片　8—气门室罩
9—摇臂　10—摇臂　11—锁紧螺母　12—调整螺钉
13—推杆　14—挺柱　15—凸轮轴

（1）凸轮轴下置或中置的配气机构　凸轮轴下置或中置的配气机构中的凸轮轴分别位于曲轴箱或气缸体上部。当发动机转速较高，为减小气门传动机构往复运动的质量，可将凸轮轴位置移至气缸体上部，由凸轮经挺柱直接驱动摇臂而省去推杆。这种结构称为凸轮轴中置式配气机构，如图6-23所示。

（2）凸轮轴上置式配气机构　凸轮轴上置式配气机构中的凸轮轴布置在气缸盖上，如图6-9所示。在这种结构中，凸轮轴驱动气门的形式有两种，一种是图6-9所示的凸轮轴直接驱动气门，另一种是通过摇臂来驱动气门，如图6-24所示。凸轮轴上置式配气机构的最大优点是没有挺柱、推杆，大大减小了往复运动件的质量，对凸轮轴和弹簧设计要求也有所降低，在高速发动机上得到广泛应用。

3. 凸轮轴的传动方式

通过曲轴驱动凸轮轴一般有齿轮传动、链传动和带传动三种方式。

凸轮轴下置、中置式配气机构大多采用圆柱形斜齿正时齿轮传动。凸轮轴上置式配气机构一般采用链条与链轮或同步带传动，同步带传动具有噪声小、成本低的优点。

二、气门间隙

发动机工作时，气门会受热膨胀。若气门及其传动件之间在常温下无间隙或间隙很小，则在热态下，气门及其传动件的受热膨胀势必引起气门关闭不严，造成发动机压缩行程和做功行程时气缸漏气，从而使功率下降，严重时无法起动。为了消除这一现象，发动机在冷态装配时，气门与其传动机构间均预留一定的间隙，以补偿气门受热后的膨胀量。这一间隙称为气门间隙。气门间隙的大小一般由发动机生产厂按设计试验确定。通常进气门间隙为 $0.25 \sim 0.3mm$，排气门间隙为 $0.3 \sim 0.35mm$。

三、气门配气机构的构造

1. 气门组

气门组包括气门、气门导管、气门座、气门弹簧和锁片等零件，如图6-25所示。

（1）气门　气门由头部和杆部组成。气门头部的形状有多种，按其顶面的形状不同，可分为凸顶、平顶和凹顶三种。气门头部的工作温度很高（进气门可高达 $573 \sim 673K$，排气门更是高达 $973 \sim 1173K$），而且

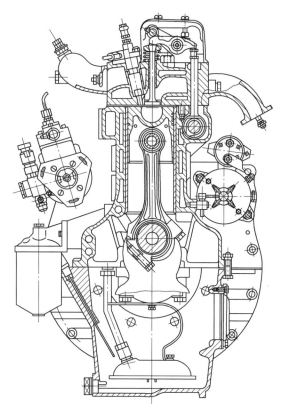

图6-23　采用凸轮轴中置式配气机构发动机

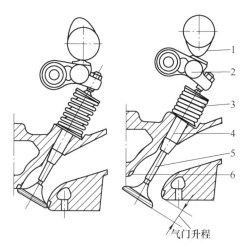

气门升程

图6-24　摇臂驱动式配气机构
1—凸轮　2—摇臂　3—气门弹簧
4—气门导管　5—气门　6—气门座

受到气体压力、气门弹簧力以及传动组惯性力的作用，其冷却条件又较差，因此，要求气门必须具有足够的强度、刚度、耐热和耐磨性能。进气门的材料一般用合金钢，排气门则采用耐热合金钢。气门密封锥面的锥角，称为气门锥角，一般做成45°。为了保证气门头部阀面

与气门座孔之间的密封性，装配时必须配对研磨，研磨好后不能互换。

（2）气门杆　气门杆呈圆柱形，起导向和承受侧向力并带走部分热量的作用。气门头与杆有一较大的过渡圆弧面，有利于气体的流动。为了减少进气阻力，提高充量系数，进气门头部直径一般大于排气门。

（3）气门座　气门座是与气门头部阀面配合的环形座，可在气缸盖上直接镗出，也可镶环形套。气门座一般用优质铸铁加工。

（4）气门导管　气门导管的功用是导向，以保证气门做直线运动，并使气门与气门座能正确贴合。此外，气门导管还在气门杆与气缸盖之间起导热作用，如图 6-26 所示。

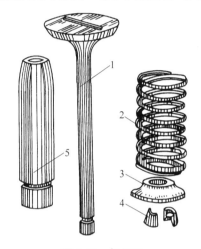

图 6-25　气门组

1—气门　2—气门弹簧　3—气门座
4—锁片　5—气门导管

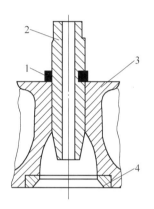

图 6-26　气门导管和气门座

1—卡环　2—气门导管
3—气缸盖　4—气门座

（5）气门弹簧　气门弹簧的功用是克服气门关闭过程中气门及传动件的惯性力，防止各传动件之间因惯性力的作用而产生间隙，保证气门及时落座并贴合紧密，防止气门在发动机振动时发生跳动，破坏其密封性。因此，气门弹簧座应具有足够的刚度和安装预紧力。

2. 气门传动组

气门传动组主要包括凸轮轴、定时齿轮、挺柱以及推杆、摇臂、摇臂座和摇臂轴等。气门传动组的作用是使进、排气门能按规定的顺序和时刻开闭，并保证有足够的开度。

（1）凸轮轴　凸轮轴的作用是按规定的工作循环顺序、开启时刻和升程，及时地开启和关闭气门，并驱动机油泵、燃油泵（或分电器）等。

凸轮轴由若干个进、排气凸轮、支承轴颈和偏心轮、齿轮等组成，如图 6-27 所示。其上主要配置有各缸进、排气凸轮 1，用以使气门按一定的工作次序和配气相位及时开闭，并保证气门有足够的升程。凸轮工作面受气门间断性开启的周期性冲击载荷，因此在要求其耐磨的同时，对整个凸轮轴还要求具有足够的韧性和刚度。凸轮轴一般用优质钢模锻而成，也有采用合金铸铁或球墨铸铁铸造。凸轮和轴颈工作表面一般经热处理后精磨。

凸轮轴上同一气缸的进（或排）气凸轮的相对转角位置是与既定的配气相位相适应的。而发动机各气缸的同名凸轮的相对角位置应符合发动机各气缸的点火次序和点火间隔时间的要求。因此，按凸轮轴的旋转方向以及各缸同名凸轮的工作次序，可判定发动机点火次序。

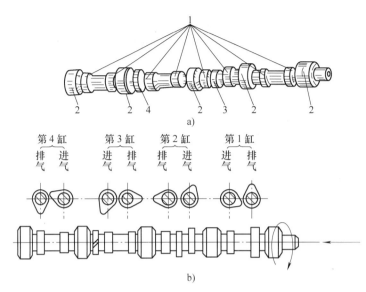

图 6-27 四缸四冲程汽油机凸轮轴

a) 492QA 发动机凸轮轴 b) 各凸轮的相对位置及进、排气凸轮投影

1—凸轮 2—凸轮轴轴颈 3—驱动汽油泵的偏心轮 4—驱动分电器等的斜齿轮

由于四冲程发动机每完成一个工作循环，曲轴须旋转两周，凸轮轴旋转一周，其间每个气缸都要进行一次进气或排气，且各缸进气或排气的时间间隔相等。对于四缸四冲程发动机而言，各缸同名凸轮彼此间的夹角为 $360°/4 = 90°$，同理，六缸四冲程发动机凸轮轴，任何两个相继点火的气缸同名凸轮间的夹角均为 $360°/6 = 60°$。

为保证正确的配气相位和点火时刻，在装配曲轴和凸轮轴时，必须对准记号。

为防止斜齿圆柱齿轮啮合引起凸轮轴的轴向窜动，凸轮轴还设计有轴向定位装置。

（2）挺柱 挺柱的功用是将凸轮的推力传给推杆（或气门杆），并承受凸轮轴旋转时所施加的侧向力。气门顶置式配气机构的挺柱一般制成筒式，以减轻重量。为了减小气门间隙造成的配气机构中的冲击和噪声，现代轿车用发动机上通常采用液力挺柱。图 6-28 所示为一汽奥迪 100 型轿车发动机上采用的液力挺柱。挺柱体 9 是由上盖和圆筒，经加工后再用激光焊接成一体的薄壁零件。液压缸 12 的内孔和外圆均需经精加工研磨，其内孔与柱塞 11 配合，外圆则与挺柱体内导向孔配合，两者都有相对运动。液压缸底部装有补偿弹簧 13，把球阀 5 压靠在柱塞的阀座上，补偿弹簧还将使挺柱顶面和凸轮轮廓面保持紧密接触，以消除气门间隙。当球阀关闭柱塞中间孔时可将挺柱分成两个油

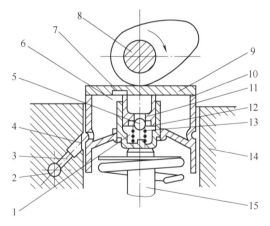

图 6-28 一汽奥迪汽车发动机液力挺柱

1—高压油腔 2—缸盖油道 3—量油孔 4—斜油孔
5—球阀 6—低压油腔 7—键形槽 8—凸轮轴
9—挺柱体 10—柱塞焊缝 11—柱塞 12—液压缸
13—补偿弹簧 14—缸盖 15—气门杆

腔——上部的低压油腔 6 和下部高压油腔 1。当球阀开启后，则成为一个通腔。

当挺柱体 9 圆筒上的环形油槽与缸盖上的斜油孔 4 对齐时（图中位置），发动机润滑系中的润滑油经量油孔 3，斜油孔 4 和环形油槽流进低压油腔 6。位于挺柱背面上的键形槽 7 可将润滑油引入柱塞上方的低压油腔，这时气缸盖主油道与液力挺柱低压油腔连通。当凸轮转动，挺柱体 9 和柱塞 11 向下移动时，高压油腔中的润滑油受压后压力升高，加之补偿弹簧 13 的作用使球阀紧压，上、下油腔被分隔开。由于液体的不可压缩性，整个挺柱如同一个刚体一样下移推开气门并保证了气门应达到的升程。此时，挺柱环形油槽已离开了进油位置，停止进油。当挺柱随凸轮轴转动到达下止点再次上行时，在气门弹簧上顶和凸轮下压的作用下，高压油腔继续关闭，球阀尚未打开，液力挺柱仍可视为刚性挺柱，直到上升至凸轮处于基圆、气门关闭时为止。此时，缸盖主油道中的压力油经量油孔、挺柱环形油槽进入挺柱的低压油腔，同时，补偿弹簧推动柱塞上行，高压油腔内油压下降。从低压油腔来的压力油推开球阀而进入高压油腔，使两腔连通充满油液。这时挺柱顶面仍和凸轮紧贴。在气门受热膨胀时，柱塞和液压缸做轴向相对运动，高压油腔中油液可经过液压缸与柱塞间的间隙挤入低压油腔。因而使用液力挺柱时，可不预留气门间隙。

（3）推杆　推杆的作用是将凸轮轴经挺柱传来的推力传给摇臂，一般只用在凸轮轴下置式配气机构中。由于它属于细长杆件，是气门传动组中最容易弯曲的零件，要求有很高的刚度。在动载荷大的发动机中，推杆应尽量做得短些。推杆的形式如图 6-29 所示。

（4）摇臂　摇臂实际上是一个双臂杠杆，如图 6-30 所示。其作用是用来将推杆传来的力改变方向，使气门开启。

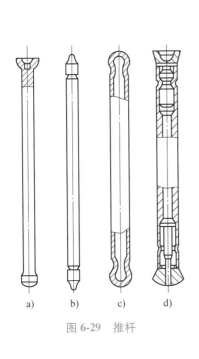

图 6-29　推杆

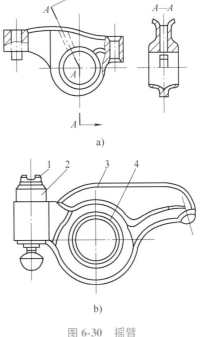

图 6-30　摇臂

a）摇臂零件　b）摇臂组装体

1—气门间隙调节螺钉　2—锁紧螺母　3—摇臂　4—摇臂轴套

四、配气相位

配气相位就是进、排气门的实际开、闭时刻相对于曲柄位置的曲轴转角。用曲轴转角的环形图来表示配气相位，该图称为配气相位图，如图 6-31 所示。

理论上四冲程发动机的进气门在曲柄位于上止点时开启，转到下止点时关闭；排气门则当曲柄位于下止点时开启，在上止点时关闭，进、排气时间各占曲轴的 180° 转角。但实际上发动机的曲轴转速很高，活塞每一行程历时都很短，往往使发动机进气不足或排气不净，导致发动机功率不足，经济性下降。因此，现代发动机都采用增加进、排气时间的方法，即进、排气的开闭时刻并不正好处在曲柄的上下止点的时刻，而是分别提早和延迟一定曲轴转角，以改善进、排气状况，从而提高发动机的动力性。

如图 6-31 所示，在排气行程接近终了、活塞到达上止点之前，即曲轴转到离曲柄的上止点位置还差一个角度 α 时，进气门便开始开启，直到活塞过了下止点重又上行，即曲轴转到过曲轴下止点位置以后一个角度 β 时，进气门才关闭。这样，整个进气行程持续时间相当于曲轴转角 180°+α+β，一般 α 角为 10°～30°，β 角为 40°～80°。

进气门提前开启的目的是为了保证进气行程开始时进气门已开大，新鲜气体能顺利充入气缸；延迟关闭的目的是由于活塞行至下止点时，气缸内压力仍低于大气压力，在压缩行程初始阶段，活塞上行速度较慢的情况下，还可利用气流惯性和压差继续进气，有利于充分进气。

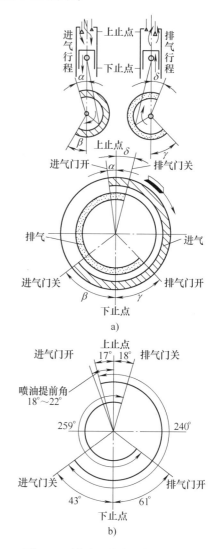

图 6-31 摇臂驱动式配气相位机构
a）配气相位表示法 b）YO6105QC 发动机配气相位图

同样，在做功行程接近终了、活塞到达下止点前，排气门开始开启，其开启提前角度 γ 一般为 40°～80°，经过整个排气行程，活塞越过上止点后，排气门才关闭，其关闭延迟角度 δ 一般为 10°～30°，排气过程全部持续时间相当于曲轴转角 180°+γ+δ。排气门提前开启的原因是：当做功行程活塞接近下止点时，气缸内气体压力虽有 0.3～0.4MPa，但对于活塞做功而言，作用不大，而此时稍开启排气门，大部分废气会在此压力作用下迅速排出气缸；当活塞到下止点时，气缸内压力大大下降（此时约为 0.115MPa），这时排气门的开度进一步增加，从而减少了活塞上行时的排气阻力。高温废气的迅速排出，还可防止发动机过热。当活塞到达上止点时，燃烧室内的废气压力仍高于大气压力，加之排气气流有一定惯性，因而延迟关闭排气门，能使废气排放得更干净。

五、配气机构常见故障的原因分析及检修

配气机构常见故障的原因分析及检修见表6-4。

表6-4 配气机构常见故障的原因分析及检修

序号	常见故障	主要原因	检修方法
1	气门关闭不严	1. 气门间隙过大 2. 气门杆弯曲 3. 气门与气门座接触不良 4. 气门弹簧弹力不足 5. 凸轮精度不足	1. 调整气门间隙 2. 校正气门杆 3. 检查气门导管与气门座阀线同轴度 4. 检查或更换气门弹簧 5. 检查凸轮磨损情况
2	气门脚响	气门间隙过大	调整气门间隙
3	气门座响	气门座与座孔过盈量太小	更换气门座圈
4	气门挺杆响	气门挺杆与导孔间隙过大	严重时应更换挺杆
5	凸轮轴响	1. 凸轮轴弯曲 2. 轴颈配合间隙过大	1. 检查校正凸轮轴 2. 更换凸轮轴孔衬套
6	正时齿轮响	1. 啮合间隙太小或太大 2. 凸轮轴轴向间隙大 3. 凸轮轴或曲轴正时齿轮轴颈摆差大 4. 凸轮轴弯曲	1. 检查和研磨齿面 2. 调整凸轮轴颈与承孔间隙 3. 校正凸轮轴 4. 校正凸轮轴

第四节 润 滑 系

一、润滑系的功用及组成

发动机工作时，所有相对运动零件的金属表面间的摩擦，不仅消耗发动机内部功率，还会使零件配合面产生迅速磨损和大量的热，该摩擦热还会导致零件工作表面烧损，致使发动机不能正常工作。

1. 润滑系的功用

润滑系的功用就是在发动机工作时，对各个运动零件的摩擦表面连续不断地输送温度适宜、带有压力的清洁润滑油，并在运动表面之间形成油膜，实现液体摩擦，以减小摩擦阻力、降低功率消耗、减轻机件磨损、延长发动机的使用寿命。此外，输送到摩擦表面间循环流动的具有一定压力和黏度的润滑油，还可起到带走零件摩擦面间的金属磨屑、积炭、尘粒等"磨料"的冲洗作用，吸收摩擦面热量的冷却作用，减轻零件间的冲击振动作用。

2. 润滑方式

由于发动机各运动零件的工作条件不同，对润滑强度要求不同，因而润滑的方式也不同。通常的润滑方式及应用如下：

（1）压力润滑 以一定压力把润滑油供入摩擦表面的润滑方式。主要用于主轴承、连杆轴承及凸轮轴承等负荷较大的摩擦面的润滑。

（2）飞溅润滑 利用发动机工作时运动件溅泼起来的油滴或油雾润滑摩擦表面的润滑方式，主要用于润滑负荷较轻的气缸壁面和配气机构的凸轮、挺柱、气门杆及传动齿轮等工作表面。

（3）润滑脂润滑 使用专用黄油枪将润滑脂定期挤注到零件工作表面的润滑方法。主要用于润滑发电机轴承等。

3. 润滑系组成

发动机润滑系主要由下列零部件组成。

（1）润滑油储存装置　即油底壳，用以储存必要数量的润滑油，以保证发动机循环使用。

（2）润滑油升压和输送装置　主要有机油泵和润滑油管道组成，其功用是保证发动机在任何工况下都能供给足够压力和流量的润滑油到达需要润滑的部位，并满足润滑系中润滑油的循环流动。

（3）润滑油滤清装置　包括机油集滤器、机油粗滤器、机油细滤器，用以滤除润滑油中的金属微粒、机械杂质和润滑油氧化物等，保证润滑油的清洁。

（4）润滑油冷却装置　即机油散热器。由于润滑油在循环过程中，受零件摩擦产生的热和高温零件的热传导，引起油温上升。若润滑油温度过高，将使其黏度下降，摩擦表面油膜不易形成，密封作用降低，消耗量增大。同时会加速润滑油老化变质、缩短润滑油使用周期。因此，在热负荷较高的发动机上装有机油冷却装置。

（5）安全、限压装置　包括限压阀、旁通阀。用以保持润滑油路中的正常压力及供油连续性，使润滑系工作可靠。

此外，润滑系还包括润滑油压力表、温度表等。图6-32所示为NJG427A发动机润滑油循环图。

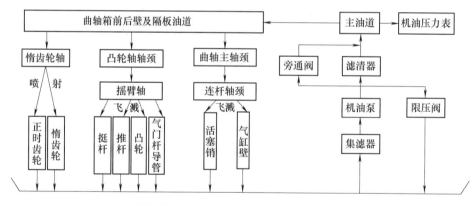

图6-32　NJG427A发动机润滑油循环图

二、润滑系的常见故障及诊断

1. 润滑油压力过低

（1）故障现象

1）发动机起动后润滑油压力很快降低，运转过程中润滑油压力始终较低。

2）油底壳油面增高，润滑油被稀释，润滑油黏度变小，带有汽油味或水泡，或润滑油过少或牌号不对。

（2）产生原因

1）润滑油变质或使用牌号不对，或油量不足。

2）机油泵、机油集滤器、机油滤清器、旁通阀、限压阀工作不正常。

3）油管接头松动或油道漏油严重。

4）发动机曲轴箱内的曲轴轴承、连杆轴承、凸轮轴轴承间隙过大。

5）机油传感器失灵或压力表损坏。

2. 润滑油消耗量过大

（1）故障现象

1）润滑油消耗率增加，每百公里润滑油消耗大于0.1L。

2）排气管冒黑烟，积炭增加。

（2）产生原因

1）润滑油加注量过多，润滑油压力过高。

2）油封或接油面漏油。

3）活塞或气缸套磨损间隙过大。活塞环磨损、卡死、错装等使润滑油窜入燃烧室，致使排气管冒蓝烟。

3. 润滑油压力过高

（1）故障现象

1）接通点火开关润滑油压力表指示196kPa，起动发动机后压力增加到490kPa。

2）发动机在运转中，润滑油压力突然升高。

（2）产生原因

1）润滑油压力表或传感器损坏。

2）限压阀卡死，气缸体主油道堵塞，机油滤清器堵塞，旁通阀堵塞。

3）润滑油黏度过大。

第五节 冷 却 系

一、冷却系的作用及组成

冷却系的功用是使发动机在各种工况下均能确保在适当的温度范围内，既要防止发动机过热，也要防止严冬季节发动机过冷。当发动机起动后，冷却系还应保证发动机很快升温到正常工作温度（80~90℃）。

在发动机工作时，其燃烧温度可高达2500℃，即使在较低转速情况下，燃烧室的平均温度也在1000℃以上，与高温燃气接触的发动机零件受到强烈的加热。因此，若不进行适当冷却，发动机将会过热，使工作过程恶化，零件强度下降、润滑油变质、零件磨损加剧，从而导致发动机的机动性、经济性、可靠性下降。但是，冷却过甚也会对发动机带来不利后果。发动机长时间在低温状态下工作，会使热能损失严重，摩擦损失加剧，零件磨损严重，排放恶化，发动机工作粗暴、功率下降、燃油消耗率增加。

发动机的冷却系有水冷和风冷之分。大中型发动机一般都采用水冷却系。图6-33所示为车用发动机强制循环式水冷却系示意图。

二、冷却系中的主要零部件

（1）散热器 散热器也称为水箱，由上储水器、下储水器和散热器芯等组成。其作用是将冷却水从水套中吸收的热量散发到空气中，所以散热器芯一般用导热性好的铜和铝材制作，而且还要有足够的散热面积。

（2）散热器盖 散热器盖是散热器上储水器注水口盖子，用以封闭加水口，防止冷却水溅出。如冷却系中水蒸汽过多，将在冷却系形成较大内压，严重时会造成散热器破裂，因此在散热器盖上设置有蒸汽排出管及自动阀门。

（3）水泵 水泵的功用是强制冷却水在冷却系统中进行循环。一般采用离心式叶片泵，它具有尺寸紧凑、出水量大、结构简单、维修方便等特点。水泵由曲轴带轮用 V 型带驱动。

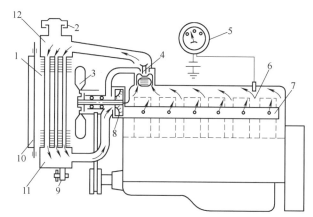

图 6-33 车用发动机强制循环式水冷却系示意图

1—散热器芯 2—散热器盖 3—风扇 4—节温器 5—水温表
6—水套 7—分水管 8—水泵 9—散热器放水开关
10—百页窗 11—下储水器 12—上储水器

（4）风扇 风扇一般安装在散热器后面，并与水泵同轴。其作用是提高流经散热器的空气流速和流量，以增强散热器的散热能力。

（5）节温器 节温器是控制冷却水流动路径的阀门。它根据冷却水温度的高低，打开或关闭冷却水通向散热器的通道。当起动冷态发动机时，节温器关闭冷却水流向散热器的通道，此时冷却水经水泵直接流回机体及气缸盖水套，使冷却水迅速升温，习惯上称为小循环。当冷却系水温升高，超过 349K（76℃）时，节温器感应体内的石蜡受热化成液体，体积增大，挤压橡胶套，并产生一个向上的推力，作用在下端为锥形的反推杆上。由于反推杆固定在上支架上，在它的反推力作用下，节温器的外壳下移，压缩弹簧，关闭旁通阀，打开主阀门，从气缸盖出水口出来的水则通过主阀门和进水管散热器上储水器，经冷却后流到下储水器，再经水泵加压送入气缸体分水管或水套中。这样的冷却水循环称为大循环。目前常见的单阀蜡式节温器如图 6-34 所示。

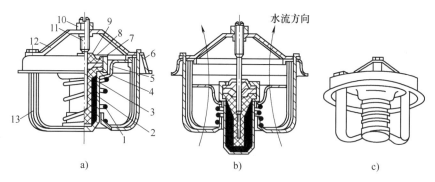

图 6-34 单阀蜡式节温器

a）关闭位置 b）开启位置 c）外形

1—弹簧 2—蜡染 3—橡胶套 4—节温器外壳 5—阀门 6—阀座 7—隔套
8—密封圈 9—节温器盖 10—螺母 11—反推杆 12—上支架 13—下支架

三、冷却系常见故障及排除方法

发动机冷却系常见故障及排除方法见表 6-5。

表6-5　冷却系常见故障及排除方法

故障名称	现　象	原　因	排除方法
冷却系水温过高	1. 水温表指示>373K 2. 上储水器开锅 3. 发动机产生爆燃，不易熄火 4. 活塞膨胀，发动机熄火后不易起动	1. 冷却水不足，水温表或感应塞坏 2. 风扇传动带打滑或不转 3. 节温器故障 4. 水泵损坏，管路漏水 5. 散热器水垢严重 6. 百叶窗打不开	1. 检查水量、检查水温表及感应塞或更换 2. 调整或更换传动带 3. 检修或更换节温器 4. 检修水泵及管路 5. 清除散热器水垢 6. 检修百叶窗、防护罩
冷却系水温过低	1. 水温表指示<353K 2. 发动机加速困难，无力	1. 节温器故障，未形成小循环 2. 冬季保温措施不良；百叶窗、挡风帘关不严 3. 水温表或感应塞故障	1. 检修更换节温器 2. 检修保温百叶窗、挡风帘 3. 检修更换水温表或感应塞
冷却水泄漏	1. 散热器、橡胶管或水管向外漏水 2. 机体或缸盖水套漏水	1. 管路裂纹、接头松动 2. 气缸盖、机体裂纹	1. 检修散热器，更换胶管 2. 检修缸盖、机体

第六节　汽油机燃料供给系

一、汽油机燃料供给系概述

1. 汽油

汽油机所用的燃料主要是汽油（也可在必要时使用酒精、甲醇、天然气或液化石油气作为代用燃料）。汽油是从石油中提炼出来的由多种不同的碳氢化合物组成的液体燃料，具有密度小、挥发性强的特点。

汽油的使用性能指标主要是蒸发性、热值和抗爆性。

由于汽油在发动机中只有先从液态蒸发成气态，并与一定的比例的空气混合成为可燃混合气后，才进入气缸中燃烧。对于高速发动机，形成可燃混合气过程的时间很短，一般只有百分之几秒，因而汽油蒸发性的好坏，即容易蒸发的程度，对于所形成的混合气质量影响很大。

（1）汽油的蒸发性　汽油的蒸发性可通过对汽油的蒸馏试验来测定。将汽油在密闭的容器内加热蒸发成蒸气，再将蒸气冷凝成液态汽油，这一过程称为馏程。一般试验中只测定蒸发出10%、50%、90%馏分时的温度及终馏温度。

通常10%馏出温度与汽油机冷起动性能有关。若此温度低，表明汽油中所含的轻质部分在低温时容易蒸发，因此冷起动时会使较多的汽油蒸汽与空气混合形成可燃混合气，发动机就比较容易起动。

50%馏出温度表明汽油中的中间馏分蒸发性的好坏。若此温度低，说明汽油中间馏分易于蒸发，从而使发动机预热时间缩短，并有利于加速性能和工作性能。

90%馏出温度与终馏温度可判定汽油中难以蒸发的重质成分的含量。此温度越低，表明汽油中重馏分含量越少，有利于可燃混合汽均匀分配到各个气缸，同时也有利于汽油的充分完全燃烧。

但是，汽油的蒸发性应适当，如果蒸发性过强则会带来储存、运输中损耗的增加，并容易在汽油机工作时形成气阻。气阻是指在汽油机工作时，汽油管路受热，其温度可上升到使汽油蒸汽压力达到管路系统压力的情况，此时会在汽油里和管路中出现大量气泡，阻碍汽油流动，甚至使汽油流量小到不足以维持发动机运转，造成发动机转速突然下降，即失速的现象。

（2）燃料的热值 燃料的热值是指单位质量的燃料完全燃烧后所产生的热量，汽油的热值约为444000kJ/kg。

（3）汽油的抗爆性 汽油的抗爆性是指汽油在发动机气缸中燃烧时抵抗爆震的能力。

爆震是指使用抗爆性不好的汽油时，其可燃混合气点燃后，在气缸高温、高压影响下生成大量极不稳定的过氧化物，当它积聚到一定量时，就会自行分解，引起混合气爆炸性燃烧，由此形成的爆炸气体冲击波，撞击发动机气缸壁，发出强烈尖锐的敲击声的现象。

爆震会导致气缸发生过热现象，从而使发动机功率下降，油耗增加，严重时还会造成活塞、活塞环、排气门等机件烧蚀，以及轴承和其他零件的损坏。因此汽油的抗爆性是汽油的一项重要性能指标。汽油的抗爆性通常采用辛烷值来表示，只要测出汽油的辛烷值，便可确定汽油抗爆性的高低。

我国国家标准 GB 17930—2016《车用汽油》规定车用汽油（Ⅳ）分为90号、93号和97号；车用汽油（Ⅴ）、车用汽油（ⅥA）和车用汽油（ⅥB）分为89号、92号、95号和98号。

辛烷值高的汽油通常用在高压缩比汽油机上，可提高发动机的热效率。

2. 汽油机燃料供给系作用及一般组成

汽油机燃料供给系的作用是按发动机的不同工况的需要，配制一定数量和浓度的可燃混合气，供给气缸燃烧做功，将废气排入大气。

化油器式汽油机的燃料供给系如图6-35所示。一般由下列装置构成：

1）燃油供给装置，包括油箱12、汽油滤清器7、汽油泵6、油管5等；实现汽油的储存、输送及清洁作用。

2）空气供给装置，包括空气滤清器1。

3）可燃混合气形成装置，即化油器。

4）可燃混合气供给和废气排出装置，包括进气管3、排气歧管4和排气消声器10。

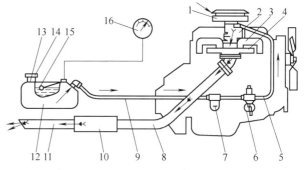

图6-35 化油器式汽油机的燃料供给系
1—空气滤清器 2—化油器 3—进气管 4—排气歧管
5、9—油管 6—汽油泵 7—汽油滤清器 8—后排气管
10—消声器 11—排气尾管 12—油箱 13—油箱口
14—油箱盖 15—浮子 16—汽油表

化油器式汽油机工作时，汽油泵6从燃油箱12中抽取的汽油经油管9通过汽油滤清器7除去杂质和水分，再通油管5送至化油器2中。与此同时，空气在气缸吸力的作用下，经空气滤清器1滤去所含灰尘后，也进入化油器，在化油器中，汽油被雾化和蒸发，并与空气混合形成可燃混合气，再从进气管3分配到各个气缸。混合气燃烧后生成的废气经排气歧管4、后排气管8、消声器10和排气尾管11排放到大气中。

可燃混合气中燃油含量的多少称为可燃混合气浓度。如何根据发动机工作的要求配制不同浓度、不同数量的可燃混合气，是汽油机燃料供给系所要解决的主要问题，化油器则是这一系统中十分关键的部件。

二、简单化油器与可燃混合气的形成

液态汽油必须在蒸发为气态的情况下，才能与空气最大限度地均匀混合。在发动机中，可燃混合气是在 $0.01 \sim 0.04s$ 的时间内形成的。要在如此短的时间形成质量良好的可燃混合气，以实现完全充分地燃烧，必须先将汽油雾化和混合。

化油器是化油器式汽油机上将汽油经过雾化、蒸发、扩散和混合，在极短的时间内形成可燃混合气的重要部件。

为了便于分析研究，现以简单化油器为例进行讨论，简单化油器由浮子室、喷管、喉管、节气门等组成，如图 6-36 所示。

简单化油器的浮子室 9 连同喷管 4 构成一个壶状容器，随着汽油泵输送来的汽油量增加，油面逐渐升高，浮子室中的浮子带动针阀随油面一起上升，当油面到达一定高度时，针阀将进油口关闭，停止进油。浮子室底部有一根通向喉管 5 的喷管 4，浮子室顶部有一孔管通向大气。喷管 4 的上口一般高于浮子室油面 $2 \sim 5mm$，以使汽油不致自动流出，只有当喷管 4 出口处的真空度足够大时，才能将浮子室中的汽油吸出喷管。

为了在喷管的出口处形成吸油所需的真空度，空气管的中段做成通流截面积沿轴向缩小的细腰状，称作喉管（图 6-36 中的件 5），其最窄处称为喉部，喷管 4 的出口即位于此。喉部以上的部分称为空气室，以下称为混合室。空气室上端与空气滤清

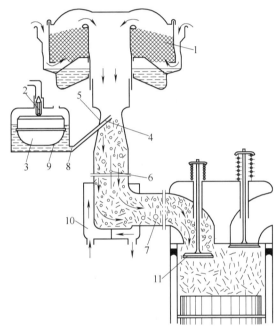

图 6-36 简单化油器及可燃混合气形成原理示意图
1—空气滤清器 2—针阀 3—浮子 4—喷管
5—喉管 6—节气门 7—进气管 8—量孔
9—浮子室 10—预热装置 11—进气门

器 1 相连；混合室与进气支管相连。在进气行程中，进气门 11 开启，活塞由上止点下行，气缸容积增大，缸内压力小于大气压力，于是，空气经空气滤清器 1、喉管 5 及进气管 7 向气缸流动。

从流体力学原理得知，当流体在管道中流动时，其流动速度和静压力随管道各处的截面积不同而不同。管道截面积越小之处，其流速越大，静压力越小。因此，当空气流经截面积最小的喉部时，其流速最大，静压力最小，在喉部产生的真空度就最大。汽油受真空抽吸的作用从喷管 4 喷入到喉管中，在喉部遇到高速气流的冲击，被粉碎成大小不一的雾状颗粒，很小的油雾颗粒随着空气的流动在进气管内即可完全蒸发；较大一点的雾状颗粒没能在进气道内完全蒸发的部分随混合气流入气缸，在进气和压缩过程中继续蒸发并与空气混合；还有一部分较大的油雾颗粒则附着在混合室和进气管壁上，形成油膜，沿管壁缓慢地向气缸流

动，并继续蒸发。为加速汽油的蒸发，发动机设计时通常设计有利用废气的余热对吸入气缸前的可燃混合气进行适当的预热。图6-36所示的进气预热装置10即起此作用。

由于发动机功率随汽车行驶状况的需要而作相应变化，此时可通过化油器喉管中的节气门6的开度大小来加以调节。当发动机转速不变的情况下，节气门开度增大，则进气管内阻力减小，流经喉部的空气量和速度也就变大，喉部的真空度增加，从喷管口喷出的汽油量增多，发动机功率增大。试验表明，发动机转速不变，当节气门开度由关闭状态到开启的初始阶段，汽油流量的增长率往往大于空气流量的增长率，致使可燃混合气在节气门开度从小到大的过程中会逐渐加浓。随着节气门开度的进一步加大，汽油和空气流量的增长率趋于一致，可燃混合气变浓的趋势逐渐减缓，这一规律是简单化油器的一个特性。当节气门开度不变，发动机转速改变时，也会引起化油器喉部真空度的变化，但这种变化对可燃混合气浓度影响很小，可以忽略不计。

在汽油发动机上，通常采用的化油器供油方式，由于喉管处的真空度比较低，特别是在发动机处于低速、大负荷情况时，气体流速不高，此时汽油的雾化质量非常差，部分油滴会附积在发动机进气管壁上，造成实际供给的混合气浓度与发动机的使用工况不一致，使发动机的动力性能和经济性能的提高受到制约。同时，还会导致混合气不能完全燃烧，使发动机尾气排放污染加剧。

由于化油器式发动机存在着动力性、经济性低，排放污染严重的缺点，电控式汽油直接喷射系统的发动机已基本替代了化油器式发动机。

三、汽油直接喷射系统简介

1. 汽油直接喷射系统的主要优缺点

汽油直接喷射的特点在于采用这种技术的发动机中，进气歧管不再安装化油器，空气直接流过进气歧管，同时，汽油通过汽油喷射器喷到进气口，随空气一起进入气缸而形成可燃混合气。这种汽油直接喷射系统有如下优点：

1）进气管道中没有狭窄的喉管，空气流动阻力小，充气效率高，因而输出功率大。

2）可随发动机使用工况及使用场合不同的变化改变喷油量而获得最佳的混合气成分，这种最佳混合成分可同时根据发动机的经济性、动力性以及按降低有害物排放要求来确定。

3）混合气在进气歧管混合后进入相继工作的各气缸，均匀性好，发动机工作平稳性提高，排放污染小。

4）具有良好的加速过渡性能。

另外，汽油直接喷射可避免化油器在进气管内壁留有的油膜层，从而降低燃油耗量。

汽油直接喷射系统的缺点是该系统结构复杂，制造成本高。

2. 汽油直接喷射供给系统的分类

汽油直接喷射供给系统在发动机上的应用目前主要有以下分类方式：

（1）按喷射系统执行机构划分

1）多点喷射。在每个气缸上都设置一个喷油器，直接将燃料喷入各气缸进气道的气门前方。

2）单点喷射。一个喷油器供给两个及两个以上的气缸，喷油器安装在节气门前的区段中，燃料喷入后随空气流进入进气支管内。

（2）按喷射控制装置的形式划分

1）机械式。燃料的计量是通过机械传动与液力传动实现的。

2）电子控制式。燃料的计量是由电控单元及电磁喷油器实现的。

3）机电一体式。和机械式喷射一样，但增设有电控单元、多个传感器和电液调节器，提高了控制的灵活性，并扩展了功能。

（3）按喷射方式划分

1）脉冲顺序喷射式。喷射是在每缸进气过程中的一段时间内进行的，用喷射持续时间来控制喷射量。缸内喷射和大多数进气道喷射，均采用这种喷射方式。

2）连续喷射。发动机工作循环中连续不断地喷射到进气道内。进气道喷射所需的喷射装置压力可较低；而气缸内直接喷射装置所需的压力则较高，约3~4MPa，而且缸内喷射还要求喷出的燃料能随气流分布到整个燃烧室；因此喷射装置的成本较高。另外，在缸内布置喷油器与控制气流方向也比较复杂。但对于二冲程发动机，把汽油直接喷入气缸内可避免进入的新鲜空气在扫气过程中的损失，因而更为合理。

3. 电子控制喷射系统的组成

电喷系统主要由进气、燃料供给和控制三个分系统组成。

（1）进气系统　其功能是提供燃料所需要的空气。外界空气经空气滤清器和进气管进入气缸，进气管中所安装的空气流量计即可测出空气的温度和流量，该参数是控制系统正确决定空气与燃油的质量比率（即空燃比）的重要因素。

（2）燃料供给系统　该系统由汽油箱、电动汽油泵、汽油滤清器、汽油分配管路、喷油器、压力调节器等组成。汽油从油箱内被油泵抽出，经汽油滤清器过滤后，再用压力调节器调节汽油压力，然后送入喷油器喷射，喷射结束剩余的燃料再返回油箱。

燃料供给系统各主要部件作用如下：

1）电动汽油泵。其主要功能是在规定的压力下供给足够的汽油。它的工作过程是自汽油箱吸入汽油，并升压至压力调节器控制的规定值，再经油管输送到喷油器。

2）汽油滤清器。其功能是保证供给喷油器洁净的燃油。

3）汽油分配管。其作用是将汽油以相同油压均匀地分送到各个喷油器，它的容积应足够大，以确保每循环喷油时不致引起油管内油压波动，一般由钢、铝等材料制成。

4）压力调节器。因燃料供给系统的供油量比发动机的实际消耗量要大得多（以便满足工况变化的需要），压力调节器可使过剩的汽油流回油箱，从而保证汽油油压在输送和分配过程中与进气管空气压力之间的压差一定，使每次从喷油器喷出的喷油量仅取决于喷油器开启的时间。

5）喷油器。喷油器是系统中最重要的部件，多点喷射时它安装在进气道内进气门口的上方。汽油通过阀体前端上的小孔喷成雾状，与进气支管内吸入的空气混合后进入气缸。其喷射时间（反映喷油量）与控制脉冲的宽度成正比。

（3）控制系统　控制系统由监测进气量和发动机负荷、水温、进气温度等状态的各种传感器和电控单元组成。主要有：

1）发动机负荷计量装置。

2）分电器。

3）爆震传感器。

4）氧传感器。

5）怠速旁通调节器。

6）电控单元（ECU）。

4. 典型电控汽油喷射系统

德国莫特郎尼克（Motronic）电子控制多点顺序式汽油喷射系统（以下简称喷射系统）是一种数字电子技术控制系统，它将点火与燃油喷射结合起来，是电喷技术发展的最新水平。其工作原理是通过各种不同的传感器测得的参数来确定发动机所处的工况，再根据预储存在 Motronic 系统中的数据，求出和选择对应于各工况的点火提前角、气门闭合角、喷油时刻和持续喷油时间（喷油量）的最佳值。Motronic 系统实现的各种功能是互相关联的，不可将它们孤立地看待。与单个系统相比，它具有更好的灵活性和适应性。为了使发动机的性能更加完善，Motronic 系统除了实现上述功能外，还装有其他一些辅助装置。图6-37 所示为莫特郎尼克（Motronic）点火与燃油喷射结合的电控系统布置简图。

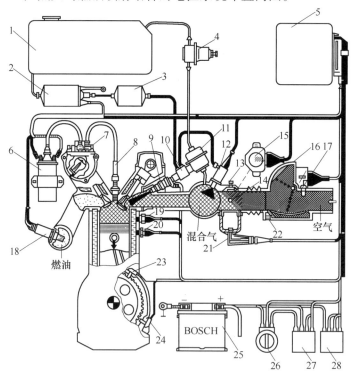

图 6-37　莫特郎尼克（Motronic）点火与燃油喷射结合的电控系统布置简图

1—燃油箱　2—电动汽油泵　3—滤清器　4—缓冲器　5—控制单元　6—点火线圈　7—高压分电器
8—火花塞　9—喷射器　10—燃油分配器　11—压力调节器　12—冷起动阀　13—怠速调节螺钉
14—节气门　15—节气门开关　16—空气流量计　17—空气温度传感器　18—氧传感器　19—温度时间开关
20—发动机温度传感器　21—辅助空气阀　22—怠速混合气调节螺钉　23—曲轴转角传感器
24—转速传感器　25—蓄电池　26—点火开关　27—主继电器　28—泵继电器

四、传统化油器式汽油发动机燃料供给系故障及主要原因

1. 不来油或来油不畅

（1）故障现象　发动机不着火，中途熄火或虽能着火，但动力不足。

（2）故障原因　油箱内存油量不足；油路接头松动；汽油泵膜片破裂或弹簧太软；进、出油阀失效；化油器针阀卡住，主油量孔堵塞。

2. 混合气过稀的故障

（1）故障现象　起动困难，起动后运转不稳定，加速时回火放炮，无负荷时加速困难。

（2）故障原因　化油器与进气管接口衬垫损坏；化油器主量孔、加浓装置量孔或油道堵塞；可调式主量孔配剂针阀孔开度太小；浮子室油面太低。

3. 混合气过浓的故障

（1）故障现象　发动机起动困难，起动后怠速不良，排黑烟，并有突突放炮声；动力不足，运转不稳，油耗量大；火花塞积炭。

（2）故障原因　浮子室油面太高，进油三角外阀关闭不严，浮子破裂；可调式主量孔配剂外阀旋进太少；加浓装置漏油，空气滤清器过脏；阻风门处于关闭；主供油空气量孔堵塞。

4. 怠速不良故障

（1）故障现象　怠速不稳定或怠速太高。

（2）故障原因　怠速空气量孔堵塞；怠速油道堵塞；节气门关闭不严；进气歧管，化油器密封不严。

5. 加速不良故障

（1）故障现象　开大节气门时加速喷嘴不喷油，发动机转速不能及时提高，排气管放炮。

（2）故障原因　混合气过稀；加速泵失效；加速油道堵塞，联动装置失效。

第七节　汽油机的点火

一、汽油机点火系概述

1. 发动机点火系的功用

内燃机在起动及整个工作过程中，需要按设计规定的各缸做功循环顺序，依次点燃气缸内被压缩的可燃混合气，不断将热能转变成机械能，以实现持续运转和输出功率。这种将发动机气缸内的可燃混合气点燃的工作称为点火。完成点火工作过程的各部件组成的系统称为点火系。

除柴油机以外的内燃机，通常都是采用电火花点火的方式完成点火工作过程。如汽油机、天然气发动机等。

电火花点火是通过一整套电气设备和机件，在相互有机配合下将低压电变为高压电，按点火顺序轮流使气缸内的火花塞产生电火花，点燃被压缩混合气。为此，汽油机各气缸内燃烧室都装有火花塞。当火花塞的两个间隙为 0.5~1mm 的电极之间加上直流电压时，电极之间的气体会发生电离现象。随着两电极间的电压的升高，气体电离的程度也逐渐增强，当电压升高到一定值，火花塞两极间就产生电火花，点燃被压缩的混合气。使火花塞两极间产生电火花所需的电压，称为击穿电压。它的大小与电极间的距离（火花塞间隙）、气缸内压力和温度等因素有关。电极间的距离越大，缸内气体压力越高、温度越低时，则击穿电压应越高。为了保

证发动机在各种工况下都能可靠地点火，作用在火花塞两极间的电压应达到10~20kV。

2. 点火系点火装置的分类

点火装置按储能元件的不同，可分为电感储能和电容储能两类；按结构特点可分为机械触点式、晶体管式和电子自动式等。

二、蓄电池点火系统的组成及工作原理

由蓄电池或发电机供给低压直流电流，通过点火线圈升压后再经分电器分配到各缸火花塞使其产生电火花的系统称为蓄电池点火系统，又称为传统点火系统。它由直流电源（铅蓄电池和直流或硅整流发电机）、点火开关、点火线圈、分电器总成、电容器、火花塞及高压导线（含高压阻尼电阻）等组成，如图6-38所示。

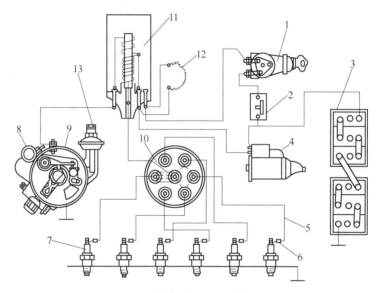

图6-38 蓄电池点火系统的组成

1—点火开关 2—电流表 3—蓄电池 4—起动电机 5—高压导线 6—高压阻尼电阻 7—火花塞
8—电容器 9—断电器 10—配电器 11—点火线圈 12—附加电阻 13—点火提前调节装置

（1）蓄电池和直流或硅整流发电机 蓄电池的功用是作为汽油发动机点火系统的电源。发动机起动时由蓄电池供电，起动后由直流或硅整流发电机供电并补充蓄电池的电。

（2）点火开关 用以切断或接通点火系电源。

（3）点火线圈 其作用是将电源的低电压变为高电压。为了产生10~20kV高电压，传统点火系统中必须具有一个与升压变压器工作原理相同的点火线圈。它由铁心和一次绕组、二次绕组等构成。点火线圈基本电路工作原理如图6-39所示。

在柱形铁心上套装有两个线圈，一个线圈圈数较少（200~350匝），漆包线线径较粗（$d = 0.5 \sim 1.0$mm），经断电器与低压电

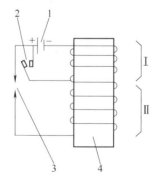

图6-39 点火线圈基本电路工作原理

1—蓄电池 2—断电器 3—火花塞
4—点火线圈（Ⅰ—低压线圈部分；Ⅱ—高压线圈部分）

源—蓄电池相连, 称为低压线圈, 也称为一次绕组; 另一个线圈圈数较多 (10000~26000匝), 漆包线线径很细 ($d = 0.07 \sim 0.1 \mathrm{mm}$), 与火花塞两电极相通, 称为高压线圈, 也称为二次绕组。

当电流通过低压线圈产生磁场, 磁场的磁力线穿过高低压两个线圈, 并经铁心构成回路。由电磁感应原理可知, 无论电路接通或断开, 当线圈中电流发生变化时磁力线都会切割两个线圈, 因而, 都要产生感应电动势。电动势的大小与穿过该线圈磁通的增减速率成正比。因此, 须在触点闭合和断开时, 控制低压线圈中电流的变化。通常采用在断电器触点两极间并联一个电容器的做法, 如图 6-40 所示。当触点闭合时, 电容器被短路, 不起任何作用; 当触点断开时, 在低压线圈自感电动势的作用下向电容器充电。加装电容器, 可起到两个作用:

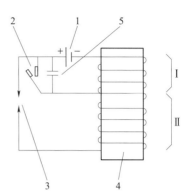

图 6-40 加装电容器的点火线圈电路工作原理

1—蓄电池 2—断电器 3—火花塞
4—点火线圈 (Ⅰ—低压线圈部分;
Ⅱ—高压线圈部分) 5—电容器

1) 由于自感电动势向电容器充电, 会大大减弱断电器触点间的火花, 从而延长触点的寿命。

2) 由于电容器容量较小, 在极短时间内就可充满电荷, 这样使自感电流流动的时间大大缩短, 低压电流迅速消失, 从而提高了磁通的变化率, 使高压线圈产生更高的电动势。

目前汽车上常用的电容器为 $0.17 \sim 0.25 \mu\mathrm{F}$。这样, 自感电流流动的时间可缩短至万分之几秒, 高压线圈便可形成 20kV 左右的感应电动势, 足以保证发动机火花塞的跳火。

常用的点火线圈分为开磁路点火线圈和闭磁路点火线圈, 如图 6-41 和图 6-42 所示。

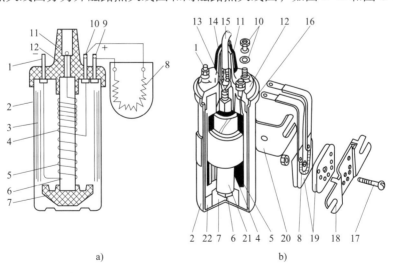

a) b)

图 6-41 开磁路点火线圈

a) 电路原理 b) 结构示意图

1—"-" 接线柱 2—外壳 3—导磁钢套 4—二次绕组 5—一次绕组 6—铁心 7—绝缘座 8—附加电阻
9—"+" 接线柱 10—接起动机的接线柱 11—高压线接头 12—胶木盖 13—弹簧 14—橡胶罩 15—高压阻尼线
16—橡胶密封圈 17—螺钉 18—附加电阻盖 19—附加电阻瓷质绝缘体 20—附加电阻固定架 21—绝缘纸 22—封料

开磁路点火线圈采用柱形铁心，一次绕组在铁心中产生的磁通，通过导磁钢套 3（图 6-41）构成磁回路。而柱形铁心的上部和下部磁力线穿过空气，磁阻大，磁通量泄漏多，磁路损失大，电磁转换效率降低。

闭磁路点火线圈的一次绕组和二次绕组都绕在口字形或日字形铁心上（图 6-42b、c）。一次绕组在铁心中产生的磁通，通过铁心形成闭合磁路，从而大大降低了磁通量的泄漏和磁路损失，点火线圈的转换效率高。

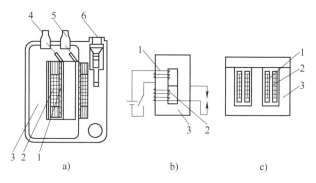

图 6-42　闭磁路点火线圈

a）结构示意图　b）口字形铁心　c）日字形铁心

1——次绕组　2—二次绕组　3—铁心　4—"+"接线柱

5—"-"接线柱　6—高压线插孔

（4）分电器总成　又称为配电器总成，由断电器、配电器、点火提前调节装置（即图 6-38 中的 9、10、13）等组成。其功用是将点火线圈产生的高压电流，按发动机的工作顺序分配到各气缸火花塞。

（5）电容器　其功用是调控点火线圈自感电动势，提高磁通变化率，使高压线圈产生更高的瞬时电动势。

（6）火花塞　火花塞的功用是将点火线圈产生的脉冲高压电引入燃烧室，并在其两个电极之间产生电火花，以点燃混合气。火花塞的构造如图 6-43 所示。

三、电子控制点火系

传统点火系存在着断电器触点易烧蚀、火花塞积炭后易漏电而导致电压达不到可靠点火、点火线圈产生的高电压不能满足现代发动机转速的升高和气缸数增多而导致缺火等缺点，并且不利于节能和减少排气污染等要求，已逐渐被半导体点火系和微机控制点火系所取代。

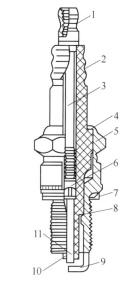

图 6-43　火花塞的结构

1—接线螺母　2—绝缘体　3—金属杆

4、8—内垫圈　5—钢壳　6—导体玻璃

7—多层密封圈　9—旁电极

10—绝缘体裙　11—中心电极

1. 半导体点火系

半导体点火系一般可分为触点式半导体点火系和无触点半导体点火系两种类型。半导体点火系在提高次级电压和点火能量、延长使用寿命等方面都有明显改善。但是，其对点火时间的调节，与传统点火系一样，仍采用离心提前和真空提前的机械式点火提前调节装置来完成。由于机械的滞后、摩擦磨损及装置本身的局限性，因此不能保证发动机的点火时刻始终处在最佳值。

2. 微机控制的点火系

由于微机控制的点火系采用了传感器反馈发动机工作状况的各种信息，因此经微机系统分析处理后，能自动控制调节最佳点火提前角和最佳点火时刻，以及自动调节初级电路的导通时间。如当发动机处于高转速时，使初级电路的导通时间延长，增大初级电流，提高次级电压；低速时初级电路导通时间适当缩短，限制电流强度，以防止点火线圈过热。因此在现代汽车中得到广泛的应用。

微机控制点火系通常由传感器、微机控制器、点火控制器和点火线圈等组成。图6-44所示为奥迪200型轿车发动机微机控制点火系的基本组成。

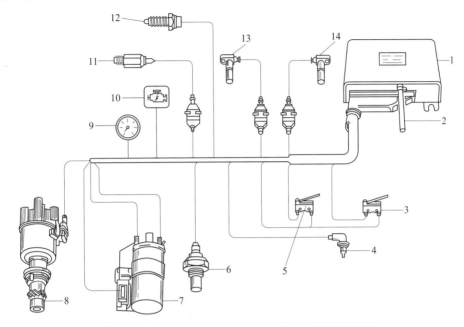

图 6-44　奥迪 200 型轿车微机控制点火系的基本组成

1—微机控制器　2—增压传感器连接管　3—全负荷开关　4—进气温度传感器　5—怠速及超速燃油阻断开关
6—冷却液温度传感器　7—点火线圈　8—霍尔分电器　9—速度表　10—故障灯　11—爆燃传感器
12—制动灯开关　13—发动机转速传感器　14—点火基准传感器

第八节　柴油机燃料供给系

柴油机使用柴油为燃料。其燃料供给方式是当压缩行程接近终了时，采用高压喷射将柴油喷入气缸，与缸内的高温，高压空气混合而自燃发火燃烧。

一、柴油机燃料供给系的组成

柴油机燃料供给系由燃油供给装置、空气供给装置、混合气形成装置和废气排出装置四部分组成，如图6-45所示。

（1）燃油供给装置　燃油供给装置由柴油箱、输油泵、低压油管、柴油滤清器、喷油泵、高压油管、喷油器和回油管组成。由图6-45可知，输油泵7从柴油箱1内将柴油吸出，经柴油粗滤清器2滤去较大颗粒的杂质，再经柴油细滤清器9滤去细微杂质后，进入喷油泵5的低压油腔，由喷油泵柱塞将燃油压力提高，经高压油管12至喷油器13，当燃油压力达到调定值时喷出雾状柴油，并与气缸中的高温、高压空气形成混合气。喷油器及喷油泵渗漏或多余的燃油，由回油管14返回燃油箱。为保证柴油机各缸供油压力及油量的一致，高压油管12的直径和长度应相等。喷油泵的前端与供油提前角自动调节器4相连，后端与调速

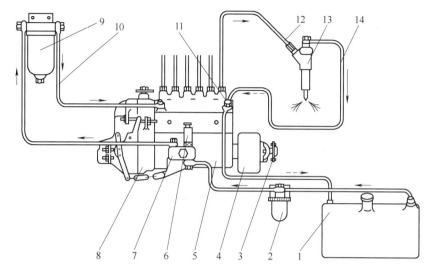

图 6-45 柴油机燃油供给装置示意图

1—油箱 2—柴油粗滤清器 3—联轴器 4—供油提前角自动调节器 5—喷油泵 6—手压油泵 7—输油泵
8—调速器 9—柴油细滤清器 10—低压油管 11—溢油阀 12—高压油管 13—喷油器 14—回油管

器 8 相连，组成喷油泵总成，起到自动调节喷油定时和定量作用。手压油泵 6 用以排除低压油路中的空气，保证发动机的顺利起动。

（2）空气供给装置 空气供给装置由空气滤清器、进气歧管和气缸盖内的进气道组成。增压柴油机还装有进气增压装置。

（3）混合气形成装置 混合气形成装置由气缸盖、活塞顶部及气缸套组成的燃烧室构成。

（4）废气排出装置 废气排出装置由气缸盖内的排气道、排气歧管、排气消声器等组成。

二、柴油机燃料及混合气形成

柴油机所用柴油有轻柴油和重柴油之分，通常轻柴油用于高速柴油机，重柴油用于中、低速柴油机。

1. 柴油的主要性能及牌号

（1）柴油的主要性能 作为发动机燃料，柴油应具有良好的发火性、蒸发性和低温流动性等，同时还应具备使用安全、成本低等条件。

1）发火性。发火性是指柴油的自燃能力。燃油在没有外界火源的情况下能自行着火的最低温度称为自燃点。在压燃着火的柴油机工作时，柴油的自燃点越低，其在燃烧过程中的滞燃期越短，柴油机的工作越柔和。柴油的发火性用"十六烷值"表示，十六烷值越高，自燃点就越低，发火性越好。一般车用轻柴油的十六烷值在 45 以上。

2）蒸发性。蒸发性是指柴油蒸发汽化能力。其评价指标为馏程和闪点。

柴油的馏程是指液体柴油在密闭状态下温升汽化的过程。一般以 300℃ 的馏出量来确定柴油的蒸发性。如 50% 的馏出温度越低，就越容易起动。

柴油的闪点是指在一定的试验条件下，当柴油蒸汽与空气形成的混合气接近火焰时，开始出现闪火时的温度。为了控制柴油蒸发性不致过强而造成爆震，国家标准规定了闪点的最低值。显然，蒸发性越好，闪点越低。

（2）轻柴油的牌号　轻柴油的牌号是按柴油凝点的高低来划分的。国产轻柴油按其质量可分为优等品、一等品和合格品。每个等级又分为10号、0号、-10号、-20号、-35号和-50号六种牌号。

2. 柴油机可燃混合气的形成及燃烧

柴油机可燃混合气的形成和燃烧与汽油机相比有较大区别。由于柴油的蒸发性和流动性比汽油差，因此，柴油不能像汽油那样在气缸外部形成可燃混合气，而只能采用在压缩行程接近终了时，将柴油以高压喷射方式喷入气缸内的燃烧室，与高温、高压空气形成可燃混合气自行着火燃烧。因可燃混合气直接在燃烧室内形成的时间极短，而且存在喷油、蒸发、混合和燃烧重叠进行的过程。因此柴油机可燃混合气的形成和燃烧过程比汽油机的汽油燃烧过程更为复杂。

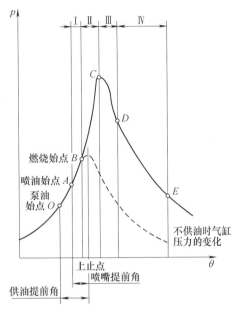

图 6-46　气缸压力与曲轴转角的关系
Ⅰ—备燃期　Ⅱ—速燃期　Ⅲ—缓燃期　Ⅳ—后燃期

柴油的燃烧过程通常分为四个阶段，如图6-46所示。

（1）备燃期　指喷油始点 A 与燃烧始点 B 之间的时间间隔。在此期间，喷射成雾状的柴油在气缸内从高温空气处吸热，后蒸发、扩散，并与之混合。

（2）速燃期　指图 6-46 中 B、C 两点间的时间间隔。自 B 点开始，火焰自火源向四周迅速传播，燃烧加剧，放热量激增，燃烧室内的温度和压力迅速上升，直至 C 点所表示的压力最高值为止。

（3）缓燃期　指从最高压力点 C 起到最高温度点 D 止的时间间隔。在此阶段，燃气温度继续升高，燃烧速度逐渐减缓。喷油过程一般在缓燃期结束。

（4）后燃期　指从 D 点起直至燃烧停止时的 E 点的时间间隔。在此期间，活塞继续下行，燃烧室内压力和温度降低。

为了改善柴油机燃油的混合气形成及燃烧，燃油系统、燃烧室形状以及它们之间的相互匹配起着至关重要的作用。柴油机的燃烧室按结构形式不同，可分为直接喷射燃烧室和分开式燃烧室两大类。

三、柴油机燃料供给系的主要部件

1. 喷油器

喷油器是柴油机实现燃油喷射的重要部件，其功用是根据柴油机混合气形成的特点，将燃油雾化并喷射到燃烧室特定的部位，此外，喷油器在规定的停止喷油时刻应能迅速中断喷射，而不发生燃油滴漏现象。

（1）喷油器的基本分类和构造　柴油机一般采用如图6-47所示的闭式喷油器。这种喷油器在不喷油时，喷孔被针阀密封，喷油器的油腔不与燃烧室相通。闭式喷油器又分为轴针式喷油器和孔式喷油器两类（图6-47a、b）。孔式喷油器多用于直喷式燃烧室柴油机上。轴针式喷油器的轴针可制成不同形状，以得到不同形状的喷注，因而可适应于不同形状燃烧室的需要。

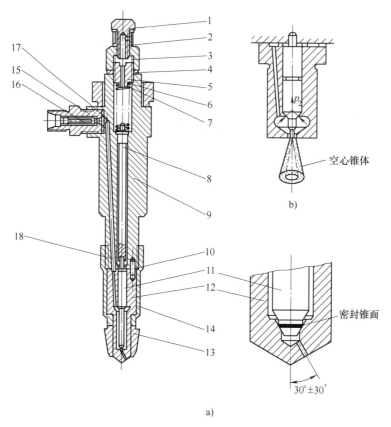

空心锥体

b)

密封锥面

$30° \pm 30'$

a)

图6-47 闭式喷油器

a）孔式喷油器 b）轴针式喷油器

1—回油管螺栓 2—回油管衬垫 3—调压螺钉护帽 4—调压螺钉垫圈 5—调压螺钉 6—调压弹簧垫圈
7—调压弹簧 8—顶杆 9—喷油器体 10—定位销 11—喷油器针阀 12—针阀体 13—喷油器锥体
14—紧固螺套 15—进油管接头 16—滤芯 17—进油管接头衬垫 18—油道

图6-47a所示为孔式喷油器，由针阀11、针阀体12、顶杆8、调压弹簧7、调压螺钉5及喷油器体9等零件组成。其中针阀11和针阀体12是相配合的一对精密偶件。其配合间隙仅为0.002~0.004mm，此间隙过大则易发生漏油而使油压下降，影响喷雾质量；间隙过小则针阀不能自由滑移。针阀中部的锥面称为承压锥面。位于针阀体的环形油腔中，用以承受油压。针阀下端的锥面与针阀体上相应的内锥面配合，以实现喷油器内腔的密封。针阀偶件是精加工后经选配、研磨后形成其配合精度的，对这样的精密偶件，应成对使用，不得互换。调压弹簧7的预紧力通过顶杆8作用在针阀上，使针阀紧压在针阀体的密封锥面上，以关闭喷孔。

（2）孔式喷油器的工作原理 当柴油机工作时，由喷油泵输出的高压柴油从进油管接头15经过喷油器体9与针阀体12中的孔道进入针阀中部的环状空腔，油压作用在针阀的承压锥面上，形成一个向上的轴向推力，当该推力克服了调压弹簧 7 的预紧力以及针阀与针阀体间的摩擦力后，针阀即上移打开喷孔，柴油便在高压下从针阀下端喷油孔喷出。当喷油泵停止供油时，由于油压迅速下降，针阀在调压弹簧 7 的作用下迅速将喷油孔关闭。喷油器喷油开始时的喷油压力取决于调压弹簧的预紧力，预紧力可通过调压螺钉 5 进行调整确定。

在喷油器工作期间，会有少量柴油从针阀体与针阀之间的间隙渗出，并沿顶杆 8 周围的空隙上升，通过回油管螺栓 1 进入回油管，流回柴油滤清器。这部分柴油对针阀还可起到润滑作用。

2. 柱塞式喷油泵

喷油泵的功用是根据柴油机的不同工况，将一定量的柴油压力提高，并按规定的时间通过喷油器喷射到气缸内燃烧室。为避免喷油器产生滴漏现象，喷油泵必须保证供油停止迅速。

多缸柴油机的喷油泵还应具备以下要求：

1）按各缸的发火顺序定时供油。

2）各缸供油量应一致，在标定工况下每缸供油量相差应小于 3%。

3）各缸供油提前角相同，误差应不大于 0.5°曲轴转角。

喷油泵的种类很多，直列柱塞式喷油泵应用最为广泛。

图 6-48 所示为柱塞式喷油泵的基本构造。它是由柱塞偶件（由柱塞 5 和柱塞套筒 4 组成）、出油阀偶件（由出油阀 3 和出油阀座 2 组成）、滚轮体总成、弹簧等组成。其中柱塞除了做直线往复运动外，还绕自身轴线在一定角度范围内转动。

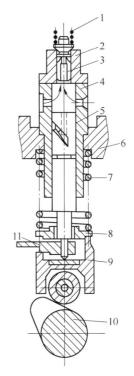

图 6-48　柱塞式喷油泵的基本构造
1—出油阀弹簧　2—出油阀座　3—出油阀
4—柱塞套筒　5—柱塞　6—喷油泵体
7—柱塞弹簧　8—弹簧下座
9—滚动体总成　10—凸轮轴　11—调节臂

柱塞式喷油泵的泵油原理如图 6-48 所示，当凸轮的凸起部分转过之后，柱塞在柱塞弹簧力的作用下下移到图 6-49a 所示位置时，燃油自低压油腔经油孔 4 和 8 被吸入并充满泵腔。当凸轮转动，使柱塞自下止点上移，起初有部分燃油从泵腔挤回低压油腔，直到柱塞上部的圆柱面将两个油孔完全封闭为止。此后，柱塞继续上升（图 6-49b），柱塞上部的燃油压力迅速增高到足以克服出油阀弹簧 7 的作用力，出油阀 6 即开始上升，当出油阀上的圆柱形环带离开出油阀座 5 时，高压燃油便自泵腔通过高压油管流向喷油器。当柱塞上移到图 6-49c 所示位置时，柱塞上的斜槽与油孔 8 开始接通，于是泵腔内的燃油便经柱塞中央的孔道，斜槽和油孔 8 流向低压油腔，这时，泵腔中的油压迅速下降，出油阀在弹簧力的作用下立即回位，喷油泵供油立即停止。此后，柱塞仍继续上升到上止点，但并不向高压油管供油。随着凸轮转动，柱塞又下行重复上述过程。凸轮每转一周，柱塞泵油一次。

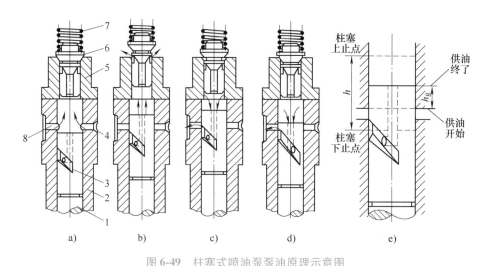

图 6-49　柱塞式喷油泵泵油原理示意图

a）进油　b）供油　c）停止供油　d）不供油　e）柱塞行程 h 和供油行程 h_g

1—柱塞　2—柱塞套　3—斜槽　4、8—油孔　5—出油阀座　6—出油阀　7—出油阀弹簧

综上所述，可知：

1）柱塞泵供油量的大小取决于供油行程 h_g。这里应说明的是，柱塞行程 h 是固定的，而供油行程 h_g 却是可调的。由图 6-49 可知，供油开始位置始终在柱塞完全封闭油孔 4、8 处，而供油终了位置则取决于柱塞上斜槽 3 与油孔 8 开始相通（喷油泵卸压停止供油）的位置。转动喷油泵上的调节臂 11（图 6-48）使柱塞绕自身轴线旋转一定角度就改变了这个位置，这样供油行程 h_g 就发生了变化。所以，转动柱塞可改变供油量的大小。但当柱塞绕自身轴线转到图 6-49d 所示位置时，柱塞上升至顶面刚越过油孔 4、8，斜槽即与油孔 8 相通。直至柱塞移至上止点还不能完全封闭油孔 8，由于不能泵油，所以称它为不供油状态。

2）供油时间（即供油提前角）是柱塞上端圆柱面封闭柱塞套油孔时刻，它不随供油行程 h_g 的变化而变化。为了保证各缸供油时间准确并均匀一致，满足所要求的供油规律，在各种形式的喷油泵中均设有供油时间调整机构，即设法改变柱塞与柱塞套在高度上的原始位置。

出油阀是一个单向阀，它的功用是出油、断油和断油后迅速隔断高压油管和泵室的油路，迅速降低高压油管中的燃油压力，使喷油器停止供油时干脆而无滴油现象。

出油阀的结构如图 6-50 所示。出油阀阀芯断面呈"十"字形，既能导向，又能让柴油通过。阀的上部有一圆锥面，与阀座锥面贴合，形成一环形密封带。密封带下面的小圆柱面称为减压环带，它的作用是在喷油泵供油停止后迅速降低高压油管中的燃油压力，使喷油器立即停止喷油。当柱塞停止供油时，出油阀下落，首先是减压环带封住阀座孔，泵腔出口被切断，于是燃油停止

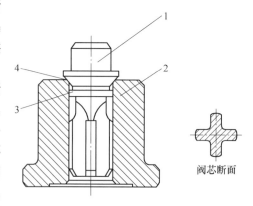

图 6-50　出油阀偶件

1—出油阀　2—出油阀座　3—减压环带　4—密封带

进入高压油管。再继续下降直到密封锥面贴合，使高压油路的容积增大，迅速卸压，喷油立即停止而无后滴现象。

3. 调速器

调速器是一种自动调节喷油泵供油量的装置。其作用是根据柴油机负荷变化，自动调节供油量，以保持柴油机转速基本不变。调速器按工作原理不同分为机械式、气动式和液压式三类。机械式调速器因结构简单，使用可靠应用较广。按调节范围的不同，又可分为单程式、两极式和全程式三种，下面介绍一种喷油泵采用的全程调速器的工作原理。

（1）Ⅱ号喷油泵全程调速器基本结构　图 6-51 所示为Ⅱ号喷油泵机械离心式全程调速器。它安装在Ⅱ号喷油泵的后端。

如图 6-51a 所示，喷油泵凸轮轴 22 的后部固定有驱动锥盘 21，其末端松套着推力锥盘 26。飞球保持架 18 为圆盘，飞球座 16 和飞球 20 装在飞球保持架 18 上并可滑动。驱动锥盘的内锥面上有与飞球组件相嵌的凹坑。调节螺柱 6 上装有四个弹簧：校正弹簧 24、起动弹簧 2、低速调速弹簧 4 和高速调速弹簧 3（统称调速弹簧）。弹簧后座 7 用来支承起动弹簧和低速弹簧，并可沿轴向滑移。起动弹簧前座 14 支承在角接触球轴承上，调速弹簧后座 15 支承于起动弹簧前座的内圆面上。一般情况下，高速弹簧处于自由状态，端头留有一定间隙。校正弹簧座 25 可轴向移动。

推力锥盘的球轴承和起动弹簧前座 14 之间夹持有拉板 13，其上部的圆孔装在喷油泵油量调节拉杆 19 的后端，并可用拉杆螺母 12 调节限位。拉板向左移动时，拉杆弹簧使拉杆 19 左移的冲击得以缓和。支于后壳上的操纵轴 28 的中部与调速叉 10 固定安装，其外端与操纵摇臂 30 靠花键连接。调速叉的下端顶住弹簧后座 7 的后端面，驾驶员通过加速踏板和杆系操纵摇臂（即转动调速叉 10）可改变调速弹簧 3 和 4 的压缩量（预紧力）。

发动机工作时，飞球组件产生的离心力，使其沿飞球保持架 18 上的径向滑槽向外滑动，由此产生的轴向分力推动锥盘 26 向右移动，从而带动拉板 13 使油量调节拉杆 19 右移，减少供油量。转速下降，飞球组件的离心力减小，其在调速弹簧力的作用下，沿保持架向内滑移，从而推力盘组件带动油量调节拉杆左移，使供油量增加，转速上升。停机手柄 27 装在前壳 17 的顶部，壳体顶部和底部均设有加油孔和放油孔，分别用螺塞 11 和螺钉 1 堵住。螺塞上钻有通气孔，以防止壳内润滑油受热后产生蒸汽压力过高而造成漏油。通气孔道内装有滤芯，以避免灰尘等杂质进入调速器，如图 6-51a 所示。

（2）Ⅱ号喷油泵全程调速原理　如图 6-51b 所示，调速叉 10 处于图中某一个定位置，此时若柴油机发出的有效转矩与外界载荷阻力正好平衡，则转速平衡，飞球组件离心力所形成的轴向推力 F_A 与调速弹簧作用力 F_B 平衡。拉板 13 和油量调节拉杆处于一定的位置，并与调节螺柱 6 的台肩间存在一定的间隙 Δ_1。若此时外界负荷突然减小，其阻力矩减小，而驾驶员未来得及改变调速叉的位置，则发动机的转速必然升高，于是 $F_A > F_B$，使油量调节拉杆自动右移，减小供油量，发动机的有效转矩随之减小，至与外界阻力矩相等为止，转速达到新的稳定，F_A 与 F_B 形成新的平衡。此时，柴油机以比外界阻力矩变化前略高的转速稳定运转，间隙也稍有增大。相反，当外界阻力矩突然增大，发动机转速降低时，$F_A < F_B$，使拉板自动左移，增加供油量，发动机有效转矩变大。直到有效转矩与外界阻力矩相等，转速不再降低，F_A 与 F_B 取得新的平衡。此时柴油机以较前略低的转速稳定运转，间隙也稍有减小。

此外，当外界阻力矩增大，使发动机转速降低到近乎于零时，调速器飞球的离心力减至

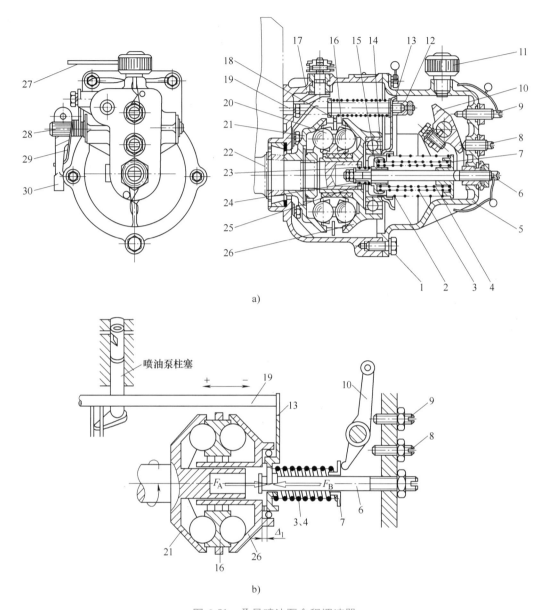

图 6-51 Ⅱ号喷油泵全程调速器

a）调速器结构　b）调速器工作原理示意图

1—放油螺钉　2—起动弹簧　3—高速调速弹簧　4—低速调速弹簧　5—调速器后壳　6—调节螺柱
7—弹簧后座　8—低速限止螺钉　9—高速限止螺钉　10—调速叉　11—加油螺塞　12—拉杆螺母
13—拉板　14—起动弹簧前座　15—调速弹簧后座　16—飞球座　17—调速器前壳　18—飞球保持架
19—油量调节拉杆　20—飞球　21—驱动锥盘　22—喷油泵凸轮轴　23—垫圈　24—校正弹簧
25—校正弹簧座　26—推力锥盘　27—停机手柄　28—操纵轴　29—扭力弹簧　30—操纵摇臂

最小，油量调节拉杆在调节弹簧弹力作用下达到最大供油位置。这时所得到的发动机稳定转速称为全负荷转速。若外界阻力矩继续增大，发动机转速虽然会继续下降，但由于调节螺柱6左端凸肩的阻挡，调速弹簧不可能再将推力锥盘和拉板组件向左推动，因此油量调节拉杆保持原位不动，即调速器不再起作用。

当由驾驶员操纵的调速叉 10 位置不变，而外界阻力矩降到零时（突然踩下离合器踏板），由于调速器的作用，供油量将减到最小，柴油机不对外做功。这时柴油机在空负荷下以最高转速运转。这一转速称为"空转转速"。

从全负荷转速至空转转速这一转速范围，称为调速器的"调速范围"。

由于调速弹簧的预紧力不同，全负荷转速和空转转速的数值也不同。

当外界阻力矩保持不变时，发动机以一稳定转速旋转，并保持一个相应的调速范围。此时增大调速弹簧预紧力，使 $F_B > F_A$，油量调节拉杆左移，供油量增加，发动机转速升高，F_A 增大，直至 F_A 与 F_B 达到新的平衡为止。于是发动机转速便稳定在一个较高的调速范围内。反之，若减小调速弹簧的预紧力，则发动机转速便稳定在一个较低的调速范围内。

当调速叉 10 转到与高速限止螺钉 9 接触时，调速弹簧的预紧力达到最大，此时的全负荷转速最大，称为"额定转速"，在此转速下的发动机有效转矩和有效功率分别称为"额定转矩"和"额定功率"，其供油量称为"额定供油量"。

当调速叉转到靠住低速限止螺钉 8 时，调速弹簧 3、4 的预紧力最小，此时的发动机空转转速最低，称为"怠速转速"。

柴油机出厂时调节螺柱 6 和高速限止螺钉 9 已调好并加铅封，不允许随意改动。

四、柴油机燃料供给系常见故障及原因

造成柴油机燃料供给系故障的原因很多，在此，仅分析油路所产生的故障。

1. 发动机不起动

（1）起动时排气管不冒烟　起动时排气管不冒烟说明喷油泵未供油。可拆掉喷油泵上高压油管接头，转动柴油机曲轴观察；其次是油路漏气，输油泵单向阀密封不良等。

（2）起动时排气管冒白烟且不易着火　说明油中有水，喷油雾化不良。

2. 发动机动力下降

（1）供油量小　主要有柱塞偶件磨损，泄漏严重等原因。

（2）油腔中有空气　形成油路中的气阻，使柱塞供油减少；输油泵磨损，输送油量不足；喷油泵油量调节杆卡滞，不能移到最大供油量处；供油提前角不正确。

3. 排气不正常

（1）冒白烟　冷车起动冒白烟，特别是冬季明显，若温度升高后不冒白烟，则为正常；仍冒白烟，则说明柴油中有水；以及供油时间过迟。

（2）冒黑烟　主要原因为供油时间过早；喷油雾化不良，产生油滴；空气滤清器堵塞，进气不充分；超过额定负荷。

（3）冒蓝烟　主要原因是气缸窜机油或空气滤清器润滑油液面过高，造成烧润滑油。

4. 发动机敲击声

主要原因有：喷油时间过早；喷油器雾化不良或滴油；供油不均匀等。

第九节　发动机的起动

一、概述

发动机从静止状态要进入工作状态，必须先依靠外力转动发动机的曲轴，使气缸完成进气、压缩和点火过程，直到混合气燃烧做功后，发动机才能自动进入工作循环。发动机在外

力作用下曲轴由开始转动到自动怠速运转的全过程，称为发动机的起动。

起动发动机所必须的曲轴转速，称为起动转速。发动机起动时，为了使曲轴达到起动转速，必须克服各运动零件相对运动表面的摩擦阻力和气缸内被压缩气体的阻力。克服这些阻力所需的转矩，称为起动转矩。

二、发动机的起动方式

发动机的起动方式，常用的有人力起动、压缩空气起动和辅助动力起动。辅助动力通常有电动机或辅助汽油机。

（1）人力起动　即手摇起动或拉绳起动。起动时，将起动手柄杆端横梢插入发动机曲轴前端的起动爪内，摇动手柄即可转动曲轴，由于这种起动方式操作不方便，并且较费力，因而仅作为中、小功率汽车的备用起动装置。

拉绳起动的操作方法是将软绳的一端在曲轴的飞轮外缘上缠绕一至两圈（不留余绳），用手猛拉绳的另一端，使曲轴转动。可用于小功率发动机起动。

（2）压缩空气起动　其方法是将气缸放气阀开放，然后使压缩空气通过管道送入燃烧室，推动活塞运行并带动曲轴转动。压缩空气起动一般用于大、中型柴油发动机的起动。

（3）辅助动力起动　其中辅助汽油机起动主要用于大功率柴油机的起动。而电力起动机起动则广泛用于中、小功率发动机的起动。它以电动机轴上的驱动齿轮带动发动机飞轮周缘上的轮齿，从而驱动曲轴旋转。电力起动机以蓄电池为电源，结构紧凑，操作简单，起动迅速可靠，是现代汽车发动机普遍采用的一种理想的起动方式。

电力起动机由直流电动机、传动机构和控制机构等组成。按传动机构和控制机构的不同，电力起动机可分为惯性啮合式起动机、机械啮合式起动机、电磁啮合式起动机和电枢移动式起动机。其中电磁啮合式起动机结构简单、工作可靠、操作方便，在汽车上得到广泛应用。

三、典型起动机构造及工作原理

图6-52所示是一种常用的321型电磁啮合式起动机的基本组成。其控制电路如图6-53所示。

由图6-53可知321型电磁啮合起动机的工作原理如下：

起动时，电路为蓄电池正极→起动机开关接柱4→电流表→点火开关3→附加继电器点火开关接柱23→线圈2→接柱22→电池负极。由于附加继电器的线圈2通电，产生吸力，使触点1闭合，接通起动机的保持线圈和吸拉线圈。这时保持线圈，吸拉线圈的电路为：蓄电池正极→接柱4→附加继电器的电池接柱21→磁轭→触点1→起动机接柱20、6→保持线圈9→接柱（电池负极）。另有一路从接柱6→吸拉线圈8→连接片11→接柱5→起动机励磁绕组→电枢绕组→接柱（电池负极）。

在吸拉线圈和保持线圈的吸力下，活动铁心10被吸动，传动拨叉逆时针方向摆动，使小齿轮18啮入飞轮齿圈。与此同时，活动柱心推动接触盘14，接通触点12、13，蓄电池即可为起动机提供强大的电流，产生转矩，从而带动曲轴转动。起动机的主电路为：接柱4→触点12→接触盘14→触点13→接柱5→励磁绕组→电枢绕组→接柱（电池负极）。

当触点12与13未接通之前，因吸拉线圈的电流已流入电枢绕组和励磁绕组，在电磁力作用下，能产生一个小的转矩，使小齿轮旋转一角度与飞轮齿圈进入啮合，避免了顶齿现象。

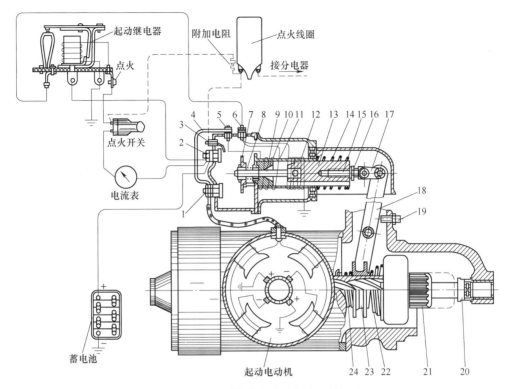

图 6-52　321 型电磁啮合式起动机的组成

1、2—电动机开关接柱　3—点火线圈附加电阻短路开关接柱　4—导电片　5、6—线圈接柱　7—触盘　8—触盘弹簧
9—触杆　10—固定铁心　11—吸拉圈　12—保持线圈　13—引铁　14—回位弹簧　15—连接杆　16—固定螺母
17—耳环　18—拨叉　19—定位螺钉　20—限位螺母　21—驱动齿轮　22—锥形弹簧　23—滑环　24—缓冲弹簧

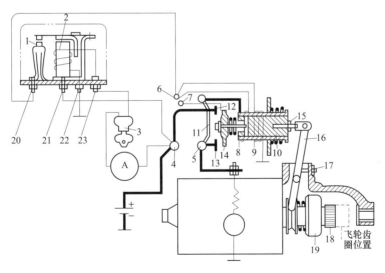

图 6-53　321 型电磁啮合起动机控制电路

1—附加继电器触点　2—附加继电器线圈　3—点火开关　4、5—起动机开关接柱　6、20—起动机接柱
7—点火线圈附加电阻接柱　8—吸拉圈　9—保持线圈　10—活动铁心　11—连接片　12、13—触点
14—接触盘　15—调节螺钉　16—传动叉　17—调节螺钉　18—驱动小齿轮　19—单向滚柱式啮合器
21—电池接柱　22—电枢接柱　23—点火开关接柱

主电路接通后，吸拉线圈被短接，活动铁心的位置由保持线圈的吸力保位。另外，在触盘移动接通触点12、13的同时，还使点火线圈的附加电阻短接（图6-53中未示出），从而提高了点火电压。

四、起动机的使用与保养

1. 起动机的正确使用方法

1）起动机每次通电起动时间应低于5s，再次起动时中间应停歇2min左右，若需连续第三次起动，起动前应认真检查并排除故障后进行，其间隔时间不应少于15min。

2）发动机起动进入自动工作循环后，应立即切断起动机的控制电路，使起动机停止工作。

3）发动机处于正常工作状态时，不得接通起动机电源。

4）在冬季或低温气候条件下起动发动机，可用热水或明火将气缸加温预热后再进行，也可用手柄摇动曲柄预热。

2. 起动机的保养

1）起动机应保持干燥、清洁，各连接导线与接柱应压接牢固。

2）经常检查起动机上的各活动部件和传动、控制机构，并按规定进行润滑。

3）按规定定期进行维护保养。

思 考 题

6-1 往复活塞式发动机常见的分类方法有哪些？

6-2 什么是发动机的工作循环？

6-3 发动机主要由哪些机构和系统组成？它们各有何功用？

6-4 四冲程发动机和二冲程发动机的工作原理有何不同？试比较它们的优缺点。

6-5 柴油机与汽油机在可燃混合气形成的方式与点火方式上有哪些区别？其所用的压缩比有何不同？

6-6 曲柄连杆机构主要由哪些零件组成？其功用是什么？

6-7 试述曲柄连杆机构的常见损伤及修复方法。

6-8 配气机构的功用是什么？气门式配气机构如何分类？

6-9 试述气门配气机构常见故障及排除方法。

6-10 发动机的润滑方式有哪些？各用于哪些部位的润滑？

6-11 试述发动机润滑的常见故障和排除方法。

6-12 发动机冷却系的功用是什么？发动机冷却系常见的故障有哪些？试简述产生的原因和排除方法。

6-13 汽油直接喷射供给系统有哪些优缺点？如何分类？

6-14 传统蓄电池点火系由哪些主要零件组成？存在哪些主要缺点？

6-15 柴油机燃料的燃烧过程通常分为哪几个阶段？试述各阶段柴油燃烧的特点。

6-16 柴油机的燃料供给系由哪些主要部件构成？

6-17 试述Ⅱ号喷油泵全程调速器的工作原理。

6-18 试述柴油机燃料供给系常见故障及主要原因。

6-19 发动机常用的起动方式有哪些？

素养提升

精密零部件顶级雕刻师——孟维

　　孟维，全国技术能手、中国机械工业劳动模范、国家级技能大师工作室领衔人、江苏省有突出贡献中青年专家、江苏大工匠等称号的获得者，参加工作二十多年来，凭借着一股韧劲和百折不挠的毅力，破解了高强钢加工工艺、起重机核心零部件中心回转体加工等难题，发明了"孟维滑轮操作法""G1 代起重机中心回转体套筒加工法"等 177 项先进的数控加工方法，9 次荣获全国 QC 成果一等奖，在数控加工、刀具应用、数控机床维修、工装夹具设计等领域，形成了具有自主产权的核心技术优势。孟维先后对螺纹梳刀、反镗刀、蜗轮刀具刀杆等进行刀具优化、二次开发使用，节约刀具成本约 343.7 万元。

　　在工作中，孟维始终坚守"质量就是生命，而生命只有一次"的信条，严格要求自己。他认真钻研尺寸控制方法、加工心得，将自己的学习收获和钻研经验，及时向同事们分享，带动大家共同提升技能水平。

第七章

锅　炉

第一节　概　述

一、锅炉的概念

锅炉是利用燃料燃烧释放的热能（或其他热能）加热给水或其他工质，从而生产规定参数（压力和温度）的蒸汽、热水或其他工质的设备。

二、锅炉的分类

（1）按用途不同分类　有电站锅炉、机车锅炉、船用锅炉、工业锅炉和采暖锅炉。电站锅炉用于火电厂中，为汽轮发电机组提供蒸汽。机车锅炉和船用锅炉为火车和轮船提供动力。工业锅炉主要为工业企业提供生产工艺过程所需的蒸汽，以作为加热、蒸发或烘干设备的载热体。采暖锅炉用来生产低压的饱和蒸汽或热水，以满足采暖和通风的需要。

（2）按输出工质不同分类　有蒸汽锅炉、热水锅炉和汽水两用锅炉。

（3）按燃用燃料不同分类　有燃煤锅炉（按燃烧方式不同分为层燃炉、悬燃炉和沸腾炉）、燃气锅炉和燃油锅炉。

（4）按设计工作压力不同分　低压锅炉（设计工作压力不大于 2.5MPa）、中压锅炉（设计工作压力为 3.9MPa）、高压锅炉（设计工作压力为 10MPa）。

（5）按锅炉本体结构不同分类　火管锅炉和水管锅炉。

（6）按锅筒放置方式不同分类　立式锅炉和卧式锅炉。

（7）按运输安装方式不同分类　整装（快装）锅炉、组装锅炉和散装锅炉。

三、锅炉房设备的组成

锅炉房设备包括锅炉本体及其辅助设备两部分。

1. 锅炉本体

由"锅"与"炉"两部分组成。"锅"是指容纳锅水和蒸汽的受压部件，它由锅筒（又称汽包）、对流管束、水冷壁、集箱（联箱）、蒸汽过热器、省煤器和管道等组成，其任务是吸收燃料燃烧的热量，使水加热成为规定压力和温度的热水或蒸汽。"炉"是指锅炉中使燃料进行燃烧产生高温烟气的场所，它由燃烧设备、炉墙等组成，其任务是使燃料不断良好地燃烧，放出热量。"锅"与"炉"一个吸热，一个放热，是密切联系着的一个整体设备。

2. 锅炉辅助设备

锅炉辅助设备是保证锅炉安全、经济和连续运行必不可少的组成部分，主要包括给水、通风、运煤排渣、防尘等设备以及一些控制装置。它们分别组成锅炉房的通风系统、运煤排渣系统、除尘系统、水-汽系统和仪表控制系统，如图 7-1 所示。

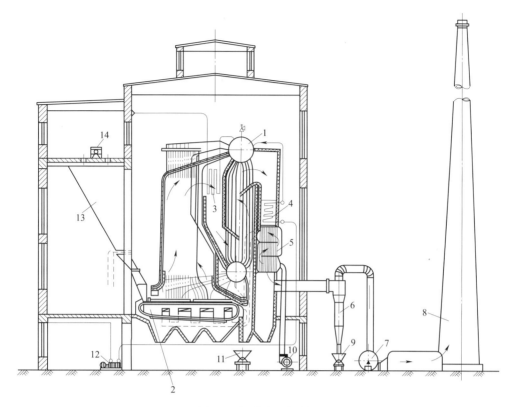

图 7-1 锅炉房设备简图

1—锅筒 2—链条炉排 3—蒸汽过热器 4—省煤器 5—空气预热器 6—除尘器 7—引风机
8—烟囱 9、11—灰车 10—送风机 12—给水泵 13—煤仓 14—运煤带式运输机

四、锅炉设备的主要工作流程

1. 燃料和风烟流程

燃煤运到煤场后经煤斗和给煤机进入磨煤机磨成煤粉，并由一次空气携往燃烧器，燃烧器喷出的煤粉与二次空气混合后在炉膛燃烧并释放出具有大量热量的高温烟气，放热后的烟气由炉膛经凝渣管、过热器、省煤器和空气预热器后进入除尘器，再由引风机送往烟囱排入大气。

冷空气自送风机吸入后，由送风机送往空气预热器。冷空气在空气预热器中吸收烟气热量后形成热空气，并分为一次空气和二次空气分别送往磨煤机和燃烧器。

锅炉的灰渣经灰渣斗落入排灰槽道后用水力排除并送往灰场。

2. 水-汽流程

给水由给水泵经给水管送入省煤器。给水在省煤器吸热后进入锅筒，并沿下降管经下集箱流入水冷壁。水在水冷壁中吸收炉膛辐射热后形成汽水混合物在锅筒中经汽水分离装置后，蒸汽由锅筒上部送入过热器吸热形成过热蒸汽。最后，过热蒸汽由过热器出口集箱输往汽轮机等。

五、锅炉的主要性能指标

为了表明锅炉的构造、容量、参数和运行的经济性等特点，常用下述指标来描述锅炉的基本特性。

1. 蒸发量或供热量（热功率）

锅炉每小时产生的蒸汽量称为蒸发量。常用符号 D 来表示，单位是 t/h。蒸汽锅炉用额定蒸发量表明其容量大小，即在保证设计参数和一定效率时的锅炉蒸发量，也称锅炉的额定出力或铭牌蒸发量。工业锅炉的蒸发量一般为 0.1~65t/h。热水锅炉则用额定供热量来表明其容量大小，常用符号 Q 表示，单位是 kW。

供热量和蒸发量之间的换算关系为

$$Q = D(h_q - h_{gs}) \times 0.278 \tag{7-1}$$

式中，D 为锅炉的蒸发量（t/h）；h_q、h_{gs} 分别为蒸汽和给水的焓（kJ/kg）。供热量 0.7MW 相当于蒸发量 1t/h。

对于热水锅炉

$$Q = G(h_{cs} - h_{js}) \times 0.278 \tag{7-2}$$

式中，G 为热水锅炉每小时供出的水量（t/h）；h_{cs}、h_{js} 分别为锅炉供水、回水的焓（kJ/kg）。

2. 压力和温度

蒸汽锅炉出汽口处的蒸汽额定压力或热水锅炉出口处热水的额定压力称为锅炉的额定工作压力，又称最高工作压力，常用符号 p 表示，单位是 MPa。蒸汽温度一般指该锅炉在额定压力下的饱和蒸汽温度，常用符号 t 表示，单位是℃。对于有蒸汽过热器的锅炉，蒸汽温度是指蒸汽过热器出口处的蒸汽温度，即过热蒸汽温度。对于热水锅炉则有额定出口热水温度和额定的进口回水温度之分。与额定供热量、额定热水温度及额定回水温度相对应的通过热水锅炉的水流量称为额定循环水量，单位是 t/h，常用符号 G 表示。

3. 受热面蒸发率和受热面发热率

（1）锅炉受热面 指锅炉的汽水等介质与烟气进行热交换的受压部件的传热面积，一般常用烟气侧的面积来计算受热面积，用符号 H 表示，单位为 m²。

（2）受热面蒸发率 每平方米（m²）受热面每小时所产生的蒸汽量，用符号 D/H 表示，单位是 kg/(m²·h)。同一台锅炉内各处受热面所处的烟气温度不同，其蒸发率各不相同。对整台锅炉来讲，这个指标反映的是蒸发率的平均值。一般工业锅炉的 D/H 小于 40kg/(m²·h)。

（3）受热面的发热率 热水锅炉每小时每平方米（m²）受热面所能产生的热量，用符号 Q/H 表示，单位是 kJ/(m²·h)。一般热水锅炉的 Q/H 小于 83700kJ/(m²·h)。

4. 锅炉效率

锅炉效率是指锅炉有效利用热量与单位时间内锅炉输入热量的百分比，也称为锅炉的热效率，用 η 表示，一般工业煤锅炉的效率在 60%~80%。有时为了概括衡量锅炉运行的经济性，也常用煤水比，即锅炉在单位时间内的耗煤量和该段时间内产汽量之比，该指标与锅炉形式、煤质和运行管理质量等因素有关。工业锅炉的煤水比一般为 1:6~1:7.5。

5. 锅炉的金属耗率

金属耗率是指相应于锅炉每吨蒸发量所耗用的金属材料的重量，也称为钢水比。工业锅炉的这一指标为 2~6t/t。

六、工业锅炉的规格与型号

国产工业蒸汽锅炉的规格系列应符合 GB/T 1921—2004 的规定，见表 7-1。国产热水锅炉的规格系列见表 7-2。

表 7-1　蒸汽锅炉基本参数（部分）

额定蒸发量/(t/h)	0.4 饱和	0.7 饱和	1.0 饱和	1.25 饱和	1.25 250	1.25 350	1.6 饱和	1.6 350	2.5 饱和	2.5 350	2.5 400
0.1	△										
0.2	△	△									
0.5	△	△	△								
1	△	△	△								
2		△	△	△			△				
4		△	△	△			△		△		
6			△	△	△	△	△	△	△		
8			△	△	△	△	△	△	△		
10			△	△	△	△	△	△	△	△	△
15				△	△	△	△	△	△	△	△
20				△	△	△	△	△	△	△	△
35		△			△		△	△	△	△	△
65										△	△

表 7-2　热水锅炉的基本参数（部分）

额定热功率/kW	95/70 0.4	95/70 0.7	95/70 1.0	115/70 0.7	115/70 1.0	130/70 1.0	130/70 1.25	150/90 1.25	150/90 1.6	180/110 2.5
0.1	△									
0.2	△									
0.35	△	△								
0.7	△	△	△	△						
1.4	△	△	△							
2.8		△	△	△	△	△	△	△		
4.2		△	△	△	△	△	△	△		
7.0		△	△	△	△	△	△	△		
10.5					△	△	△	△	△	
14.0					△	△	△	△	△	
29.0					△	△	△	△	△	△
46.0					△	△	△	△	△	△
58.0						△	△	△	△	△
116.0							△	△	△	△

工业锅炉产品型号由三部分组成，各部分之间用短横线相连，表示方法如下：

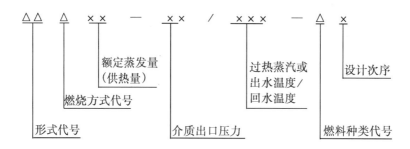

型号的第一部分分为三个段：第一段用两个汉语拼音字母表示锅炉本体形式，形式代号见表7-3；第二段用一个汉语拼音字母表示锅炉的燃烧方式，燃烧方式代号见表7-4；第三段用阿拉伯数字表示蒸汽锅炉的额定蒸发量（t/h）或热水锅炉的额定供热量（MW）。

表 7-3 锅炉形式的代号

锅炉总体形式	代 号	锅炉总体形式	代 号
立式水管	LS（立、水）	单锅筒纵置式	DZ（单、纵）
立式火管	LH（立、火）	单锅筒横置式	DH（单、横）
卧式外燃	WW（卧、外）	双锅筒纵置式	SZ（双、纵）
卧式内燃	WN（卧、内）	双锅筒横置式	SH（双、横）
单锅筒立式	DL（单、立）	纵横锅筒式	ZH（纵、横）
—	—	强制循环式	QX（强、循）

表 7-4 燃烧方式的汉语拼音字母代号

燃烧方式	代 号	燃烧方式	代 号	燃烧方式	代 号
固定炉排	G（固）	抛煤机	P（抛）	沸腾炉	F（沸）
活动手摇炉排	H（活）	倒转炉排加抛煤机	D（倒）	半沸腾炉	B（半）
链条炉排	L（链）	振动炉排	Z（振）	室燃炉	S（室）
往复推动炉排	W（往）	下饲炉排	A（下）	旋风炉	X（旋）

型号的第二部分表示介质参数，共分两段，中间用斜线分开。第一段用阿拉伯数字表示额定工作压力（MPa）；第二段用阿拉伯数字表示过热蒸汽温度或热水锅炉的出水温度/回水温度。对生产饱和蒸汽的锅炉，则型号的第二部分无斜线和第二段。

型号的第三部分共分两段：第一段以汉语拼音字母表示燃料种类，同时以罗马数字代表燃料分类与其并列，见表7-5，如同时使用几种燃料，主要燃料放在前面；第二段以阿拉伯数字表示设计次序，原型设计无第二段。

表 7-5 燃料种类代号

燃料种类	代 号	燃料种类	代 号	燃料种类	代 号
Ⅰ类石煤煤矸石	SⅠ	Ⅰ类烟煤	AⅠ	稻壳	D
Ⅱ类石煤煤矸石	SⅡ	Ⅱ类烟煤	AⅡ	甘蔗渣	G
Ⅲ类石煤煤矸石	SⅢ	Ⅲ类烟煤	AⅢ	油	Y
Ⅰ类无烟煤	WⅠ	褐煤	H	气	Q

（续）

燃料种类	代　号	燃料种类	代　号	燃料种类	代　号
Ⅱ类无烟煤	WⅡ	贫煤	P	油页岩	Ym
Ⅲ类无烟煤	WⅢ	木柴	M		

举例：SHS25—2.5—Y（M），表示双锅筒横置式锅炉，为室燃炉，蒸发量为25t/h，额定工作压力为2.5MPa，燃用油或木屑，属原型设计。

WNS（W）6—1.6—Y（M），表示卧式内燃锅炉，蒸发量为6t/h，额定工作压力为1.6MPa，燃用油或木屑，属原型设计。

第二节　锅炉的构造

一、锅炉本体的构成及各组成部分的作用

锅炉本体由汽锅（包括锅筒、水冷壁、管束和联箱）、炉子（包括炉排和炉膛）、过热器、省煤器、空气预热器和安全附件组成。

1. 锅炉形式发展状况

纵观锅炉的发展史，锅炉的形式和结构基本上是循着火管锅炉和水管锅炉两个方向发展的。图7-2概括了这两个方向发展的简况。

一个方向，是在圆筒形锅炉的基础上，在锅筒内部增加受热面积，开始是在锅筒内增加

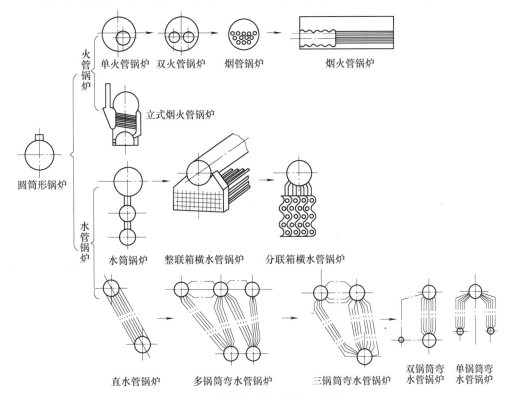

图7-2　锅炉形式发展过程示意图

一个火筒，在火筒内燃烧燃料，即单火筒锅炉（俗称康尼许）；然后火筒增加为两个，即双火筒（兰开夏）锅炉。为了进一步增加锅炉的受热面积，发展到由数量较多、直径较小的烟管组成的锅炉或烟、火筒组合锅炉，锅炉的燃烧室也由锅筒内移到了锅筒外部。这些锅炉因为烟气在管中流过，所以统称为火管锅炉。由于结构上的限制，火管锅炉锅筒直径大，既不宜提高汽压，蒸发量也受到了限制，耗钢量也大。而且，烟气纵向冲刷受热面，传热效果差，热效率低。但因其具有结构简单，水质要求低，运行操作水平要求较低等优点，仍被小容量锅炉采用。

随着工业生产的发展，工业用汽的参数、容量增大，火管锅炉已不能满足生产发展的需要，于是，锅炉开始向着增加锅炉外部受热面的方向发展，即向水管锅炉的方向发展。水管锅炉最早采用的是横式水管锅炉，因其联箱强度低，联箱和手孔的制造较麻烦，金属耗量较大，也不利于锅炉的水循环。因此，这种锅炉目前已不再采用。之后，为了增加受热面，出现了多锅筒锅炉。随着传热学的发展，人们把注意力集中到增大炉内辐射受热面而减少对流受热面，以及减少了耗钢量方面，最后演变成目前采用最多的双锅筒式和单锅筒式水管锅炉。并且为了最大限度地利用热能，增加了蒸汽过热器、省煤器和空气预热器等受热面，使锅炉向日趋完善的方向发展。

随着现代工业的发展和科学的不断进步，工业锅炉正趋向于简化结构，降低金属耗量，扩大燃料的适应范围，提高锅炉的热效率，进一步提高设备的机械化和自动化的方向发展。

2. 锅筒及内部装置

（1）锅筒 锅炉的锅筒俗称为汽包。锅筒是由钢板焊制而成的圆筒形受压容器，它由筒体和封头两部分组成。工业锅炉筒体长度为 2～7m，锅筒直径为 0.8～1.6m，壁厚为 16～46mm。锅筒两端的封头是用钢板冲压而成的，并焊在圆筒体上组成锅筒。为了安装和检修锅筒内部装置，在封头上开有椭圆形人孔，人孔盖板是用螺栓从锅筒内侧向外侧拉紧的。

锅筒中储存一定量的饱和水，锅炉短时间的供水中断，不会立即引发锅炉事故，增加了锅炉运行的安全性，同时锅水具有一定的蓄热能力，即在汽压增高时吸收热量，而在汽压降低时放出热量。所以，当外界负荷变化较大时，起到缓冲汽压变化速度的作用，有利于负荷变化时的运行调节，增加了锅炉运行的稳定性。

锅筒由上升管与下降管连接起来组成自然循环回路。上锅筒汇集了循环回路中的汽水混合物，蒸汽通过汽水分离装置与水滴分离，蒸汽由上锅筒的主汽管引出，水滴落回水空间继续参与循环。上锅筒内部还设有给水分配管，有的锅炉还设有连续排污管及加药管。

在蒸汽锅炉上锅筒的外壁上，还焊有一些法兰短管，以便与蒸汽管、安全阀、水位计等连接。在锅筒下半部，连接有对流管束或水冷壁管等管子。

图 7-3 所示为一般蒸汽锅炉上锅筒的内部装

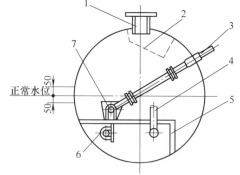

图 7-3　蒸汽锅炉上锅筒内部装置
1—蒸汽出口　2—均汽孔板　3、7—给水管
4—连续排污管　5—支架　6—加药管

置。在下锅筒内则有排放水渣的定期排污装置。

（2）锅筒的内部装置

1）汽水分离装置。为了保证蒸汽的质量，在大型锅炉的锅筒内，常设置汽水分离装置。汽水分离装置有多种形式，工业锅炉常用的汽水分离装置有水下孔板、进口挡板、均汽孔板、集汽管和蜗壳式分离器。

① 水下孔板。当汽水混合物由水空间引入上锅筒时，采用水下孔板来均衡水下蒸汽负荷，使上锅筒内水面较平稳，以减少蒸汽带水量。水下孔板由 3~4mm 厚的平孔板组合而成，板上均匀开有 8~12mm 直径的小孔，每块孔板的尺寸以能通过锅筒的人孔为限，图 7-4 所示为其结构简图。

水下孔板一般水平安装于锅筒最低水位下 80mm 处，为避免蒸汽被带入下降管中，孔板离上锅筒底部距离应为 300~350mm。

② 进口挡板。当汽水混合物由蒸汽空间引入上锅筒时，在汽水引入管口处设置导向挡板，以减弱汽水混合物的动能，使汽水混合物得到初步分离。如图 7-5 所示，挡板由 3~4mm 厚的钢板制成。为防止汽水混合物垂直冲击挡板，挡板与汽

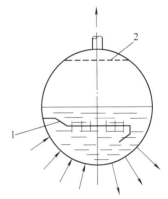

图 7-4　水下孔板
1—水下孔板　2—均汽孔板

水流向所成的夹角 α 应小于 45°，且挡板与引入口距离应大于引入管管径的 2 倍，以消除汽水混合物的冲力，防止沿挡板流下的水膜再次被吹破而形成水滴被蒸汽带走。挡板的下边缘与锅筒正常水位的距离不应小于 150mm。

③ 均汽孔板。在上锅筒蒸汽引出管之前装设一多孔板，利用孔板阻力，使蒸汽沿上锅筒长度、宽度方向都能均匀上升，防止局部蒸汽流速过高，减少蒸汽带水量。均汽孔板结构简图如图 7-6 所示。

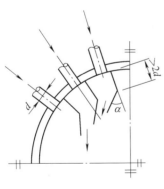

图 7-5　进口挡板结构简图

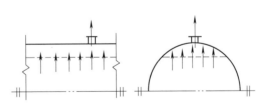

图 7-6　均汽孔板结构简图

均汽孔板由厚度为 3~4mm 的钢板制成，板中均匀开有直径为 8~12mm 的小孔，孔间距不宜大于 50mm。通过孔的蒸汽流速，一般为 10~22m/s。均汽孔板布置长度不小于上锅筒长度的 2/3，且尽量布置在上锅筒的高处，以增加蒸汽的有效分离空间。

④ 集汽管。在上锅筒顶部沿锅筒装置一无缝钢管，在该管侧面开一条连续的等腰梯形缝，称为缝隙式集汽管，或在管上半部均匀开 $\phi 8 \sim \phi 12mm$ 的小孔，称为抽汽孔集汽管，如

图 7-7 所示。利用进入集汽管前后蒸汽流速和方向的变化，而使水滴分离下来。集汽管一般用于小型锅炉。

⑤ 蜗壳式分离器。蜗壳式分离器如图 7-8 所示。蒸汽由分离器上部切向进入蜗壳后，沿蜗壳内壁下行，经小孔折入内装的集汽管，再由集汽管汇集到蒸汽引出管送出，而水滴由蜗壳壁面流入疏水管排入水空间。蜗壳分离器的总长度不小于上锅筒直段长的 2/3。由于蒸汽在蜗壳内经过多次转弯，受惯性力和离心力的作用，分离效果较好。一般用于蒸发量较小，蒸汽品质要求较高的锅炉。

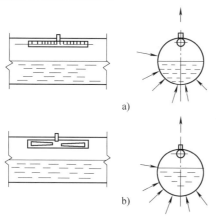

图 7-7　集汽管

a）抽汽孔集气管　b）缝隙式集汽管

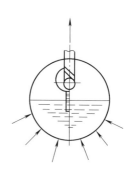

图 7-8　蜗壳式分离器

2）上锅筒给水装置。给水管的作用是将锅炉给水沿锅筒长度均匀分配，避免过于集中在一处，而破坏正常的水循环，同时为避免给水直接冲击锅筒壁，造成温差应力，给水管设置在给水槽中，如图 7-9 所示。

给水管设于略低于锅筒最低水位处，给水管上开有 $\phi 8 \sim \phi 10mm$ 的小孔，孔间距为 $100 \sim 200mm$。给水均匀引入蒸发面附近，可使蒸发面附近锅水含盐量降低，从而减少蒸汽带水的含盐量。

3）连续排污装置。由于上锅筒蒸发面处锅水含盐量很高，会使锅水起沫，造成锅水的汽水共腾。为了降低锅水含盐量，可采用连续排污的方法将含盐浓度高的锅水排出炉外，通常在蒸发面附近沿上锅筒纵轴方向安装一根连续排污钢管。在排污管上装设许多上部开有锥形缝的短管，缝的下端比最低水位低 40mm，以保证水位波动时排污不会中断。通常采用的排污装置，如图 7-10 所示。

图 7-9　给水管示意图

1—给水管　2—挡板

3—给水槽　4—水下孔板

3. 水冷壁及联箱

（1）水冷壁　又称水冷墙，一般用 $\phi 51 \sim \phi 76mm$、壁厚 3.5～6.0mm 的锅炉钢管制成。它布置在燃烧室四周，主要是用来保护炉墙，防止结渣，并吸收炉内高温烟气的大量辐射热，是水管锅炉的主要受热面。水冷壁上端一般是与上锅筒连接，或与接至上锅筒的联箱连接，下端与下锅筒或与下锅筒连接的下联箱连接。上锅筒的给水，经过下降管到下联箱，然后到水冷壁受热，吸收热量后成为汽水混合物再上升至上锅筒，形成了锅炉水的自然循环系统，如图 7-11 所示。

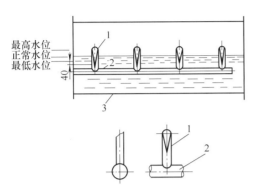

图 7-10 锅筒连续排污装置示意图
1—排污短管 2—排污总管 3—上锅筒

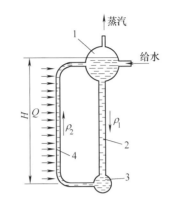

图 7-11 蒸汽锅炉水循环示意图
1—上锅筒 2—下降管
3—下联箱 4—上升管

（2）联箱 连接水冷壁的联箱又称集箱，常用直径较大的无缝钢管制成，有上、下、左、右之分。两端设有手孔，以便清除水垢用。在下联箱上连接的管子除了水冷壁和下降管外，下部还焊有定期排污管，作为排除炉水中沉积的泥渣和锅炉放空排水用。

4. 对流管束

对流管束又称对流排管或水排管，是由许多排管组成的锅炉对流受热面，是中小型锅炉的主要受热面。全部对流管束都放置在烟道中，受到烟气的冲刷，排管内的水吸收烟气的热量，产生汽水混合物，上升至上锅筒进行汽水分离，由于管子排列和烟气的流向不同，对流管束内的水和汽水混合物组成了有规律的自然循环。对流管束通常是用 $\phi51 \sim \phi63mm$ 无缝钢管，采用顺排或错排的排列方式组成管束，如图 7-12 所示，上端和上锅筒连接，下端和下锅筒或下联箱连接，连接方式有焊接和胀接两种。

5. 炉子

炉子又称燃烧设备，是由炉排和炉膛组成的燃料燃烧的空间和场所。根据燃料在炉内燃烧方式不同，可分为层燃炉、悬燃炉和沸腾炉三类，如图 7-13 所示。

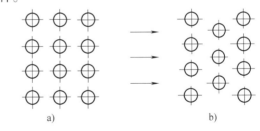

图 7-12 管束排列方式
a）顺列 b）错列

层燃炉：燃料铺在炉排上进行燃烧的炉子。常用的有火上加煤的固定炉排炉，火前给煤的链条炉排炉、往复推动炉排炉等。这类设备适用各种煤种，煤不必特别破碎加工，适用于间断运行，缺点是燃烧效率不高。

悬燃炉：燃料在炉膛空间中以悬浮状态进行燃烧的炉子，又称为室燃炉。有燃用煤粉的煤粉炉，燃用液体和气体燃料的燃油炉和燃气炉。这种锅炉在炉膛内部不设炉排，燃料通过喷燃器使其以悬浮状态燃烧。因此，燃烧完全、迅速，煤种适应性强，燃烧效率高。但燃烧设备复杂，不宜间断进行，耗电多，维修量大。

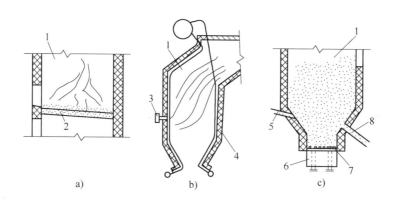

图 7-13　燃烧设备分类示意图

a) 层燃炉　b) 悬燃炉　c) 沸腾炉

1—炉膛　2—炉排　3—燃烧器　4—水冷壁　5—进煤口　6—风室　7—布风板　8—溢渣口

沸腾炉：燃料在炉内被炉排下送入的空气托起，上下翻滚进行燃烧的炉子。该锅炉设备简单。燃烧反应强烈，燃尽率很高，适用于劣质煤，但耗电量大，飞灰量大。

（1）炉膛　锅炉的炉膛是由炉墙封闭而成的燃烧空间，又称燃烧室，如图 7-13 所示。炉墙除构成燃烧室外，还构成烟道的外壁，其功能是：防止热量向外散失；组织烟气按设定的通道流动；在锅炉正压运行时，能防止烟气外冒，避免烧伤操作人员和影响环境卫生，在负压运行时，能防止冷空气漏入炉膛，影响锅炉的热效率。

炉墙按构造不同分为重型炉墙、轻型炉墙和管式炉墙三种。工业锅炉一般采用重型炉墙，即炉墙直接砌筑在锅炉基础上，用耐火砖砌内衬，红砖砌外墙，全部重量由基础承担。为了防止炉墙因热胀冷缩产生裂缝，在炉墙四周设有钢架，用于箍紧炉墙，起到保护炉墙的作用，同时钢架还用来支承锅筒、联箱和管束，起到支承锅炉设备的作用。

（2）炉排　炉排有固定炉排、手摇活动炉排、往复推动炉排和链条炉排等，目前广泛使用的有往复炉排和链式炉排。链式炉排是由电动机，通过变速齿轮箱拖动主动轴转动，主动轴上的链轮带动炉排自前向后移动，炉排上的煤到达炉排尾部时已经燃尽变成灰渣，由老鹰铁（除渣板）落入灰斗。其主要部件及其组成如图 7-14 所示。

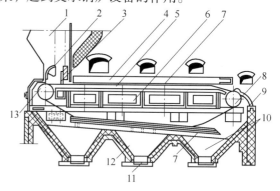

图 7-14　链条炉排组成图

1—煤斗　2—弧形挡板　3—煤闸板　4—防焦箱　5—炉排
6—分段风室　7—炉排支架　8—从动轴　9—老鹰铁
10—灰渣斗　11—出灰斗　12—细灰斗　13—主动轴

6. 过热器

蒸汽过热器是电厂锅炉机组不可缺少的部分，在工业锅炉中也常用到。它的作用是将锅筒引出的饱和蒸汽加热干燥，并达到一定的过热温度。蒸汽过热器通常布置在烟道的高温区，如炉膛的出口，或装在炉膛顶部。工业锅炉的过热器常布置在一小部分对流管束的后面。

蒸汽过热器按换热方式可分为辐射式、半辐射式和对流式三种；按放置的方式可分为立式和卧式两种（图7-15）；按蒸汽和烟气的流向分为逆流、顺流、双逆流和混合流四种（图7-16）。蒸汽过热器是由无缝钢管弯制而成的一组蛇形管及进出口集箱等组成，蛇形管外径为$\phi32\sim\phi40mm$。蒸汽过热器中蒸汽流速一般为$15\sim25m/s$，烟气流速为$8\sim12m/s$。过热器的出口集箱或管道上装有安全阀、主汽阀、排气阀及蒸汽压力表和温度计。

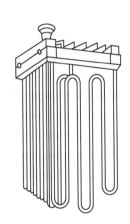

图7-15 立式过热器结构

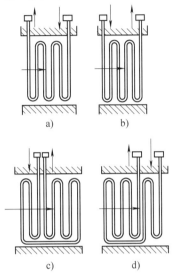

图7-16 过热器蒸汽与烟气流向

a）逆流 b）顺流 c）双逆流 d）混合流

7. 省煤器

省煤器是锅炉尾部的辅助受热面，设置在对流管束后面的烟道中，它是利用锅炉排烟的热量加热锅炉给水的一种换热设备。它不仅可以吸收烟气的余热，降低排烟温度（水温升高1℃，烟温降低1.5~3℃），减少排烟热损失，节约燃料（可节约5%~6%），而且由于给水温度的提高，缩小了给水与炉水的温差，从而减少了锅炉的热应力，同时增加了锅炉的汽化能力。但因省煤器使烟气阻力加大，引风机的功率也相应加大。

省煤器按给水加热的程度可分为沸腾式和非沸腾式两种；按制造材料不同可分为钢管式和铸铁式两种。铸铁因其性能脆，不耐冲击，只能作为非沸腾式省煤器。图7-17所示为方形翼片式铸铁省煤器，是工业锅炉常用的非沸腾式铸铁省煤器，给水经过这类省煤器加热后，其最终温度比蒸汽的饱和温度低20~50℃。

8. 空气预热器

空气预热器是利用锅炉尾部的烟气余热，加热锅炉燃烧所需空气的热交换器，一般布置在省煤器之后。工业锅炉中常用的是管式空气预热器，其构造如图7-18所示。管式空气预热器主要由数十根$\phi40mm$长1.5mm或$\phi51mm$长1.5mm的钢管垂直焊在上下管板上，组成一个整体的管箱。在上下管板之间还设有中间管板和导流箱。烟气由上而下在管内流动，做纵向冲刷；空气在管外做横向冲刷。

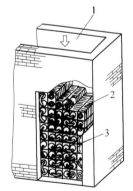

图7-17 方形翼片式
铸铁省煤器

1—烟道 2—省煤器管
3—铸铁弯头

管子沿空气流动方向成错列布置。空气预热器由多个管箱组成，以利运输和安装。管箱与管箱之间用膨胀节密封。管箱与支承框架和烟道间也是采用薄钢板制作的有弹性的膨胀节来密封。空气预热器中烟气推荐流速通常取 9~13m/s，空气流速一般为烟气流速的一半。经空气预热器吸热后，锅炉排烟温度一般为 160~200℃。

9. 安全阀

安全阀是锅炉上重要的安全附件。当锅炉内介质压力超过允许值时，安全阀自动开启，排汽泄压，同时发出声响报警，提醒司炉工人及时采取措施，使锅内压力降低。当锅内压力下降到规定的正常值时，安全阀自动关闭，使锅内压力控制在允许的压力范围之内。工业锅炉常用的安全阀有杠杆式和弹簧式两种。蒸发量大于 0.5t/h 的锅炉，锅筒上至少应装设两个安全阀；蒸发量小于或等于 0.5t/h 的锅炉，至少装设一个安全阀。锅筒上的两个安全阀开启压力不一样，其中一个为控制安全阀，另一个为工作安全阀，控制安全阀的动作压力略低于工作安全阀。当锅炉压力不断上升时，控制安全阀先动作，发出信号，如果锅炉压力仍继续上升，工作安全阀也动作而排汽。在省煤器出入口和蒸汽过热器的出口处也应装设安全阀。省煤器上安全阀的开启压力应为装置地点工作压力的 1.10 倍。锅筒和蒸汽过热器上的安全阀，应按表7-6调整和校验其开启压力。

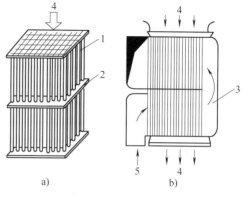

图 7-18 管式空气预热器
a) 空气预热器的管箱构造　b) 烟风流程
1—管束　2—管板　3—导流箱　4—烟气　5—空气

表 7-6 安全阀开启压力

锅炉工作压力/MPa	安全阀的开启压力	备　注
<1.25	工作压力+0.02MPa	控制阀开启
	工作压力+0.04MPa	工作阀开启
1.25~3.9	1.04 倍工作压力	控制阀开启
	1.06 倍工作压力	工作阀开启

安全阀一般应装设排汽管，排汽管应尽量直通室外，并有足够的截面积，保证排汽畅通。排汽管上不允许装置阀门。省煤器的安全阀应装设排水管，并通至安全地点，在排水管上不允许装置任何阀门。安全阀必须垂直安装在锅炉或集箱的最高位置，在安全阀与锅筒或其他受压容器间，不得装有取用蒸汽的管子和阀门。安全阀的总排汽能力，必须大于锅炉最大连续蒸发量，并保证在锅筒和过热器上所有安全阀开启后，锅炉内的蒸汽压力上升幅度不超过表7-6规定的工作安全阀开启压力的3%。为防止安全阀的阀瓣和阀座因长期不动作而黏住，应定期做手动或自动的放汽或放水的试验。

二、锅炉房辅助设备的作用及构成

锅炉房辅助设备由运煤除灰系统、通风系统、汽水系统和仪表控制系统四个系统组成。

（1）运煤除灰系统　它将燃料连续地供给锅炉燃烧，同时又将生成的灰渣及时地排走。它由提升机、输送机、煤斗以及灰斗、除渣机、运灰小车等设备组成。

（2）通风系统　它将燃料燃烧所需用的空气送入锅炉，并将生成的烟气经过处理后排到空中。它由送风机、除尘器、引风机、风道、烟道、烟囱等组成。

（3）汽水系统　它将经过软化处理后的水送入锅炉，并将锅炉生成的蒸汽或热水输送给用户。它由水处理设备、水箱、水泵、管道和分汽缸（将加热的过热蒸汽分送到各用户管道）等组成。

（4）仪表控制系统　它是为了保证锅炉安全、经济运行而设置的仪表和控制设备。如蒸汽流量计、水流量计、风压表、烟气温度计、水位报警器和电气控制柜等。

三、几种新型锅炉的结构特点

1. WNS（W）6—1.6—Y（M）水火管燃油、木屑、木粉、碎木锅炉

（1）锅炉简图（图7-19）

（2）锅炉的技术参数（表7-7）

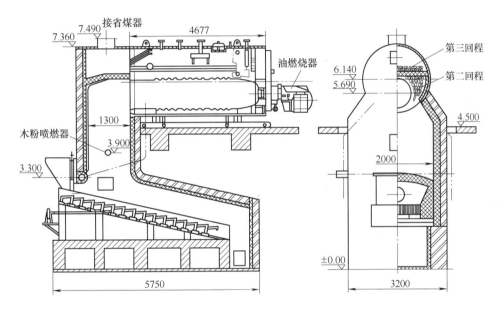

图 7-19　WNS（W）6—1.6—Y（M）锅炉

表 7-7　WNS（W）6—1.6—Y（M）锅炉技术参数

蒸发量/(t/h)	6	受热面积/m²	辐射	15.06
工作压力/MPa	1.6		对流管	83（二回程）、51（三回程）
蒸汽温度/℃	204		省煤器	52.32
给水温度/℃	105	满负荷全烧油耗油量/(kg/h)		389.9
冷空气温度/℃	30	混烧时木屑耗量/(kg/h)		648.3
适应燃料	60#以下重油、木屑、木粉、碎木块	混烧时耗油量/(kg/h)		259.9
锅炉设计效率(%)	88.9	锅炉外形尺寸长/mm×宽/mm×高/mm		9150×5950×8690
炉排面积/m²	7.5	金属质量/t		21

（3）锅炉结构特点

1）采用卧式内燃炉胆三回程结构和德国威索60#以下重油燃烧器，在油燃烧器的炉胆

出口下方布置一个烧木屑、木粉、碎木的炉膛，前墙及炉膛布置少量水冷壁管和燃油锅筒本体相连，木粉燃烧后的烟气和燃油烟气在各自的炉膛出口混合为一，同时进入第二回程烟管，再到第三回程烟管，通过省煤器、除尘器、引风机、烟囱，最后排入大气。木屑、碎木从前面进入燃木炉膛，木条树皮从两侧炉门进入炉膛，木粉通过高压排粉风机气力输送从锅炉侧面喷入炉膛燃烧，炉膛布置有防爆门，锅炉为负压燃烧，炉膛保证一定的负压，保证木粉燃烧时不向炉外喷火，炉排为倾斜推饲炉排以便送料和翻渣。

2）汽水分离器为多孔集气式分离器，以节省空间。

3）锅壳前后下部设有定期排污阀，前集箱两端也设有定期排污阀。

4）炉膛四周为重型炉墙，炉膛上部二、三回程间用钢筋耐火混凝土相隔形成炉膛顶部炉墙。锅壳本体为轻型护板炉墙。锅壳本体放置在与运转层平台分离的钢筋混凝土平台上，该平台有梁和柱，确保承重及四周膨胀间隙。锅炉中间固定，向前后膨胀。

5）省煤器为外置式铸铁省煤器。

6）采用人工清灰和螺旋除渣机清灰。

7）油燃烧器为德国威索全自动滑动比例燃烧器，给水为连续自动给水。燃油时自动系统有超压保护、极低水位保护、排烟温度超温保护，超过设定值时系统会自动调节水泵开大给水，转小燃烧器火焰或停炉，保证锅炉正常水位与供汽参数。

8）供油系统有日用轻油箱、日用重油箱、过滤器、输油泵、蒸汽加热、电加热器等设备。

9）燃油炉胆采用直径 $\phi1000mm$，厚度为 16mm 的波纹炉胆，材料为 20G。锅壳筒体内径 $\phi2200mm$，厚度为 20mm，材料为 20G，锅壳长度为 4480mm。

10）燃木炉膛的水循环回路为：水从锅壳经布置在炉外的 2 根 $\phi76mm$ 长 6mm 下降管到前集箱，再到 14 根 $\phi45mm$ 长 3mm 前水冷壁上升管，通过炉膛顶部倾角为 15° 的水冷壁管，回到锅筒，下降管流通面积大于 1/3 上升管流通面积，保证水循环安全可靠。上部火管锅壳内水为自然循环。实践证明这种水循环是安全可靠的。第二回程烟管烟气速度为 24.5m/s，第三回程烟管烟气速度为 21.2m/s，省煤器烟气速度为 8m/s，保证有效的传热以及合理的烟气阻力、磨损与自清灰。

2. 水火管锅壳锅炉

水火管锅壳锅炉一直是我国工业锅炉中数量居首位的炉型。下面就该种炉型的新旧结构作一比较。

（1）旧型水火管锅壳锅炉结构特点　旧型水火管锅壳锅炉采用较多数量的平直烟管、烟雾管组成两个回程。Ⅰ回程烟管入口烟温高达 1000℃，锅壳底部直接接受炉膛火焰辐射，如图 7-20 和图 7-21 所示。热水锅炉的系统回水一般由下集箱后部进入；蒸汽锅炉的给水一般进入锅壳水面。旧型锅炉容量较小，不大于 10 蒸吨。

图 7-20 所示为旧结构，图 7-21 所示为改进结构。两者的突出区别在于将易产生裂纹且烟气阻力颇大的小烟室取消，而将炉膛出口高温烟气引向后管板。

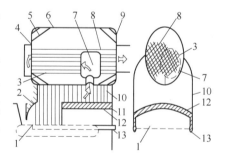

图 7-20　旧型水火管锅壳锅炉
1—炉排　2—前拱　3—Ⅰ回程烟管
4—前管板　5—角撑板　6—锅壳
7—小烟室　8—Ⅱ回程烟管　9—后管板
10—水冷壁　11—下降管
12—后拱　13—下集箱

（2）新型水火管锅壳锅炉结构特点　新型水火管锅壳锅炉利用高效传热螺纹烟管代替一般平直烟管，使锅壳直径明显缩小，为进一步增大锅炉容量创造了条件。另外，由于高效传热，对于锅炉出水温度不大于130℃的此型热水锅炉，一般都取消了尾部受热面，使锅炉房跨度明显减小。新型水火管锅壳锅炉的高度明显偏低，例如20蒸吨容量锅炉，由操作平台至锅壳顶部高度为7.5m，80蒸吨为11.5m，由于高度明显偏低，使一些旧锅炉的供热能力翻了一番。新型水火管锅壳锅炉即使容量达80蒸吨也采用自身支承方式，不需要主钢架，使钢耗明显下降。新型水火管锅壳锅炉采用带回水引射的自然循环方式，便于运行。另外，由于选用合理的烟管中烟气流速，运行时基本不积灰，故一般都能做到出力与效率不随运行时间的延长而有所下降。由于大量高效传热螺纹烟管置于锅壳内水中，故锅炉介质升温较快。在新型水

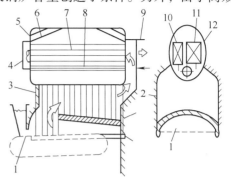

图7-21　改进后的水火管锅壳锅炉
1—炉排　2—上升管　3—下降管　4—烟气转向室
5—管板　6—斜拉撑　7—烟管　8—长杆拉撑
9—烟气出口　10—Ⅱ回程烟管
11—Ⅰ回程烟管　12—锅壳

火管锅壳锅炉炉膛内炉拱的上方有较大空间，在此烟气中的灰尘能够有效沉降，炉拱上设置翻板式灰门及大量落灰孔，使沉积下来的灰尘排至灰坑，可有效降低锅炉原始排尘浓度。作为主要受热面的螺纹烟管，其安全可靠性（磨损、氧化）在选用合理烟速及控制补充水含氧量条件下，是能够保证的；水冷壁、烟管管板的安全可靠性，在选取合理水速及控制补充水硬度条件下也能得到保证。

（3）新旧型水火管锅壳锅炉的结构比较表（表7-8）

表7-8　新旧型水火管锅壳锅炉比较表

项　目	旧型水火管锅壳式锅炉	新型水火管锅壳式锅炉
锅壳结构	有拉撑，柔性差	无拉撑，柔性好
锅壳直径	2.8MW为直径1800mm	7.0MW为直径1800mm
管板型式	有拉撑，平管板	无拉撑，凸型（拱型或椭球形）管板
烟管	光管	螺纹烟管
Ⅱ回程形式	烟管	水管组成翼形烟道
锅壳内烟气回程数	二回程	一回程
高温管板进口烟温	>1000℃	≤800℃
高温管板温度分布	Ⅱ、Ⅲ回程烟气温差300℃	单回程烟气，无烟气温差

第三节　锅炉事故及处理

锅炉是一种受压设备，它经常处于高温下运行，还受到烟气中有害杂质的侵蚀和飞灰的磨损，如果管理不严，操作不当，就会发生锅炉事故，造成不可弥补的损失。本节介绍工业锅炉常见事故的产生原因和处理方法，见表7-9。

表 7-9 工业锅炉常见事故、产生原因及处理方法

事故名称	产 生 原 因	处 理 方 法
锅炉爆炸	1. 在锅炉缺水，钢板被烧红，机械强度降低的情况下，向锅内注水 2. 钢板内外表面因腐蚀减薄，强度不够而破裂 3. 压力表、安全阀失灵使锅炉严重超压 4. 锅炉受热面内水垢太厚，使金属过热烧坏	1. 严格操作规程，锅炉严重缺水时，绝不能向锅内注水 2. 发现钢板表面腐蚀，应及时检查。防止因强度不够而破裂 3. 经常检查压力表、安全阀的可靠性，防止锅炉超压运行 4. 锅炉应定期除垢，防止金属过热烧坏
锅内缺水	1. 长时间忘记注水 2. 排污后未关闭排污阀或关闭不严 3. 水位计不按时冲洗，使汽水连通管堵塞，形成假水位 4. 由于设备缺陷或其他故障造成给水自动调节阀失灵，或水源突然中断，停止给水等	1. 加强责任心，定期向锅炉注水 2. 排污后应及时关闭排污阀 3. 按期冲洗水位计。以免汽水连通管堵塞 4. 保证自动给水装置安全可靠，操作时应注意水源
锅内满水	1. 司炉人员疏忽大意，对水位监视不够 2. 给水自动调节器失灵 3. 水位表的汽水连通管阻塞或放水旋塞漏水，造成水位指示不正确，使司炉人员误操作	1. 司炉工应注意观测锅炉水位 2. 经常检查给水自动调节器，确保其正常工作 3. 确保汽水连通管畅通，防止放水旋塞漏水
汽水共腾	锅内含盐量过高，一般是由于不注意锅炉的经常排污，造成锅水碱度增大，悬浮物增多，同时又不经常对锅水进行化验，给水品质差	采用减弱燃烧，降低锅炉负荷，关小主汽阀，全开锅炉的连续排污法；开启过热器及蒸汽管道上的疏水阀，排除存水，适当开启底部排污阀。同时加强给水，防止水位过低。取水样化验，待锅水品质合格，汽水共腾现象消失后，方可恢复正常运行
炉管爆破	水质不符合标准，使管壁结垢或腐蚀，造成管壁过热，强度降低；水循环不良，使管子局部过热而爆破；管壁被烟灰长期磨损减薄，升火速度过快，或停炉过快，管子热胀冷缩不匀，造成焊口破裂；管子材质和安装质量不好，如管壁有分层、夹渣等缺陷，或焊接质量低劣，引起焊口破裂	炉管轻微破裂，如尚能维持正常水位，故障不会迅速扩大时，可短时间减少负荷运行，等备用锅炉升火后再停炉；如果不能维持水位和气压时，必须按程序紧急停炉；有数台锅炉并列运行时，应将故障锅炉与蒸汽母管隔断
炉膛爆炸	运行中灭火，没有及时中断燃料的供给；点火前没有先开引风机，通过通风消除炉内残余可燃物质；正常停炉没有遵守先停燃料，后停鼓风机、引风机的原则	立即停止向炉内供给燃料，停止送风；如果炉墙倒塌或有其他损坏，应紧急停炉，组织抢修
热水锅炉超温汽化	循环水泵因停电或故障而突然停止运行，系统水停止流动，锅水温度升高而汽化；间歇供暖系统因炉膛灭火不好，引起锅水超温汽化；供热系统管路因冻结、气塞等原因使系统堵塞，热水送不出去；锅炉缺水及定压装置的压力不足等	紧急停炉（因停电停泵引起锅炉超温汽化，安全阀排汽后，压力表指针仍继续上升时；供热系统因堵塞或气塞等原因热水送不出去，锅水汽化并发出震耳冲击声时；因锅炉缺水引起超温汽化时）减弱燃烧、降低锅水温度（自然循环系统锅水汽化；由汽化引起强烈炉振时；因停泵引起汽化，安全阀排汽后压力不继续上升时）

思 考 题

7-1 什么是锅炉？简述锅炉的分类及组成。

7-2 锅炉的主要性能指标有哪些？

7-3 举例说明锅炉型号各部分的含义。

7-4 一台 DZL4—1.25—AII 型锅炉，正常运行时，该锅炉每小时供出的蒸汽量相当于多少供热量？

7-5 简述蒸汽锅炉上锅筒内部装置及其作用。

7-6 工业锅炉中常用的汽水分离器有哪几种形式？各自有何特点？

7-7 蒸汽过热器的作用是什么？按蒸汽和烟气的流向如何分类？

7-8 空气预热器有何作用？如何分类？

7-9 为什么工业锅炉多数都装有省煤器？省煤器进出口应装设哪些必要的仪表、附件？各自起何作用？

7-10 锅炉装设安全阀有哪些要求？

7-11 简述 WNS(W)6—1.6—Y(M) 水火管燃油、木屑、木粉、碎木锅炉的结构特点。

7-12 锅炉常见事故有哪些？产生的原因有哪些？如何排除？

 ## 素养提升

"深海钳工"第一人——管延安

管延安，曾担任中交港珠澳大桥岛隧工程Ⅴ工区航修队钳工，参与港珠澳大桥岛隧工程建设，负责沉管二次舾装、管内电气管线、压载水系统等设备的拆装维护以及船机设备的维修保养等工作。18 岁起，管延安就开始跟着师傅学习钳工，"干一行，爱一行，钻一行"是他对自己的要求，以主人翁精神去解决每一个问题。通过二十多年的勤学苦练和对工作的专注，一个个细小突破的集成，一件件普通工作的累积，使他精通了錾、削、钻、铰、攻、套、铆、磨、矫正、弯形等各门钳工工艺，其因精湛的操作技艺被誉为中国"深海钳工"第一人，成就了"大国工匠"的传奇，先后荣获全国五一劳动奖章、全国技术能手、全国职业道德建设标兵、全国最美职工、中国质量工匠、齐鲁大工匠等称号。

第八章

自动供料装置和工业机器人

材料的输送、机床上（下）料、整机的装配等自动化是现代制造自动化领域里的一个重要环节。自动供料装置和工业机器人就是为实现这些工序的自动化而设计和采用的。

第一节　自动供料装置概述

自动供料装置（图 8-1）是一种把散乱的中、小型工件通过定向机构的定向排列，再经供料机构的隔料器、上料机构等环节按要求的次序送到工作位置的装置。工件较大或形状较复杂难以进行自动定向的，则由人工定向后，再由供料机构送到工作位置。

在成批大量生产中，要求生产率很高、机动工时短，供料工作重复而繁重。为了提高生产率、减轻体力劳动、保证安全生产，采用自动供料装置是行之有效的方法。

一、自动供料装置的分类和组成

按工件的种类及结构分类，可分为棒料供料装置、件料供料装置、卷料供料装置和板料供料装置。本章只介绍件料供料装置。这种装置又有料斗式自动供料装置和料仓式半自动供料装置之分。它们的组成和各部分的作用见表 8-1。

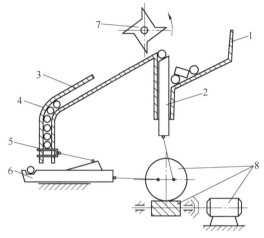

图 8-1　自动供料装置

1—料斗　2—定向机构　3—料道　4—料仓
5—隔料器　6—上料机构　7—剔除器　8—传动装置

表 8-1　自动供料装置的组成及其作用

组成	主要作用	料斗式	料仓式
料斗	接受、储存成堆散乱的工件	必有	无
定向机构	使散乱的工件定向排列	必有	无
料道	靠自重将工件自定向机构运送到储料仓、或作工序间运送工件	有	可能有
料仓	储存已定向的工件、调剂供求平衡	有	必有
隔料器	隔离单个工件，使之逐件给料	有	有
上料机构	把已定向的工件按一定的生产节拍和位置送装到工作地点去	必有	必有
剔除器	剔除定向不正确或多余的工件	可能有	无
搅拌器	搅拌工件、增加定向率或防止工件堵塞	可能有	一般无
安全装置	当发生故障时自动停车保障安全、或当定向储存的工件过多时，自动停车减少损耗	可能有	一般无
驱动装置	带动定向机构或其他部分运转	有	有

二、件料供料装置特点和应用范围

1. 料斗式自动供料装置

特点：散乱的工件成批倒入料斗，从定向排列至送到工作地点全部自动完成。

应用：用于形状简单、重量不大，但批量很大、生产率很高、工序时间很短的工件，如各种标准紧固件、轴承、仪器、五金、钟表、无线电零件。

2. 料仓式半自动供料装置

特点：工件靠人工定向排列，然后才靠机构自动送到工作地点。

应用：用于产量虽大，但因重量、尺寸或几何形状的特点而难以自动定向排列的工件，如曲轴、连杆等工件，或者单件工序时间较长，人工定向排列一批工件后可以工作很长时间，采用更高自动化程度的料斗式上料装置已无必要的情况。

三、自动供料装置使用要点

1）供料装置的构造应尽可能简单可靠，并避免因夹紧位置不正确或送料长度不足等原因产生废品或发生事故。

2）供料装置应有一定的调整范围。对于棒料供料机构应能根据加工工件的直径和长度进行调整，件料供料机构应能适应一定尺寸范围内结构相似的工件。

3）满足工件的一些特殊要求，例如对一些轻薄零件或易碎的零件，其夹紧卡爪应采用较软的材料且夹紧力应能进行调整，以保证被夹持工件变形小和不破碎。

第二节　自动供料装置结构

一、定向机构

1. 定向机构的工作方法

工件在料斗内或在料斗外的送料槽中进行定向，使工件按一定的位置顺序排列。定向机构的作用主要是矫正工件的位置，并剔除位置不正确的工件。

使工件从成堆散乱的状态下获得定向，主要采用的方法有：

（1）抓取法　定向机构通过运动抓取工件的一些特殊表面如凸肩、内孔、凹槽等，使之定向排列。

（2）型孔选取法　利用定向机构上一定形状尺寸的孔穴进行筛选分离，只有与型孔位置及形状一致的工件，才能通过而获得定向排列。

（3）剔除法　在工件的运行过程中，利用工件尺寸外形差别或重心位置不同来剔除定向不正确的工件。

2. 常用定向机构

图 8-2 所示为钩式定向机构，

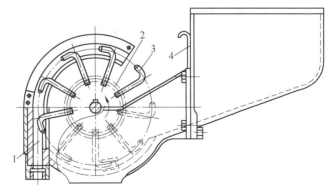

图 8-2　钩式定向机构

1—受料管　2—转盘　3—钩子　4—隔板

适用于长度大于直径的管状或套状工件的自动上料。从料斗底部滑出的工件被转盘 2 上的钩子3抓走，然后落入受料管1中。

图8-3所示为链板式抓取定向机构，适用于较大的圆柱、圆环、螺钉类工件的自动上料。

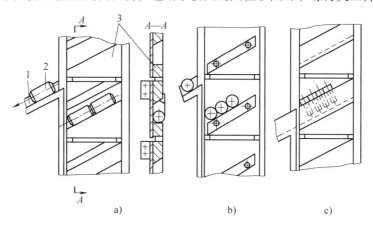

图8-3 链板式抓取定向机构

a）抓取圆柱类工件 b）抓取圆片、圆环类工件 c）抓取螺钉类工件

1—储料仓 2—工件 3—取料链板

整个装置由链条和多块固定在它上面的取料链板3固定在链条上组成，每板相隔数个链节，由减速器带动运转，把工件2从低处料斗中抓取提升，从高端侧面开口处进入储料仓1。

图8-4所示为转筒滑槽式定向机构，主要构件为一内有取料板1的转筒2，工件3被取料板由转筒底部带到高处，散落在定向滑槽上，定向正确的工件可以沿定向滑槽4进入储料器或工作地点。定向不正确的工件则被棘轮剔除器5打回料斗。这类定向机构可用于带肩零件及片块状工件，缺点是运转中磨损及噪声较大。

图8-5所示为径向槽式定向机构，适用于圆片、圆环形小工件及短的螺钉类工件的自动定向上料。倾斜的转盘1上开有若干条径向凹槽，旋转时工件落入槽内，带到最高位置

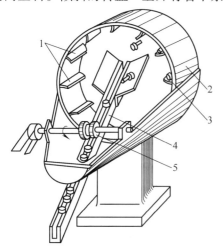

图8-4 转筒滑槽式定向机构

1—取料板 2—转筒 3—工件 4—定向滑槽

5—棘轮剔除器

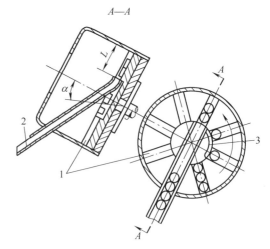

图8-5 径向槽式定向机构

1—带径向槽的转盘 2—受料槽 3—挡板

时靠自重滑入受料槽 2，为了不使工件过早地滑出凹槽，在最高点以前用固定挡板 3 将凹槽出口遮住。当径向槽较长时，为使工件有足够时间滑入受料槽，转盘应做间歇旋转。

图 8-6 所示为转盘型孔式定向机构，工件成批倒入料斗 4 后进入转筒 3 中，一部分工件进入转动着的圆环 2 和圆盘 1 之间。利用与工件型面相当的柱套 5，使只有开口向左定向正确的工件 6 才能落入圆环 2 和圆盘 1 及相邻的两个柱套间的"型孔"中，以后被带出"型孔"而进入储料槽 9 中，圆盘由轴 7 和带轮 8 带动。这类机构可用于较大的盘盖类工件的定向和上料。

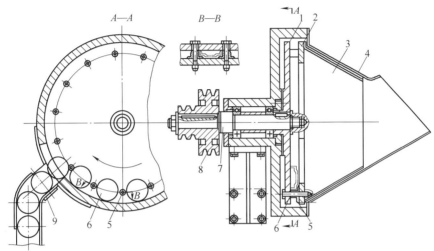

图 8-6　转盘型孔式定向机构

1—圆盘　2—圆环　3—转筒　4—料斗　5—柱套　6—工件　7—轴　8—带轮　9—储料槽

工件两头不对称但外形差别不大的锥形或枪弹壳等套类工件，需有二次定向装置。如图 8-7 所示的在圆盘上有径向槽的二次定向机构。回转的圆盘 2 上沿周边开有长方形缺口，用于抓取各类工件。在圆盘缺口处又开有径向内槽 3，用以二次定向。当料斗中的工件掉入

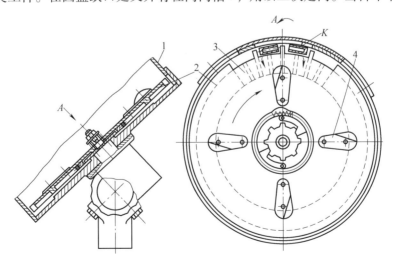

图 8-7　带径向槽的二次定向机构

1—料斗内壁　2—带缺口的圆盘　3—径向内槽　4—搅拌叶片

圆盘 2 周边的缺口中被带到料斗的上部时，就横躺在两个径向槽口中间的隔板上，由于料斗内壁 1 上开有缺口 K，工件在此处可以转位，较重的一端必先落入径向槽，每个工件都是轻端在上从而获得二次定向。为了搅动工作，转盘上设置了 4 个有折角的叶片 4。

二、料斗

料斗是盛装工件的容器，也有能完成工件定向的带有定向机构的料斗。

料斗的形式很多，从外形结构看，有圆柱形、锥形和矩形等几种，如图 8-8 所示。根据在料斗中获取工件，工件进入送料槽的方式不同又可分为振动式、回转式、往复式和气动式等几类。

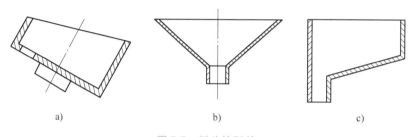

图 8-8　料斗的形状

a) 斜放的圆柱形　b) 锥形　c) 矩形

1. 振动式料斗

振动式料斗是料斗式供料器中使用最广的一种，为说明其工作原理，先介绍一种直槽式的振动上料装置，图 8-9 所示为其简图。工件 2 放在料槽 1 上，料槽有一倾角 α，并支承在两块与底座法向成 β 角的弹簧片 3 上。电磁线圈通以脉动电流，使衔铁及料槽振动。由于 β 角的存在，料槽在向左移动的同时还稍向下移动，它与工件间的摩擦力减小，在向右移动的同时还稍向上移动，它与工件间的摩擦力增大，使工件获得向右单方向爬升的运动。实际

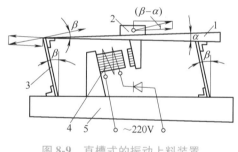

图 8-9　直槽式的振动上料装置

1—料槽　2—工件　3—弹簧片

4—电磁铁　5—基座

上，常用的多为螺旋式振动上料装置，直槽式因占地面积大而较少用。

图 8-10 所示是一种典型的振动式料斗自动上料装置，带有螺旋料道的圆筒 1 和底部呈锥形的筒底 2 组成圆筒形料斗。筒底呈锥形可使工件向四周移动，便于进入螺旋料道。三个板弹簧 4 与料斗底部相连接，并倾斜安装在底盘 6 上。

衔铁 15 固定在筒底 2 的中央，电磁振动器的铁心和线圈 14 固定在支承盘 12 上，支承盘 12 又固定在底盘 6 上。当线圈通入脉动电流时，衔铁 15 被吸、放，由于板弹簧 4 是倾斜安装并沿圆周切向布置的，因而产生弯曲变形和扭转，使料斗做扭转振动。因此，工件沿着螺旋料道向上爬升。

在带有螺旋料道的振动式料斗自动上料装置中，将料道略加改造使工件在送料过程中定向，这在生产中是常见的，以下举几个例子说明。

图 8-11 所示为杯状工件的定向结构，这种定向结构的要点是在螺旋料道上开一些缺口，

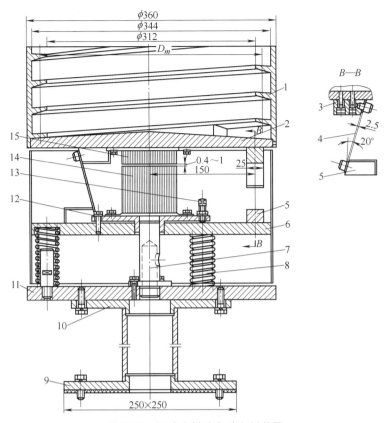

图 8-10　振动式料斗自动上料装置

1—圆筒　2—筒底　3、5—连接块　4—板弹簧　6—底盘　7—导向轴　8—弹簧　9、10—支架

11—支座　12—支承盘　13—调节螺钉　14—铁心线圈　15—衔铁

并使缺口处形成 Ω 形的凸缘。当底在下面的工件通过 Ω 形凸缘时，工件可以顺利通过；当工件的口向下时，口与凸缘形状吻合，工件倾翻落回料斗；侧立的毛坯在挡板作用下也会滚回料斗。在高速供料时，为了提高定向精度，可以设 2~3 个这种缺口。

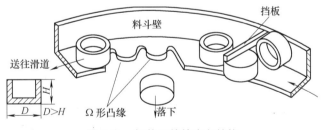

图 8-11　杯状工件的定向结构

图 8-12 所示为带肩工件的定向结构，它是在料道上开出一个比钉体稍宽一点的切口，由于重力的作用，这些工件会自动地在此切口处以吊头状态定向，但是，若其头大，而钉的直径小且长度不大时，则应选择图 8-13 所示的装置。

图 8-14 所示为带台阶工件的定向结构，它的要点是在料道面上开一切口并安装一定向挡块。当工件小端在下时，可以顺利通过料道；当工件的大端在下时，定向挡块碰到大端，工件从料道切口处落回料斗。

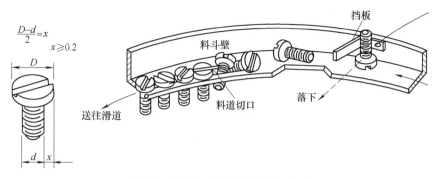

$$\frac{D-d}{2}=x$$
$$x\geqslant 0.2$$

图 8-12 带肩工件的定向结构（一）

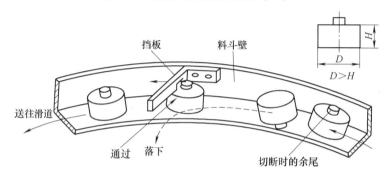

图 8-13 带肩工件的定向结构（二）

2. 回转式料斗

回转式料斗常用转盘或料斗本身做回转运动。当转盘回转时，实现送料，料斗（转盘）做间歇转动或通过安全离合器使料斗（转盘）停止旋转，以避免当送料槽充满工件时传动机构的损坏。图 8-15 所示是两种典型的回转式料斗。

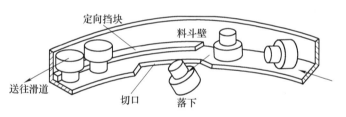

图 8-14 带台阶工件的定向结构

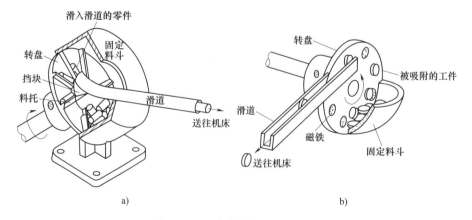

a)   b)

图 8-15 两种典型的回转式料斗

a）滚筒式　b）磁力式

3. 往复滑块式料斗

带倾斜轨道的垂直平板在料斗内上下往复运动，工件落在倾斜轨道上被抬起，平板升至最上端，工件被送至滑道。本装置适用于圆柱体、环状、球状工件。当供给的工件太多时，工件不能全部送入滑道，剩余工件仍然留在倾斜轨道上，随同平板退回料斗。图 8-16 所示是其典型结构。

4. 喷油搅拌式料斗

喷油搅拌式料斗如图 8-17 所示，它适用于仪表等行业中细小的工件如轴、套、轮、片等的供料。工件装在充满油液的锥形料斗中，平时散乱地沉在底部。从锥底处小孔间歇地向料斗内喷油，使工件在料斗内被搅动，改变姿态。停止喷油时，工件又逐渐下沉，位置合适的工件落入相应截面的型孔中，沉入料仓以便供料。

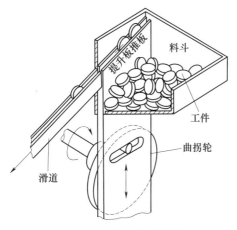

图 8-16　往复滑块式料斗　　　图 8-17　喷油搅拌式料斗

5. 喷气式料斗

喷气式料斗如图 8-18 所示，从圆锥形斗底吹出几股气流，利用气流将工件吹散、跳起，并且通过排料滑道定向排出。这时料斗顶端是密封的，吹入料斗的空气从排料滑道和工件一起排出。这种机构适用于弹簧等容易相互缠连的工件，它可以使工件解脱相互的缠连。

三、料仓

当单件工件的尺寸较大、形状比较复杂难于自动定向时采用料仓上料机构。其工作方式是由人工将单件工件以一定方位装入料仓中以完成定向，然后再由料仓送料机构自动地将单件工件从料仓按确定姿态送到机床上。

料仓的作用是储存已定向的工件。料仓的大小、形状决定于工件的形状特征尺寸及工作循环时间的长

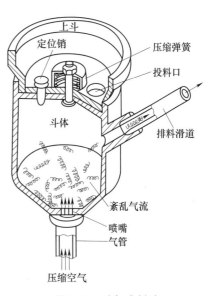

图 8-18　喷气式料斗

短。在自动机床上，工件的储存量应能保证机床连续工作 10~30min。

料仓按照工件的送进方法可分为两类，即靠工件的自重送进和外力强制送进。

1. 靠工件自重送进的料仓

常见的有槽式料仓、管式料仓和斗式料仓。

槽式料仓，常见的形式有直线式料仓、曲线式料仓和螺旋式的料仓（图 8-19a~c）。通常料仓的结构有开式和闭式两种，开式的便于观察工件运动及装料情况。料仓的侧壁往往做成可调节的，以适应不同长度的工件。料仓位置可以是竖直的或倾斜的。料仓常用薄钢板制成，料仓的导向槽表面要求有较高的硬度和较小的表面粗糙度值。槽式料仓除了用于储存已定向的工件外，还可作为供料装置中靠自重送进的料道。

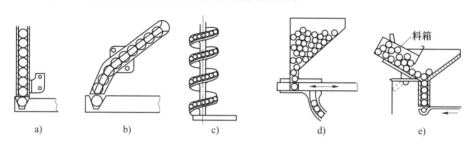

图 8-19　靠工件自重送进的料仓
a）直线式　b）曲线式　c）螺旋式　d）料斗式　e）辅助料箱装置

斗式料仓（图 8-19d）的特点是能容纳大量的工件。由于料斗容积较大，每次人工装料可以间隔较长的时间。这类料仓的落料口处常有工件搅动器，料斗式料仓侧壁的位置可以调节，以适用不同尺寸的工件。为增加储存量或加快装料速度，斗式料仓还常用辅助料箱装置（图 8-19e）。

2. 强制送进的料仓

当工件的自重较轻不能保证可靠地落到上料器中，或工件的形状较复杂不便靠自重送进时，采用强制送进的料仓。常用的有重锤或弹簧式料仓、摩擦式料仓和链（轮）式料仓。

图 8-20a 所示为用重锤的力量推送工件的料仓，其推力为定值，储存量可较大。

图 8-20b 所示为用弹簧力量推送工件的料仓，由于弹簧推力在推送工件过程中逐渐变小，所以工件储存量不宜过大。

图 8-20c 所示为摩擦式料仓，工件放在由两套 V 带传动轮组成的 V 形槽内，靠传动带摩擦力进行推送。这类机构中具有驱动机构，机构较为复杂，常用于圈、环和柱类工件等。

图 8-20d 所示为链式料仓，工件放在链条的凹槽上或钩子上，靠链条的传动把工件送到规定的位置。这类链式料仓常用于送进大、中型较复杂的轴和套类工件等。

图 8-20e 所示为轮式料仓送料机构。其料仓是一个转盘，工件装在转盘周边的料槽中，圆盘间歇地旋转将工件对准接收槽，并沿接收槽滑到上料器中。这类送料机构常用以送圆盘、套筒、盖等工件。

四、搅动器

工件在料斗中由于互相挤住容易形成拱形而堵塞出口，如图 8-21a 所示，使料斗中的工件不能到达落料孔处，在落料孔上方形成空穴。通常把这种现象称为挂料。挂料的原因是物

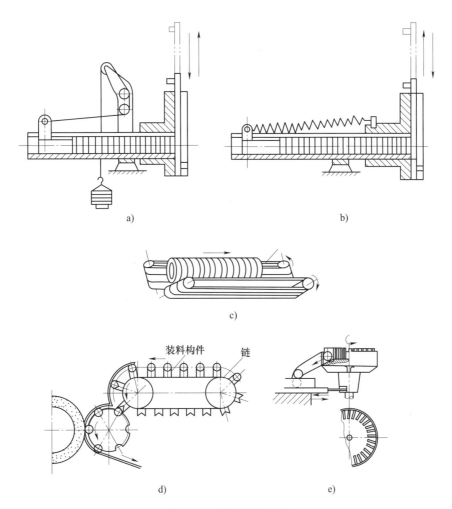

图 8-20　强制送进的料仓

a）重锤式　b）弹簧式　c）摩擦式　d）链式　e）轮式

料在料斗承重面上呈对称分布，这种对称又是由料斗的各承重面的对称结构造成的。所以采取非对称结构的料斗，如承重面的一面或两面为竖直壁的料斗，如图 8-21b、c 所示，可以较好地解决挂料问题。除此外还常用搅动器消除拱形挂料。

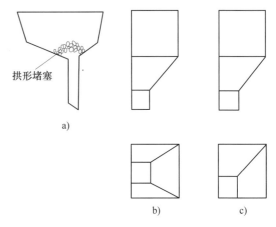

图 8-21　挂料现象和具有竖直壁的料斗

a）拱形堵塞　b）单竖直壁料斗　c）双竖直壁料斗

　　搅动器的结构形式很多，如图 8-22 所示。摆摆的杠杆和转动的凸轮主要用来破坏小拱形；振动的隔板和往复的棘齿运动主要是破坏大拱形。此外还可以利用其他构件结合的办法来搅动工件，如图 8-23 所示的扇块式的料斗中，上下摆动的扇形块既是搅动器，也是定向器。

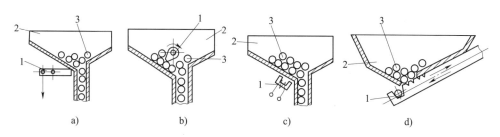

图 8-22 拱形消除器

a）杠杆式 b）凸轮式 c）电磁振动式 d）棘齿式

1—拱形消除器 2—料仓 3—工件

五、剔除器

剔除器的作用是剔除从料斗到送料槽中一些定向不正确的工件，保证进入送料槽的工件定向方位正确。被剔除的工件返回到料斗中。

剔除器有棘轮式、杠杆式等多种结构形式，如图 8-24 所示。

六、分路器

分路器是把运动的工件分为两路或多路，分别送到各台机床，用于一个料斗同时供应多台机床工作的情况。合路器则反之。常见分路器的结构形式，有自重式、外力式和电磁式等。

图 8-25a 所示为自重式分路器，分路摇板垂直放置，由工件自重推动分路摇板，适用于小型工件。

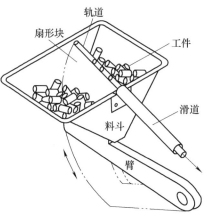

图 8-23 扇块式料斗

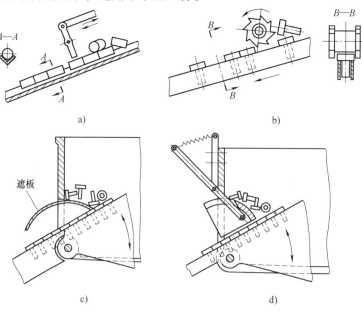

图 8-24 剔除器

a）杠杆式 b）棘轮式 c）扇形遮板式 d）扇形滑动式

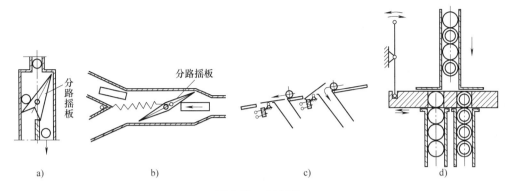

图 8-25 分路器

a) 自重式 b) 外力式 c) 电磁式 d) 滑块式

图 8-25b 所示为外力式分路器，分路摇板水平放置，由外力推动分路摇板，适用于较大工件及块状、箱体类工件。

图 8-25c 所示为电磁式分路器，分路摇板倾斜放置，由电磁力推动分路摇板，适用于小型工件。常用在多路分路的自动检测分选。

图 8-25d 所示为滑块式分路器。滑块左右运动，将工件分两路送往目的地。

七、送料槽

送料槽是输送工件的通道，要求工件能在其中顺利流畅稳速移动，不能发生阻塞或滞留现象。送料槽的截面根据工件的形状和尺寸而定。送料槽通常靠自重传送工件，输送方式常用的有滚道、滑道和滚子道。

常见的滚道截面为矩形，滚道有开式、闭式和可调式三种，其中闭式滚道可以竖直安放，如图 8-26 所示。

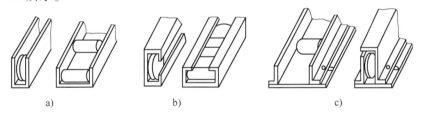

图 8-26 滚道

a) 开式 b) 闭式 c) 可调式

常见的滑道有：①V 形、半圆形和圆形，用于轴向输送工件其对中精度较高，如图 8-27

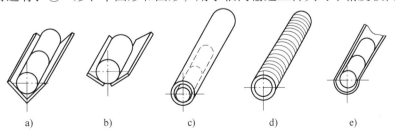

图 8-27 滑道

a)、b) V 形 c)、d) 圆形 e) 半圆形

所示；②导轨式，有单轨式和双轨式，如图 8-28 所示；③槽形，有开式和闭式两种，都可以用于竖直放置，如图 8-29 所示。

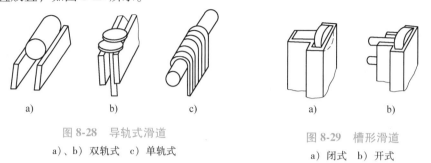

图 8-28　导轨式滑道
a）、b）双轨式　c）单轨式

图 8-29　槽形滑道
a）闭式　b）开式

常见的滚子道有轮式、辊式和轴承式，如图 8-30 所示。

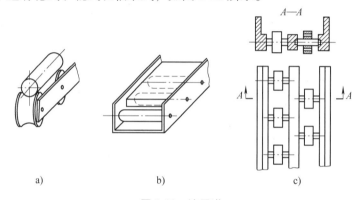

图 8-30　滚子道
a）轮式　b）辊式　c）轴承式

八、隔料器

隔料器又称为隔离器或单件控制器，它的作用主要是把一个或几个工件从许多工件中分离出来，调节上料的工件数量；改变工件的位置或运动方向；工件较重时，避免所有工件的质量都作用在上料机构上。

隔料器按运动特性可分为三种形式，如图 8-31 所示。

1）具有往复运动的隔离器（图 8-31a~c）。

2）具有摇摆运动的隔离器（图 8-31d、e）。

3）具有回转运动的隔离器（图 8-31f~h）。

其中，图 8-31a、b、d 所示的隔离器为上料器兼隔料，当上料器把工件送往加工位置时，上料器的上表面将料仓的通道隔断，完成隔料功能。这类隔料方法的缺点是隔料时料槽上工件的质量全都作用在上料器的上表面，使上料器运动阻力大，且易于磨损。

图 8-31c、e 所示的隔离器每做一次往复运动，从料槽中分离出一个工件，由上料器将其送走。采用杆式隔料器工件的质量不再压在上料器上，这类隔料器大多应用在中等生产率的情况下，即 50~70 件/min。当生产率更高时，隔料器每次往复的时间很短，工件因其惯性有可能到不了隔料位置，工作就不可靠了。

图 8-31f~h 所示的隔离器由带有成形槽的圆盘或鼓轮做成，工件从送料槽落入圆盘的成

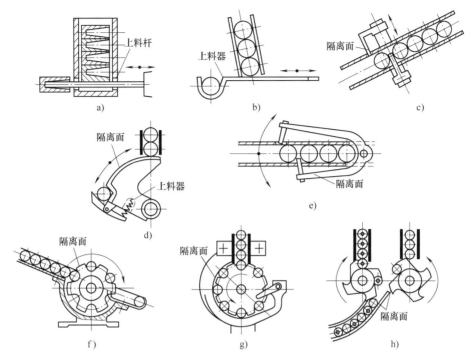

图 8-31　隔离器的结构形式

a)、b)、c) 往复运动隔离器　d)、e) 摇摆运动隔离器　f)、g)、h) 回转运动隔离器

形槽内，靠圆盘的转动将其送至上料器。圆盘或鼓轮的外圆面用来隔离送料槽中的工件。圆盘上的成形槽可制作很多，圆盘每转一周能送出相当多的工件。因此这种隔料器能在低速下保证平稳地工作，并能保证高的生产率和避免工件因受冲击而损坏。

九、上料器

上料器的结构形式很多，按运动特性可分为四类。

1. 往复运动的上料机构

图 8-32 所示是直线往复式的上料机构，用于车床的料仓上料；图 8-33 所示是靠工件自重上料，上料器下移后再由上料杆推至夹具上，这种上料器兼有储料的功能。

往复运动上料器能保证上料的准确性，但往复运动速度不能太快，太快时可能产生上料跟不上的情况，或使机构很快磨损。

2. 摆动运动的上料机构

摆动运动的上料器有较高的生产率、工作可靠，由于不需要导轨，其

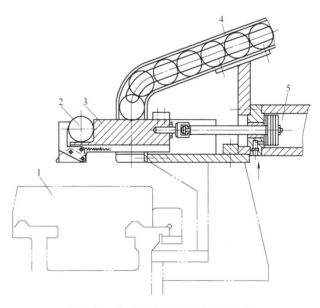

图 8-32　车床用直线往复式上料机构

1—床身　2—工件　3—上料手　4—料仓　5—气缸

结构比较简单。图8-31d 所示兼有上料和隔料的双重作用。图8-34 所示是一种装在螺纹滚丝机上的摇摆式上料机构的实例。

3. 旋转运动上料机构

图 8-35 所示为用于磨床的间歇旋转运动上料机构，当开有许多容纳工件槽孔的圆盘 3 旋转时，槽孔顺序经过储料仓 4 的开口处，工件 5 逐个推入槽孔并被带到工作地点，由前后顶尖 1 夹紧后进行磨削。当磨好的工件随圆盘 3 又转回到储料仓 4 的开口位置时，它被推入槽孔的未加工工件顶进料槽 2 中。

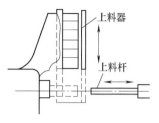

图 8-33 自重式直线上料机构

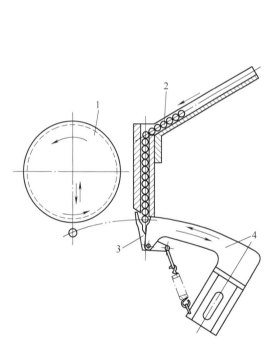

图 8-34 滚丝机用摇摆式上料机构
1—滚丝轮 2—工件 3—压板 4—摇摆式上料机构

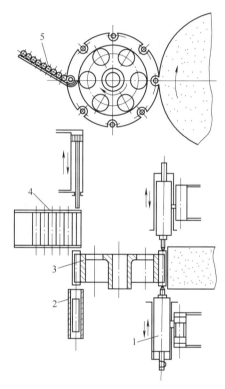

图 8-35 间歇旋转运动上料机构
1—顶尖 2—料槽 3—间歇旋转圆盘
4—储料仓 5—工件

图 8-36 中所示的上料器有夹紧作用，当工件在容纳槽中随圆盘转动时即被夹紧，并进行加工。待工件转至最低位置时，加工已完毕的工件被放松而自由落下。

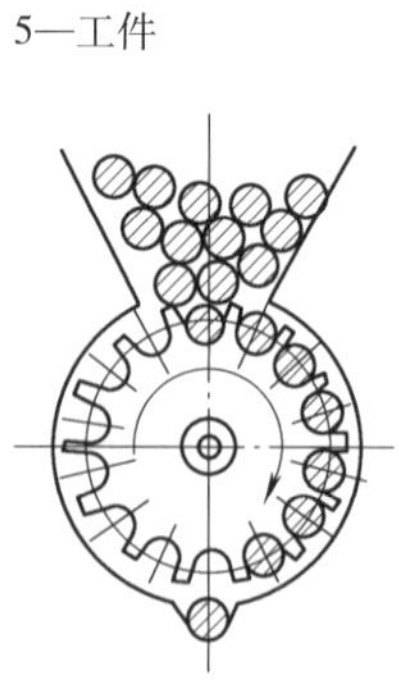

旋转运动上料器的生产率较高，广泛用于磨床、铣床及多工位机床，由于上料器距加工地点较近，在结构设计上有一定难度。

4. 复合运动上料机构

图 8-37a 所示储料仓 1 中的工件 2 落入夹料器 3；送料杆在前进右行过程中靠沿销钉滑动的导向槽旋转 90°，工件就转成能进入机床主轴 4 的位置。

图 8-36 旋转运动上料器

　　图8-37b所示是利用六角刀架作上料装置，储料仓1固定在六角刀架的右面，刀架上装一夹料器3做进退、旋转运动，把工件夹住并送入机床主轴4。

　　图8-38所示是有弹簧夹的上料器，是一种简单的供料机械手。当它下移碰到工件时，手爪沿工件上半部表面下滑、张开，至夹住工件后送往加工设备。

　　工业机器人也可以用作自动供料装置，广泛地应用于柔性制造的物流系统。

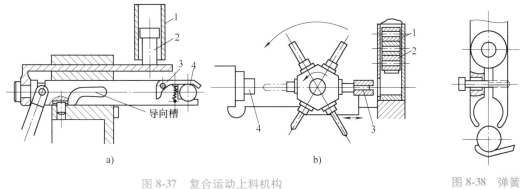

a)　　　　　　　　　　　　　　　　b)

图8-37　复合运动上料机构

a）主轴上料装置　b）用六角刀架作上料装置

1—储料仓　2—工件　3—夹料器　4—主轴

图8-38　弹簧
夹持上料器

第三节　工业机器人概述

　　随着科学技术的进步，人类的体力劳动也逐渐被各种机械取代。工业机器人作为产业革命的重要切入点，即将改变现有工业生产的模式，提升工业生产的效率。

　　工业机器人是一门多学科交叉的综合学科，涉及机械、电子、运动控制、传感检测、计算机技术等，它不是现有机械、电子技术的简单组合，而是这些技术有机融合的一体化装置。

　　目前，工业机器人技术的应用非常广泛，上至宇宙探索，下到海洋勘探，各行各业都离不开机器人。工业机器人的应用程度正在成为衡量一个国家工业自动化水平的重要标志。

一、工业机器人的定义

　　机器人（Robot）一词来源于捷克剧作家卡雷尔·萨培克的一部幻想剧"罗萨姆的万能机器人"。在剧中，萨培克把在罗萨姆万能机器人公司生产劳动的那些家伙称为"Robot"，意为"不知疲倦地劳动"，机器人的名字也由此而生。后来，机器人一词频繁地出现在现代科幻小说和电影中。

　　随着现代科技的不断进步，机器人这一概念逐步演变成现实。在现代工业的发展过程中，机器人逐渐融合了机械、电子、运动、动力、控制、传感检测和计算机技术等多门学科，成为现代科技发展极为重要的组成部分。

　　目前，虽然机器人面世已有几十年的时间，但仍然没有一个统一的定义，原因之一就是机器人还在不断发展，新的机型、新的功能不断涌现。

　　美国机器人协会对工业机器人定义：一种用于移动各种材料、零件、工具或专用装置的，通过程序动作来执行种种任务的，并具有编程能力的多功能操作机。

日本机器人协会对工业机器人定义：一种带有存储器件和末端操作器的通用机械，它能够通过自动化的动作替代人类劳动。

我国科学家对工业机器人的定义：一种自动化的机器，所不同的是这种机器具备一些与人或生物相似的能力，如感知能力、规划能力、动作能力和协同能力，是一种具有高度灵活性的自动化机器。

国际标准化组织对工业机器人的定义：一种仿生的、具有自动控制能力的、可重复编程的多功能、多自由度的操作机械。

工业机器人定义虽然有多种，但有一定的共性：工业机器人是由仿生机械结构、电动机、减速机和控制系统组成的，用于从事工业生产，能够自动执行工作指令的机械装置。它可以接受人类指挥，也可以按照预先编排的程序运行，现代工业机器人还可以根据人工智能技术制定的原则和纲领行动。

一般情况下，工业机器人应具有四个特征：

1）特定的机械结构。

2）从事各种工作的通用性能。

3）具有感知、学习、计算、决策等不同程度的智能。

4）相对独立性。

二、工业机器人的发展进程

大千世界，万事万物都遵循着从无到有、从低到高的发展规律，机器人也不例外。早在三千多年前的西周时代，我国就出现了能歌善舞的木偶，这可能是世界上最早的"机器人"。然而真正的工业机器人的出现并不久远，20世纪50年代，随着机构理论和伺服理论的发展，工业机器人进入了实用化和工业化阶段。

1954年，美国的乔治·德沃尔提出了一个与工业机器人有关的技术方案，并申请了"通用机器人"专利。1959年，德沃尔与美国发明家约瑟夫·英格伯格联手制造出第一台工业机器人Unimate，机器人的历史才真正拉开了帷幕。1960年，美国机器和铸造公司AMF生产了柱坐标型机器人，该机器人可以进行点位和轨迹控制，是世界上第一台用于工业生产的机器人。

20世纪70年代的日本正面临着严重的劳动力短缺，这个问题已成为制约其经济发展的一个主要问题。在美国诞生并已投入生产的工业机器人给日本带来了福音。1967年，日本川崎公司首先从美国引进机器人及技术，建立生产厂房，并于1968年试制出第一台日本产机器人。经过短暂的摇篮阶段，日本的工业机器人很快进入实用阶段，并由汽车制造业逐步扩大到其他制造领域以及非制造领域。

德国工业机器人的数量位居世界第三，仅次于日本和美国，其智能机器人的研究和应用在世界上处于领先地位。目前在普及第一代工业机器人的基础上，第二代工业机器人经推广应用成为主流安装机型，而第三代智能机器人已占有一定比重并成为发展的方向。

瑞士的ABB公司是世界上最大的机器人制造公司之一。1974年，ABB公司研发了世界上第一台全电控式工业机器人IRB6，主要应用于工件的取放和物料搬运；1975年生产出第一台焊接机器人；1980年兼并Trallfa喷漆机器人公司后，其机器人产品趋于完备。ABB公司制造的工业机器人广泛应用在焊接、装配铸造、密封涂胶、材料处理、包装、喷漆、水切割等领域。

目前，国际上的工业机器人产品主要分为日系和欧系，日系中主要有安川、OTC、松下、发那科、不二越、川崎等公司的产品。欧系中主要有德国的 KUKA、CLOOS，瑞士的 ABB，意大利的 COMAU 及奥地利的 IGM 等公司的产品。

我国工业机器人起步于 20 世纪 70 年代初期，大致经历了三个阶段：70 年代的萌芽期、80 年代的开发期和 90 年代的应用期。我国工业机器人的发展长期以来受限于成本较高与国内劳动力价格低廉的状况，但随着我国经济持续快速地发展，人民生活水平不断提高，劳动力供求关系也在发生转变，我国制造业从劳动密集型转向为技术密集型，工业机器人技术在我国已得到了政府和企业的重视。随着机器人知识的广泛普及，人们对于各种机器人的了解与认识逐步深化，利用机器人技术提升我国工业发展水平，实现从制造业大国向强国转变，从而提高人民生活质量已经成为全社会的共识。国内越来越多的企业在生产中采用了工业机器人，各种机器人生产厂家的销售量都有大幅度的提高。

目前，我国基本掌握了工业机器人的结构设计和制造、控制系统硬件和软件、运动学和轨迹规划等技术，形成了机器人部分关键元器件的规模化生产能力。一些公司开发出的用于喷漆、弧焊、点焊、装配、搬运等的机器人已经在多家企业的自动化生产线上获得规模应用，弧焊机器人也已广泛应用在汽车制造厂的焊装线上。但总体来看，我国工业机器人在技术开发和工程应用水平方面与国外相比还有一定的差距，主要表现在以下几个方面：

1）创新能力较弱，核心技术和核心关键部件受制于人，尤其是高精度的减速器长期需要进口，缺乏自主研发产品，影响总体机器人产业发展。

2）产业规模小，市场满足率低，相关基础设施服务体系建设明显滞后。我国工业机器人企业虽然形成了自己的部分品牌，但还不能与国际知名品牌形成有力的竞争。

3）行业归口，产业规划需要进一步明确。随着工业机器人的应用越来越广泛，我国也在积极推动机器人产业的发展。尤其是"十三五"期间，国家出台的《机器人产业发展规划（2016—2020）》对机器人产业进行了全面规划，要求行业、企业搞好系列化、通用化、模块化设计，积极推进工业机器人产业化进程。

三、工业机器人的总体发展趋势

（1）技术发展趋势　在技术发展方面，工业机器人正向结构轻量化、智能化、模块化和系统化的方向发展。未来工业机器人技术主要的发展趋势如下：

1）机器人结构的模块化和可重构化。

2）控制技术的高性能化、网络化。

3）控制软件架构的开放化、高级语言化。

4）伺服驱动技术的高集成度和一体化。

5）多传感器融合技术的集成化和智能化。

6）人机交互界简单化、协同化。

工业机器人
汽车生产线

（2）应用发展趋势　自工业机器人诞生以来，汽车行业一直是其应用的主要场合。但工业机器人在电子电气行业、金属加工行业、化工行业、食品等行业的出货量却增速迅猛。由此可见，工业机器人的应用正在依托汽车产业迅速向各行业延伸。对于机器人行业来讲，这是一个非常积极的信号。

四、机器人的基本组成

机器人由机械部分、传感部分和控制部分组成。这三大部分可分为机械结构系统、驱动

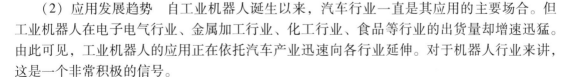

系统、感受系统、控制系统、机器人-环境交互系统、人-机交互系统六个子系统。

（1）机械结构系统 机器人的机械结构系统由机身、手臂、末端操作器三大件组成。每一大件都有若干自由度，从而构成一个多自由度的机械系统。机器人按机械结构划分可分为直角坐标型机器人、圆柱坐标型机器人、极坐标型机器人、关节型机器人、SCARA 型机器人以及移动型机器人。

（2）驱动系统 驱动系统是向机械结构系统提供动力的装置。采用的动力源不同，驱动系统的传动方式也不同。驱动系统的传动方式主要有四种：液压式、气压式、电力驱动式和机械式。电力驱动式是目前使用最多的一种驱动方式，其特点是电源取用方便，响应快，驱动力大，信号检测、传递、处理方便，并可以采用多种灵活的控制方式。驱动电动机一般采用步进电动机或伺服电动机，目前也有采用直接驱动电动机的，但是造价较高，控制也较为复杂。和电动机相配的减速器一般有谐波减速器、摆线针轮减速器或行星齿轮减速器。

（3）感受系统 感受系统由内部传感器模块和外部传感器模块组成，主要功能是获取内部和外部环境中有用的信息。智能传感器的使用提高了机器人的机动性、适应性和智能化水平。人类的感受系统对外部世界信息的感知是极其巧妙的，但对于一些特殊的信息，传感器比人类的感受系统更有效。

（4）控制系统 控制系统的任务是根据机器人的作业指令以及从传感器反馈回来的信号，支配机器人的执行机构去完成规定的运动和功能。如果机器人不具备信息反馈特征，则为开环控制系统；具备信息反馈特征，则为闭环控制系统。根据控制原理不同可分为程序控制系统、适应性控制系统和人工智能控制系统。根据控制运动的形式不同可分为点位控制系统和连续轨迹控制系统。

（5）机器人-环境交互系统 机器人-环境交互系统是实现机器人与外部环境中的设备相互联系和协调的系统。机器人与外部设备集成为一个功能单元，如加工制造单元、焊接单元、装配单元等。当然也可以是多台机器人集成为一个去执行复杂任务的功能单元。

（6）人-机交互系统 人-机交互系统是人与机器人进行联系和参与机器人控制的装置，如计算机的标准终端、指令控制台、信息显示板、危险信号报警器等。

五、机器人的分类

机器人的分类方法很多，主要的有以下几种：按机器人的几何结构分类、机器人的控制方式分类、按机器人的智能程度分类、按机器人的用途分类等。

1. 按机器人的几何结构分类

机器人机械手的机械配置形式多种多样。最常见的结构形式是用其坐标特征来描述的。按照坐标结构不同可把机器人分为直角坐标机器人、圆柱坐标机器人、极坐标机器人和关节机器人等。

（1）直角坐标机器人 直角坐标机器人结构如图 8-39a 所示，它在 X、Y、Z 轴上的运动是独立的。

优点：定位精度高，空间轨迹易求解，计算机控制简单。

缺点：操作机本身所占空间尺寸大，相对工作范围小，操作灵活性较差，运动速度较低。

（2）圆柱坐标机器人 圆柱坐标机器人的结构如图 8-39b 所示，R、θ 和 X 为坐标系的三个坐标。其中，R 是手臂的径向长度，θ 是手臂的角位置，X 是垂直方向上手臂的位置。

如果机器人手臂的径向坐标 R 保持不变，机器人手臂的运动轨迹将形成一个圆柱面。

优点：所占的空间尺寸较小，相对工作范围较大，结构简单，手部可获得较高的速度。

缺点：手部外伸离中心轴越远，其切向线位移分辨精度越低。

（3）极坐标机器人 极坐标机器人又称为球坐标机器人，其结构如图 8-39c 所示，R、θ 和 β 为坐标系的坐标。其中，θ 是绕手臂支承底座垂直的转动角，β 是手臂在铅垂面内的摆动角。这种机器人运动所形成的轨迹面是半球面。

优点：结构紧凑，所占空间尺寸小。

（4）关节机器人 如图 8-39d 所示，它是以其各相邻运动部件之间的相对角位移作为坐标系的。θ、α 和 ϕ 为坐标系的坐标。其中，θ 是绕底座铅垂轴的转角，ϕ 是过底座的水平线与第一臂之间的夹角，α 是第二臂相对于第一臂的转角。这种机器人手臂可以达到球形体积内绝大部分位置，所能达到区域的形状取决于两个臂的长度比例。

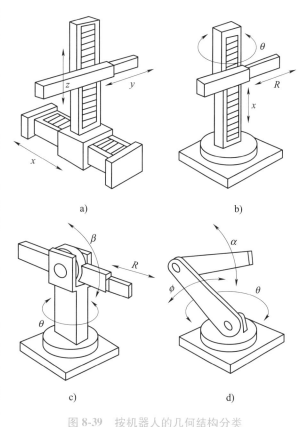

图 8-39 按机器人的几何结构分类
a）直角坐标机器人 b）圆柱坐标机器人
c）极坐标机器人 d）关节机器人

优点：结构紧凑，所占空间体积小，相对工作空间大，还能绕过机座周围的一些障碍物。

2. 按机器人的控制方式分类

按照控制方式不同可把机器人分为非伺服机器人和伺服控制机器人两种。

（1）非伺服机器人 非伺服机器人工作能力比较有限，主要包括终点式机器人、抓放式机器人及开关式机器人。这种机器人按照预先编制好的程序顺序进行工作，使用终端限位开关、制动器、插销板和定序器来控制机器人机械手的运动。插销板用来预先规定机器人的工作顺序，而且往往是可调的。定序器是一种定序开关或步进装置，它能够按照预定的正确顺序接通驱动装置的能源。驱动装置接通能源后，就带动机器人的手臂、腕部和抓手等装置运动。当它们运动到由终端限位开关所规定的位置时，限位开关切换工作状态，给定序器送去一个"工作任务业已完成"的信号，并使终端制动器动作，切断驱动能源，使机械手停止运动。

（2）伺服控制机器人 伺服控制机器人比非伺服控制机器人有更强的工作能力，因而价格较高。伺服系统的被控制量（即输出）可为机器人端部执行装置（或工具）的位置、速度、加速度和力等。通过反馈传感器取得的反馈信号与来自给定装置（如给定电位器）的综合信号，用比较器加以比较后，得到误差信号，经过放大后用于激发机器人的驱动装置，进而带动末端执行装置以一定规律运动，达到规定的位置或速度等。

3. 按机器人的智能程度分类

（1）一般机器人　不具有智能，只具有一般编程能力和操作功能。

（2）智能机器人　具有不同程度的智能，又可分为传感型机器人、交互型机器人和自主型机器人。

1）传感型机器人。具有利用传感信息进行信息处理，实现控制与操作的能力。

2）交互型机器人。机器人可通过计算机系统与操作员或程序员进行人-机对话，实现对机器人的控制与操作。

3）自主型机器人。在设计制作之后，机器人不需要人的干预，能够在各种环境下自动完成各项拟人任务。

4. 按机器人的用途分类

1）工业机器人或产业机器人，应用在工农业生产中，主要应用在制造业部门，进行焊接、喷漆、装配、搬运、检验、农产品加工等作业。

2）探索机器人，用于进行太空和海洋探索，也可用于地面和地下探险和探索。

3）服务机器人，一种半自主或全自主工作的机器人，其所从事的服务工作可使人类生存得更好，使制造业以外的设备工作得更好。

4）军用机器人，用于军事目的，或进攻性的，或防御性的。它又可分为空中军用机器人、海洋军用机器人和地面军用机器人等。

5. 按机器人移动性分类

1）固定式机器人。固定在某个底座上，整台机器人（或机械手）不能移动，只能移动各个关节。

2）移动机器人。整个机器人可沿某个方向或任意方向移动。这种机器人又可分为轮式机器人、履带式机器人和步行机器人，其中步行机器人又有单足、双足、四足、六足和八足行走机器人之分。

6. 串联机器人和并联机器人

机器人的机械结构用关节将一些杆件（也称为连杆）连接起来，一般使用二元关节，即一个关节只与两个连杆相连接。

1）串联机器人。当各连杆组成开式机构链时，所获得的机器人机构称为串联机器人。

串联机器人研究得较为成熟，具有结构简单、成本低、控制简单、运动空间大等优点，已成功应用于很多领域，如各种机床、装配车间等。

2）并联机器人。当各连杆组成闭式机构链时，所获得的机器人机构称为并联机器人。通常并联机器人的闭合回路多于一个。

六、工业机器人的主要特性表示方法

国家标准 GB/T 12644—2001《工业机器人　特性表示》给出了机器人的各种特性，用这些特性来表示工业机器人的作业性能、结构、控制和规格等基本技术参数。

1. 坐标系

为便于对工业机器人进行校准、测试和编程，GB/T 16977—2019 定义和规定了工业机器人的各种坐标系，给出了机器人基本运动符号表示法的命名原则。

所有的坐标系均按正交的右手定则确定，如图8-40所示。

被定义的坐标系有：绝对坐标系、机座坐标系、机械接口坐标系和工具坐标系。参照大地的不变坐标系称为绝对坐标系，它与机器人的运动无关。机器人与其支承体间的连接表面，称为机座安装面，参照机座安装面的坐标系称为机座坐标系。在标准中，把位于关节结构末端用于安装夹持器、扳手、焊枪、喷枪等末端执行器的界面，称为机械接口。所以参照机械接口的坐标系就称为机械接口坐标系。而参照末端执行器或其他工具的坐标系则被称为工具坐标系。

2. 机械结构类型

机器人的机械结构类型特征，用它的结构坐标形式和自由度数表示。自由度是表示工业机器人动作灵活程度的参数，以直线运动和回转运动的独立运动数表示（一般末端执行器本身的动作不包括在内，如夹持器手爪的开合运动，因为它不影响夹持器的位姿特性）。工业机器人的自由度越多，灵活性越好，但结构和控制越复杂。

3. 工作空间

工作空间指工业机器人正常运行时，手腕参考点能在空间活动的最大范围，用它来衡量机器人工作范围的大小。机器人的工作空间形状较复杂，如图 8-41 所示。

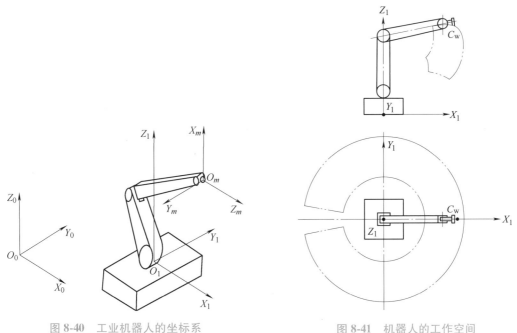

图 8-40　工业机器人的坐标系　　　　图 8-41　机器人的工作空间

4. 其他特性

其中包括用途、外形尺寸和质量大小、负载、速度、动力源、控制、编程方法、性能规范、分辨率及环境条件等。

第四节　工业机器人的机械结构

一、工业机器人的构成

工业机器人的机械结构是指其握持工具（件），完成各种操作和运动的机械部分，是工业机器人的执行部件。作为工业机器人的基础部分的机械结构是各运动部件的支承和定位，应有足够的结构刚度和抗振性，使机器人具有良好的工作稳定性。

衡量工业机器人性能的指标有抓取重量、自由度、运动行程、运动速度、定位精度、编程方式和存储容量等。

一般认为工业机器人由操作机（含驱动器）和控制系统两部分组成（图8-42），其中操作机是工业机器人的机械本体，通常由手（末端执行器）、腕、臂（包括图中的腰、肩、肘）和机座等组成。

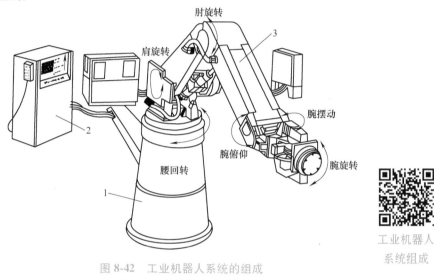

图 8-42　工业机器人系统的组成

1—机座　2—控制装置　3—操作机

二、手部

1. 手部的功能和分类

工业机器人的手部又称夹持器或末端执行器，是为了完成规定作业任务而附加在机器人手腕上的专用装置——工具或手爪。手部是工业机器人直接握持工具（件）的部件，它具有人手的某些特征，模仿人手的部分功能。其主要完成的动作有提、抓、夹等。结构上没有手掌，要靠手指抓取物件。部分工业机器人腕部直接安装点焊枪、弧焊焊具、喷漆用喷枪、自动装配用工具（如自动一字旋具）、加热喷灯和喷水加工工具等。这种直接安装工具可简化机械结构、减轻重量、使工作可靠。

常见的手部，按其握持工件的工作原理，可分为夹持式和吸附式。夹持式按工作部位不同，又可分为内撑式和外夹式。吸附式可分为气吸式和磁吸式。

2. 夹持式手部的结构

（1）夹持式手部的类型

1）按运动形式可分为回转式和平移式。手指是靠指根部绕轴的旋转来完成张合的，如图8-43a、

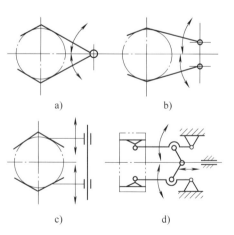

图 8-43　机械夹持式手部

a) 单支点回转型　b) 双支点回转型

c) 平移外夹型　d) 回转内撑型

b、d 所示，称为回转式。手指的张合是靠手指的平行移动来完成的，如图 8-43c 所示，称为平移式。

2）按手指关节可分为无关节型、固定关节型和自由关节型。无关节型的手指为平直构件。固定关节型的手指为具有固定弯曲角度的构件，一般为折线。自由关节型的手指分为指根和指尖两部分，采用铰链连接，结构复杂。

3）按指端形状可分为 V 型、平面型和其他形状。为夹持的稳定，指端形状应与其夹持的工件形状相适应。V 型指主要夹持圆柱形工件；平面型指夹持方形和细棒料类工件；其他形状的工件应用与形状相应的特形指。

4）按指面形状可分为光滑型、齿型和柔性型。光滑型的指面光滑平整，用于夹持已加工的表面。齿型的指面有齿纹，以增加摩擦力、使夹紧可靠，用于夹持毛坯、半成品。柔性型的指面用橡胶、石棉等材质制成，用于夹持已加工面、薄壁件或脆性工件。

（2）夹持式手部的常见结构

1）回转式。

① 滑槽杠杆式结构。图 8-44 所示为滑槽杠杆双支点回转式手部，杠杆形手指 5 的一端为 V 形指，另一端开有长滑槽，驱动杆 2 上的圆柱销 3 套在滑槽内。当驱动杆连同圆柱销做往复直线运动时，即可带动手指绕其支点销轴 4，做相对转动，实现手指的夹紧与松开。滑槽杠杆式手部结构简单，制造容易，可得到较大的开闭角，其定心精度主要受滑槽的制造精度影响，机构无自锁性能，需靠外力锁紧，一般用于夹持中小型工件。

② 斜楔杠杆式结构。图 8-45 所示为单作用斜楔杠杆回转式手部，楔块 4 向下运动，克服弹簧力，使杠杆形手指 1 装有滚轮的一端向外撑开，手指夹紧工件。楔块向上运动，在弹簧力作用下，手指松开。楔块杠杆式手部结构简单，制造方便，影响定心精度的主要因素是斜楔面的对称性，其承载能力比滑槽杠杆式大，一般用于夹持中小型工件。

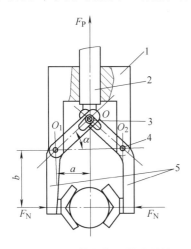

图 8-44　滑槽杠杆回转式结构
1—支架　2—驱动杆　3—圆柱销
4—销轴　5—杠杆形手指

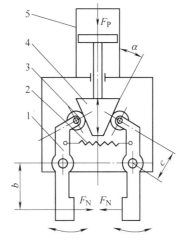

图 8-45　斜楔杠杆回转式结构
1—杠杆形手指　2—弹簧　3—滚子
4—楔块　5—驱动器

③ 连杆杠杆式结构。图 8-46 所示为双支点回转型连杆杠杆式手部，驱动杆 1 末端与连杆 2 由销铰接，连杆的另一端与杠杆形手指 3 铰接。当驱动杆做直线往复运动时，通过连杆

推动杠杆手指绕支点 O_1、O_2 做回转运动，使手指闭合或松开。连杆杠杆式手部结构，承载能力较大，开闭范围不大，其定心精度受连杆两侧的对称性影响，机构环节多，定心精度比斜楔杠杆式差，多用于夹持大型工件。

2）平移式。

① 齿轮齿条平移连杆式结构。如图 8-47 所示，驱动力 F_P 推动齿条杆和两个扇形齿轮，扇形齿轮带动平行四边形的铰链机构驱动两钳爪平移，以夹紧和松开工件。该结构因铰链和构件较多，传动效率较低，为保证有足够的强度，平行四边形杆件不宜细长。

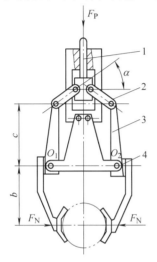

图 8-46　连杆杠杆回转式结构

1—驱动杆　2—连杆

3—杠杆形手指　4—销轴

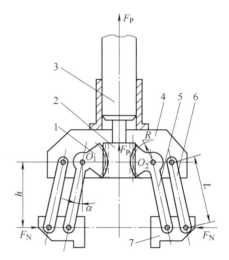

图 8-47　齿轮齿条平移连杆式结构

1—扇形齿轮　2—齿条杆　3—驱动器

4—机座　5、6—连杆　7—钳爪

② 左右旋丝杠式结构。如图 8-48 所示，由驱动电动机带动两端旋向相反的丝杠，钳爪沿导轨做平移运动。这种夹持器可配置单独的伺服电动机或步进电动机驱动，方便地通过编程控制电动机的旋转来夹紧和松开不同尺寸规格的工件。如果采用滚珠丝杠和滚动导轨，能得到很高的重复定位精度（可达 0.005mm）。平移型钳爪可使工件自动定心，但其结构复杂，制造费用高。

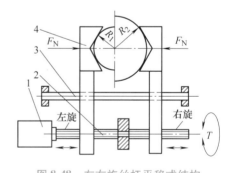

图 8-48　左右旋丝杠平移式结构

1—驱动电动机　2—左右旋丝杆　3—导轨　4—钳爪

3. 钩托式和弹簧式手部结构

钩托式手部的主要特征是不靠夹紧力夹持工件，而是通过手指的结构对工件进行钩、托、捧来移动工件。此工作方式可降低手部结构中对驱动力的要求，达到简化手部结构的目的。它适于在水平和垂直面内做低速移动，特别是对大型或易变形工件有利。

（1）简单叉托式　这是一种固定的钩托式手部，如图 8-49 所示。这种手部自身无单独的驱动装置，也没有传动机构。手指与工件的适当部位接触后，即可适应机械手做平面场合的运动，尤其适用于托持上大下小带锥度的杯、盘、盆等类型工件。

（2）机构实现钩托　图 8-50 所示为一种自身无单独驱动装置的钩托式结构，它借助臂部的动力使手部向下运动，触杆 3 碰触工件后，传动齿条 1 和齿轮 2，使与齿轮固接在一起的手爪闭合，然后靠人力使操纵杆 6 下降，带动凸块 4 落入凸轮 5 的缺口，卡住凸轮，手爪闭锁完成钩托动作。齿轮与凸轮同轴固连在杠杆手指的一端。

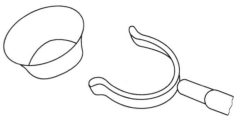

图 8-49　叉托式手部

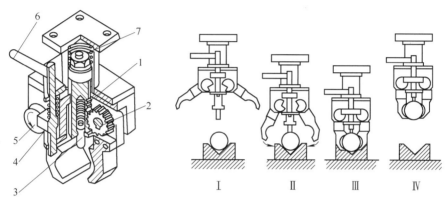

图 8-50　齿条传动钩托式结构

1—齿条　2—齿轮　3—触杆　4—凸块　5—凸轮　6—操纵杆　7—弹簧

图 8-51 所示为齿轮杠杆钩托式结构。这种结构的液压缸只要较小的驱动力就能使杠杆形手指回转，手指闭合后可托持工件。提升工件时，液压缸可卸荷，此时两手指在工件重力作用下，本身有闭合的趋势。

（3）弹簧式　图 8-52 所示为弹簧杠杆式结构。夹持工件前，杠杆手指在弹簧力作用下闭合。当手部向下运动与工件接触时，工件对手指产生的作用力将两指撑开，手指继续向下运动，使工件进入 V 形指内，由弹簧力夹紧。松开时，必须先将工件在目标位置固定夹紧，而后手指向上运动，强迫手指松开后留下工件。

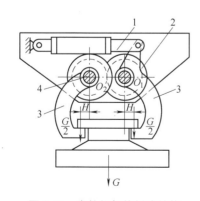

图 8-51　齿轮杠杆钩托式结构

1—液压缸　2—齿轮　3—杠杆形手指　4—销轴

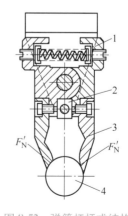

图 8-52　弹簧杠杆式结构

1—弹簧　2—定位块　3—杠杆形手指　4—工件

4. 吸盘式手部结构

（1）空气负压吸盘 它靠负压吸附工件。按形成负压的方式可分为三种：

1）挤气式。如图 8-53a 所示，在外力作用下，使富于弹性的吸盘 3 受压变形，腔内空气从密封盖 2 处排出。外力去除后吸盘恢复原状，内腔形成负压，因而吸住工件 4。而压下压杆 1 的上部，使密封盖 2 抬起，内腔与大气连通，吸盘则释放工件。这种吸盘结构简单、重量轻、成本低，但吸力不大，多用于尺寸不大，薄而轻的物体。

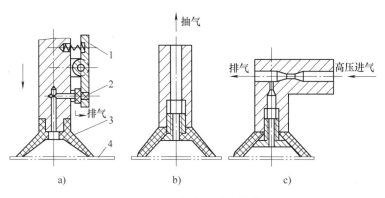

图 8-53　空气负压吸盘结构
a）挤气式　b）真空式　c）喷气式
1—压杆　2—密封盖　3—吸盘　4—工件

2）真空式。采用真空泵抽气，使吸盘内腔形成真空而产生吸力，如图 8-53b 所示。这种吸盘工作可靠，吸力大，但需要配备真空泵及其控制系统，费用较高。

3）喷气式。如图 8-53c 所示，压缩空气通入喷嘴，喷嘴处的高速气流使其附近及吸盘内腔形成负压而产生对工件的吸附作用。在有压缩空气供给的场合，这种吸盘使用较方便，且成本低。

空气负压吸盘对所吸附的工件，要求材质致密，表面平整，没有透气的空隙。采用空气负压吸盘对工件表面没有损伤，但工件的定位精度不高。

图 8-54 所示为一种结构较简单的真空吸盘，它直接用气缸驱动，活塞杆 6 和吸盘架 3 连接，活塞杆下移时，吸盘 4 沿导向杆 5 做直线移动。

（2）磁力吸盘 结构简单，但仅能吸附导磁性材料制造的工件。且被吸附工件有剩磁的问题。对于不允许有剩磁的工件，使用时必须慎重考虑。磁力吸盘的特点是，每单位面积有较大的吸力，可实现快速抓取，寿命较长，其结构如图8-55所示。

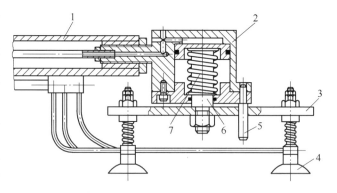

图 8-54　气缸驱动的真空吸盘
1—臂部　2—腕部　3—吸盘架　4—吸盘　5—导向杆
6—活塞杆　7—弹簧

三、腕部

腕部是连接手部和臂部的构件，用于改变和调整手部在空间的方位。通过臂部与腕部的配合，既可完成物件的传送，又可在传送过程中根据需要改变物件的方位（即姿势）。

1. 液压（气）缸驱动的腕部结构

（1）具有一个自由度的摆动液压缸驱动的腕部结构　图8-56所示为采用摆动液压缸驱动作回转运动的腕部结构。回转叶片6（动片）用螺钉销钉和转轴连接在一起，固定叶片5（定片）和缸体固接。当液压油从油孔3进入液压缸右腔时，推动动片6和转轴一起绕轴线顺时针方向回转；当液压油从油孔7进入液压缸左腔时，则为逆时针方向回转。手部和转轴连成一个整体，转轴由两个滚动轴承支承。手部的回转角度范围由动、定片的允许回转角度决定。腕部的回转运动的位置控制采用机械挡块定位，用位置检测器检测。

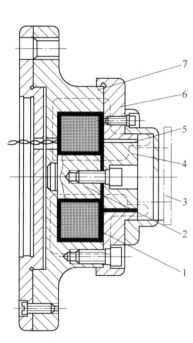

图8-55　磁力吸盘

1—线圈　2—铁心　3—工件　4—内盘体
5—隔磁物　6—外盘面　7—盘体

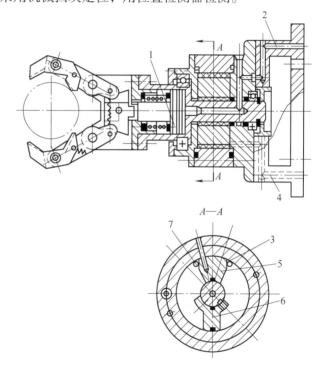

图8-56　摆动液压缸驱动的腕部结构

1—活塞　2、4—油路　3、7—油孔
5—定片　6—动片

这种摆动缸驱动的腕部，结构紧凑、体积小，但回转角度小于360°。

（2）齿条齿轮液压缸驱动的腕部结构　腕部结构采用齿条齿轮液压缸驱动，能克服采用摆动液压缸时的密封困难、易泄漏、输出转矩不稳定、摆动角度小等缺点。但齿条齿轮液压结构外形尺寸较大，一般用于悬挂式臂部。

（3）平移运动的腕部结构　腕部通常采用液压缸驱动平移结构来满足直线移动的需要。图8-57所示为腕部平移结构，其采用双活塞往复液压缸驱动。缸体9固定在与臂部连接的腕架4上，活塞8移动时，固定在活塞杆中间的圆柱销11，带动连接手部的拖板1做相对于腕架4的移动。移动的距离由活塞的行程来决定。为减小摩擦，在腕架的两侧对称安装滚珠轴承。

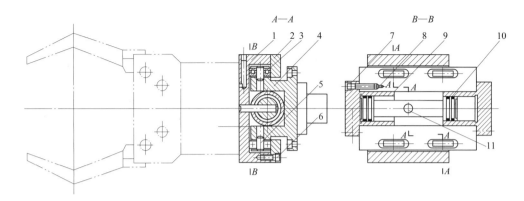

图 8-57　腕部平移结构

1—拖板　2—调整压板　3—轴承　4—腕架　5—轴承销　6、7—内六角螺钉
8—双头活塞　9—缸体　10—密封圈　11—圆柱销

2. 机械传动的腕部结构

（1）具有两个自由度的机械传动腕部结构　如图 8-58 所示，手腕的驱动电动机经减速器，通过链条 6 传动、使链轮 4、轴 10 和锥齿轮 9、11 旋转并带动轴 14 做回转，其转角为 θ_1；通过链条 7、由链轮 5 直接带动手腕壳体 8 回转，实现手腕绕轴 10 的摆动，其回转角为 β。此外，当链条 6 不动时，由链条 7、链轮 5 单独传动，使壳体 8 转动，锥齿轮 11 做行星运动，即在壳体绕轴 10 转动的同时还绕轴 14 做自转运动，称为诱导运动，其转角为 θ_2。若齿轮 9、11 为正交锥齿轮传动，则链条 6、7 同时驱动时，手腕的回转角应是 $\theta = \theta_1 \pm \theta_2$（当链轮 4 的转向与壳体转向相同时用"－"，相反时用"＋"）。

（2）具有三个自由度的机械传动腕部结构　图 8-59 所示为其传动机构简图。驱动手腕运动的三个电动机安装在手臂后端，减速后经传动轴将运动和力矩传给 B、S、T 三根轴，产生手爪回转、手腕摆动和手腕俯仰三个运动。

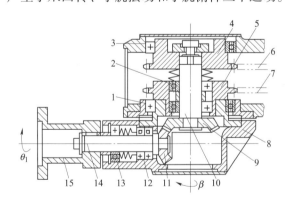

图 8-58　两个自由度的机械传动腕部结构

1、2、3、12、13—轴承　4、5—链轮　6、7—链条
8—壳体　9、11—锥齿轮　10、14—轴　15—法兰盘

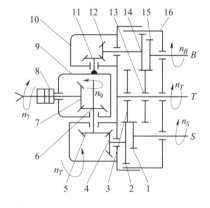

图 8-59　三个自由度的机械传动腕部

1、2、3、4、5、6、7、11、12、13、14、15—齿轮
8—手爪　9、10、16—壳体

1）手爪回转运动，当 B、T 轴不动，S 轴以 n_S 转动时，经齿轮 1、3、2、4、5、6 将回转运动传给手爪 8 轴上的锥齿轮 7，实现手爪的回转运动 n_7（转向如图 8-59 所示）。

2）手腕摆动运动及其诱导运动，当 B、S 轴不动，T 轴以 n_T 转动时，直接驱动回转壳体 10 绕 T 轴转动，实现手腕的摆动运动 n_T。由于壳体 10 转动，则齿轮 2、14 成为行星齿轮，壳体 10 成为行星架（转臂），齿轮 2 和 3、13 和 14 连同行星架，构成两行星轮系。因而由行星轮 2 和 14 的自转运动诱导出附加的手爪回转运动和手腕俯仰运动。

3）手腕俯仰运动及其诱导运动，当 S、T 轴不动，B 轴以 n_B 转动时，经齿轮 15、13、14、12 将运动传给锥齿轮 11，驱动壳体 9 实现俯仰运动 n_9（转向如图示）。由于壳体 9 的转动，也将引起锥齿轮 7 做行星运动，由此诱导出齿轮 7 的自转运动。

四、臂部

手臂的结构因机械结构类型和驱动系统类型的不同而有很大差别。液压驱动具有技术成熟，功率大，易于实现直接驱动等优点；但由于效率较低，易泄漏原因等，只用于少数负荷在 1kN 以上大型机器人中。气动驱动系统具有快速、结构简单、价格低、维修方便等优点，但运转平稳性差，难于实现伺服控制，多用于中、小负荷的顺序控制机器人中。电动驱动系统采用的是低惯量、大转矩交直流伺服电动机以及与其配套的伺服驱动器，所以具有无需能量转换、使用方便、控制灵活等突出的优点。它的缺点是需配置精密的传动机构而成本较高。但由于优点显著，因而在机器人中仍被广泛选用。

图 8-60 所示为液压缸驱动的臂部结构。它是具有手臂伸缩、回转和升降三个自由度的圆柱坐标型手臂。采用燕尾型导轨 5 导向和支承，活塞杆 1 固定，液压缸 2 带动手臂沿燕尾导轨做直线运动。手臂回转运动由摆动液压缸 11 驱动，摆动液压缸体固定在手臂支架 4 上，摆动液压缸的输出轴上安装有行星齿轮 9，固定齿轮 7 与中间机座 6 固定连接。当摆动液压缸动片转动时，行星齿轮 9 自转的同时，还带动手臂支架一起绕中间机座回转。通过挡块 8 和行程开关 10 进行定位。在中间机座 6 的下面有升降液压缸（图中未表示），实现手臂的升降运动。手臂端部 3 配置有手腕和末端执行器。

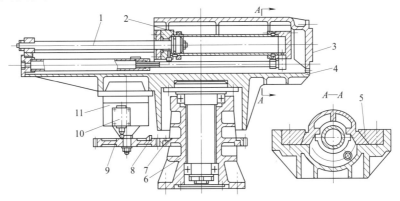

图 8-60　液压缸驱动的臂部结构

1—活塞杆　2—液压缸　3—手臂端部　4—手臂支架　5—导轨　6—中间机座
7、9—齿轮　8—挡块　10—行程开关　11—摆动液压缸

伸缩臂、导轨和机身均为铸件，结构刚性好、工作平稳、承载能力大、间隙便于调整，但制造较复杂。一般用于负荷较大，速度较低的场合。

图 8-61 所示为采用倍增机构的伸缩臂结构。用钢管做成伸缩臂 5，由活塞杆 2 带动齿轮 3 沿固定齿条 4 滚动使下部装有齿条的伸缩臂 5 产生伸缩运动。采用这种结构，手臂的运动速度和行程都比驱动活塞杆的速度和行程增大一倍，倍增机构因此而得名。这种结构的特点是传动效率高。

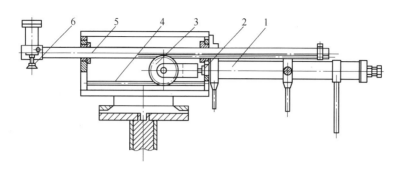

图 8-61 采用倍增机构的伸缩臂结构

1—气缸 2—活塞杆 3—齿轮 4—固定齿条 5—伸缩臂 6—手部

图 8-62 所示的工业机器人是全电动多关节式工业机器人的臂部结构。其机身回转 α_1 由伺服电动机 M_1 通过谐波齿轮减速器驱动，大臂回转 α_2 由伺服电动机 M_2 通过同步带、谐波齿轮减速器 R_2 驱动。小臂回转 α_3 由伺服电动机 M_3 通过同步带、链轮链条、谐波齿轮减速器 R_3 驱动。而腕部的运动 α_4、α_5 则分别由伺服电动机 M_4、M_5 通过链轮链条传动来实现。

图 8-63 所示为实现臂俯仰、回转的结构图。摆动缸安装在立柱 9 的上部，臂部用销轴

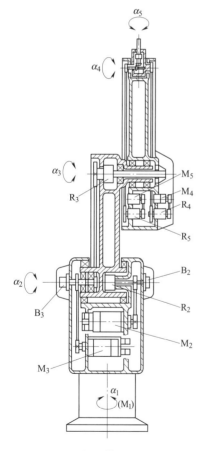

图 8-62 多关节式臂部结构

M—伺服电动机 B—制动闸

R—谐波齿轮减速器 α—回转角

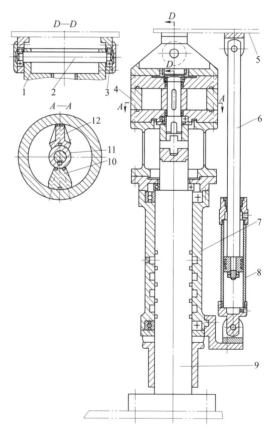

图 8-63 俯仰臂结构

1—耳叉 2—销轴 3—轴承 4—摆动缸 5—手臂 6—活塞杆

7—导向套 8—俯仰缸 9—立柱 10—动片 11—轴套 12—定片

2 与摆动缸 4 上部的耳叉 1 连接、作为手臂俯仰运动的支点。手臂 5 的俯仰由铰接的俯仰缸 8 的活塞杆 6 的运动来实现。俯仰缸采用的是耳环铰接缸，缸体可在耳叉上摆动。活塞杆 6 与手臂 5 也用铰链连接，手臂 5 的重心位置的变化应在两支承点之间。俯仰缸工作时，通过活塞杆 6 带动手臂 5 做俯仰运动。为了保证该结构有较好的支承刚性，在立柱 9 外装有筒状的大直径导向套 7，其刚度大、导向性能好、传动平稳。手臂在做回转运动时，摆动缸的动片 10 带动其缸体外壳和导向套 7 及俯仰缸 8 一起绕立柱 9 回转。

第五节　工业机器人的应用

一、工业机器人的适用场合

1）在危险、不安全或有害健康的工作环境中替代人，这是选用工业机器人的重要原因之一。如压铸过程卸下工件、锻造、喷漆、连续点焊或弧焊操作、水下或地沟下作业、有放射性污染等环境中都可选用工业机器人代替人工作。

2）在重复的工作循环中，若工作循环的运动和顺序用工业机器人替代人可获得比人高的重复精度和一致性，或可达到高的生产率时，应考虑选用工业机器人。

3）难以人工装卸的场合。如因抓拿的工件或工具太重或难于进行装卸操作，而工业机器人可以完成时应考虑选用工业机器人。

4）多班次作业，可考虑用工业机器人代替人工作业。一般考虑一台机器人代替 1~3 人的工作。

5）在一些生产场合，生产批量和操作工位变换多，生产班次又长，当变换频度大，人不能适应时，应考虑采用可编程机器人完成作业。这时以离线编程更为经济。

6）现有的工业机器人多数没有"视觉"功能。若工作循环中要求工业机器人具有拿取工件，并呈已知位置和姿（形）态时，应设计工件位形固定的机器人抓拿方法或工具。

上述因素可作为是否选用工业机器人的依据。随着时代的发展，智能型工业机器人将更多地出现，其应用场合也不断扩大，如在加工或装配作业中，将更多地采用工业机器人。目前国内选用工业机器人时另一个要考虑的重要因素是它们的工作稳定可靠性和配套性。配套性差的工业机器人使用效率低，不可能适应工作及作业变化。在生产现场机器人利用率低、故障率高的技术方案不可取。此外工业机器人是多体机构，其工作精度通常不如机床，选用时应注意。

二、工业机器人的应用条件

在采用工业机器人工作单元前，不仅要考虑技术可行性，而且还应考虑投资与投资回收期及投资带来的效益。要进行充分论证，以判断采用机器人的技术与经济合理性。这些论证包括技术可行性论证，可靠性分析，对产品质量改进、生产能力的影响和投资效益的分析等。由于工业机器人属高投资装备，故应用机器人时，必须仔细地分析论证。在我国采用工业机器人工作，还应考虑企业使用工业机器人的人员条件。

三、工业机器人的应用

工业机器人在工业生产中的应用，几乎遍及各行各业。归纳起来，大致有如下几个方面：

1. 装配

装配是在机械制造生产中用手工劳动较多的工序，由于技术上的复杂性，不易实现自动化，劳动生产率较低。采用工业机器人进行自动装配是近年才发展起来的。主要应用在以下几个方面：

1）装配过程的材料搬运。

2）把轴类零件插入孔内，尤其是用于间隙很小的精密配合或装入后拧紧螺钉，如图8-64所示。

3）把所需零件从零件箱中取出，供装配。

4）在印制电路板装插元件。

在多品种、中小批量生产自动化中的装配工作，要求机器人带有视觉和某些触觉传感机构，反应灵敏，对物体的位置和形状具有一定的识别能力，图8-65所示即为一例。

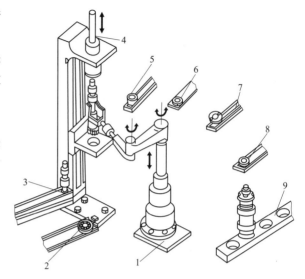

图 8-64　装配作业的工业机器人

1—工业机器人　2—轴承　3—轴　4—压力机
5—套　6—垫圈　7—法兰　8—螺母　9—传送带

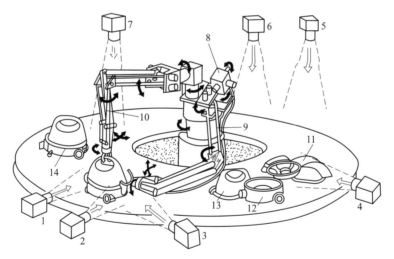

图 8-65　吸尘器装配系统中双臂智能机器人

1~7—固定摄像机　8—转动摄像机　9—抓握手臂　10—感知手臂
11~13—吸尘器零部件　14—完成装配的吸尘器

2. 喷漆

喷漆机器人是工业机器人应用最广的领域之一。它采用喷枪直接对物件进行喷漆作业，漆经喷嘴喷布在物体表面上。喷漆环境不利于人久留，因为氧气不足，空气中喷雾污染严重，还存在易燃、易爆的隐患，虽然可以改善通风等条件，但不易从根本上改进。而喷漆机器人（图8-66）可以使人从恶劣的环境中解放出来，并且比人喷漆质量均匀，节省油漆用量，节约生产面积，获得更高的生产率。

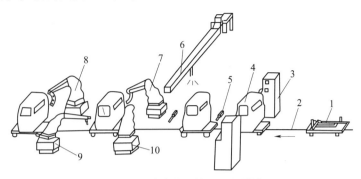

图 8-66 喷漆作业的工业机器人

1—工装板 2—循环拖动链条 3—工件识别站 4—工件 5—行程开关

6~10—喷漆机器人

3. 焊接

在焊接工艺方面，工业机器人早已广泛应用于汽车点焊。原先采用的人工点焊，劳动强度大，焊点的质量常常随着人们的疲劳而下降。采用多点焊机后虽然可以减轻劳动强度，保证焊点质量，但是由于相应的工装夹具及焊枪布置不能随工件变化而变化，所以一种部件需要一套装置，总体的造价成本很高，而且一旦汽车换型就得改换全套装置，既费时又费钱。若采用机器人，如图 8-67 所示，机器人沿车身装配线配置，按规定的程序对车身进行点焊。机器人每分钟可焊 20~60 点。如果某一点不能焊接，控制台上的信号灯就发出指示信号，操作人员可以对空白点进行补焊。汽车换型时不需要更换机器人，只要按焊点位置修改控制程序，就能满足要求。典型的汽车点焊线上有 20~30 台点焊机器人。

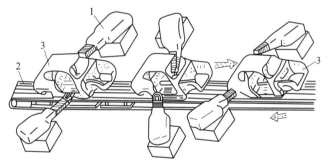

图 8-67 焊接作业的工业机器人

1—工业机器人 2—传送带 3—汽车壳体

焊接机器人的另一个用途是弧焊。弧焊作业劳动强度大，环境条件恶劣，而且焊缝复杂，技术难度大。实现自动化的方法之一是采用工业机器人进行弧焊。弧焊机器人由工业机器人、焊接装置（焊接电源，控制箱，焊剂和自动送焊丝机构等）和夹具组成。

弧焊机器人必须有连续路径控制能力。弧焊机器人多用笛卡儿坐标系，一般为 5~6 坐标。夹具是多自由度的工件装夹装置，其设计性能与定位精度对焊接质量有重要影响。因而开发快速变换夹具和提高编程效率才有可能提高弧焊机器人对多品种、中小批量生产的适应能力。

4. 物料传输

在物料传输中应用的工业机器人配置有手爪类的终端效应器，它主要用于物料传送或装卸（上下料）。物料传送机器人的主要作业是搬运物件，即从一个位置抓起工件，放在另一个新的位置上。这类用途是利用机器人重新安排工件的位置，也可以把工件搬运到另一条传送线上。这种搬运机器人技术要求不高，但应用得很成功，大多采用有限顺序型机器人。它一般只有两到四个关节，常用气动方式驱动。另一种较复杂的搬运机器人是把工件或物件从传送线抬起，把它们按要求放在托盘或其他容器中。搬运机器人大多采用引导法进行示教。另有一种搬运机器人，是把物件从托盘的某一位置搬运到另一个特定的位置上，或进行堆放，或插入作业中。

用于生产设备工件装卸的工业机器人有三种，即只上料作业、只下料作业和既完成上料作业，也完成卸工件作业的机器人。图 8-68、图 8-69 所示分别为柔性加工单元和车削加工单元中使用工业机器人完成物料传输作业的情况。

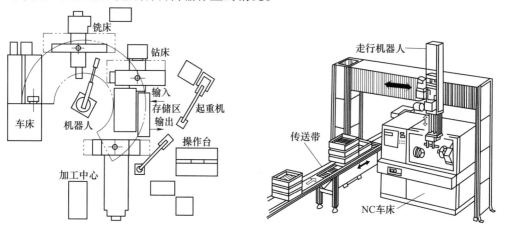

图 8-68　柔性加工单元中的工业机器人　　　　图 8-69　车削加工单元中的工业机器人

5. 铸造

在机械制造工业中，铸造工艺是一种古老的传统毛坯生产方法，工艺复杂，生产率低，劳动条件恶劣，工作量大。因此，迫切要求实现机械化与自动化。

在铸造工艺中引进工业机器人，可以把工人从危险、恶劣的环境下繁重单调的劳动中解放出来。从目前情况来看，机器人主要用来从铸模中取出铸件。进行喷砂、喷丸处理、有色金属的重力浇注。近来也有用机器人握持手砂轮来清除铸件毛边的，但应用较广的还是在压铸生产上。

在铸造工艺流程中，机器人主要担任浇注和取铸件的工作，而过去这一繁重劳动是由人工进行。

6. 冲压

冲压要算是采用工业机器人最广泛的工艺之一，主要原因是这一操作不安全而且劳动强度大。为了提高劳动生产率，保证人身安全，各国都已相继制定了"压力机安全操作规范"规定在压力机冲压时，人手不得进入模具空间（即所谓"模内无手"）。因此，工业机器人在这一领域便成为必不可少的了。如国内已广泛采用专用工业机器人与压力机组成的冲压自动线。这一领域的工业机器人一般采用点位控制方式。

工业机器人用于冲压作业时必须首先考虑是否能跟上压力机动作的节拍，而在大吨位压力机使用时，则必须注意机器人是否能适应频繁更换模具带来的作业多样性。

7. 机械加工

工业机器人是随着多品种、中小批量机械加工的需要而发展起来的。由于它具有多自由度的动作机能，具有高度通用性和灵活性，能适应作业内容和运动轨迹的频繁变化，因此，它与数控机床配合起来，就成为机械加工自动线中不可缺少的工具。由数控机床和机械加工机器人组成的柔性加工系统（FMC）又称为柔性加工单元，如图 8-70 所示。根据需要还可增设自动监视系统。

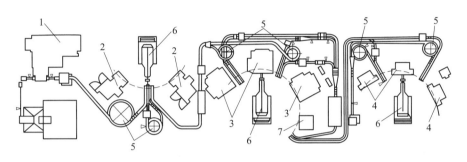

图 8-70　柔性加工系统中的工业机器人
1—拉床　2—车床　3—插齿机　4—剃齿机　5—存储架　6—工业机器人　7—修毛刺机

思　考　题

8-1　常见自动供料装置由哪些部件组成，各自的作用是什么？
8-2　区分料斗式供料装置和料仓式供料装置的特点与应用范围。
8-3　简述振动式料斗自动上料装置的工作原理。
8-4　定向机构在供料装置中的作用是什么？常用的定向方法有哪些？
8-5　解释料斗产生挂料的原因，如何解决挂料问题？
8-6　为什么非对称的料斗能较好解决挂料问题？
8-7　隔料器的作用是什么？
8-8　工业机器人的定义与类型。
8-9　简要分析夹持式回转型手部的结构。
8-10　简要分析夹持式平移型手部的结构。
8-11　简述吸盘式手部结构的工作原理。
8-12　分析两自由度机械传动腕部的传动原理。
8-13　简述图 8-63 所示臂部的工作原理。
8-14　简述工业机器人的应用特点。

 ### 素养提升

国家技能大师——张德勇

张德勇是中国嘉陵工业股份有限公司（集团）的钳工高级技师，19 岁入行，20 岁开始独立承担项目，27岁拿到技师资格，32岁成为高级技师。他在钳工岗位上一干就是二十多年，设备大修、新造、工装、夹具制作及工程项目制作、安装、调试、新品开发等，他都手到擒来，"切、锉、削、磨、攻……钳工就是手上功夫，实践性强，所以工作时间越长、经验越多，解决问题的办法就越丰富。"张德勇把钳工比作"万金油"，那些机器不适宜或不能解决的加工，都可以由钳工来解决。2005年，中核集团一个高精密检测专用设备改造项目颇为棘手，张德勇主动承接了这项改造任务。通过查找大量资料，认真分析技术要点，仅用了半个月，就独立完成了500余个零部件的安装。最终，各项技术指标完全符合设备技术验收标准。

"人的价值不在于赚多少钱，而在于能在岗位上创造多少价值。"这是张德勇作为一个大国工匠的初心。

参 考 文 献

［1］伍悦滨，王芳．工程流体力学泵与风机［M］.2 版．北京：化学工业出版社，2016.

［2］姬忠礼，邓志安，赵会军．泵和压缩机［M］.2 版．北京：石油工业出版社，2015.

［3］黄英超．汽车发动机构造与维修［M］.北京：机械工业出版社，2018.

［4］白凤臣．工业锅炉设备与运行［M］.北京：机械工业出版社，2016.

［5］刘小波．工业机器人技术基础［M］.2 版．北京：机械工业出版社，2019.